边缘计算

方法与工程实践

主　编 张　骏

副主编 祝鲲业　陆科进　问治国

周　超　刘　敬　吴　敏

電子工業出版社

Publishing House of Electronics Industry

北京•BEIJING

内容简介

本书以工程实践为导向，详细阐述和分析了边缘计算的整体技术细节。本书对边缘计算的概念、原理、基础架构、软件架构、安全管理等方面都进行了深入剖析，并对业界的发展现状进行了全面介绍。通过大量的工程应用实例，将边缘计算从抽象的概念联系到实际应用，加深读者对边缘计算的理解，并使读者进一步掌握边缘计算架构设计的方法和理念。同时，本书对边缘计算的前景、发展趋势以及面临的挑战也进行了阐述和探讨，通过抛砖引玉，希望触发业界深入思考如何推进边缘计算大规模商用开发部署。

本书适合有一定理论基础的从业者、研究者或高校师生阅读，尤其适合在行业内进行边缘计算应用的开发工程师学习，也适合相关领域的开发人员和科研人员参考。

图书在版编目（CIP）数据

边缘计算方法与工程实践/张骏主编. —北京：电子工业出版社，2019.7
ISBN 978-7-121-36672-7

Ⅰ.①边… Ⅱ.①张… Ⅲ.①计算机通信网 Ⅳ.①TN915

中国版本图书馆CIP数据核字（2019）第100479号

责任编辑：宋亚东
印　　刷：中国电影出版社印刷厂
装　　订：中国电影出版社印刷厂
出版发行：电子工业出版社
北京市海淀区万寿路173信箱　邮编：100036
开　　本：787×980　1/16　印张：16.75　字数：352千字
版　　次：2019年7月第1版
印　　次：2020年9月第5次印刷
定　　价：99.00元

凡所购买电子工业出版社图书有缺损问题，请向购买书店调换。若书店售缺，请与本社发行部联系，联系及邮购电话：（010）88254888，88258888。

质量投诉请发邮件至 zlts@phei.com.cn，盗版侵权举报请发邮件至 dbqq@phei.com.cn。

本书咨询联系方式：（010）51260888-819，faq@phei.com.cn。

编 委 会

推荐序一

图灵奖得主 David Patterson 与 John Hennessy 认为，未来十年将是计算机体系结构新的黄金时代。确实如此，互联网和云计算从业人员是幸运的，经历了搜索引擎、电子商务、社交网络等互联网应用带来的超大规模计算架构的快速发展，当前正处在云计算大行其道的洪流之中，并期待着 AI 产业跨越核心技术的鸿沟。我们深感计算架构的迭代如此之快，新想法和新技术层出不穷、百花齐放，我们可以痛快地在工作和学习中汲取营养，快速提升认知。而当下，边缘计算正是其中热度最高的技术领域之一，学术界和产业界看到“云－边－端”协同将带来更广阔的想象空间，边缘计算的时代即将到来，未来计算将无处不在。

该书作者所在的团队专门从事边缘计算研究和实践，并且重点关注边缘计算软、硬件协同设计，根据边缘计算的特定应用场景已设计了一系列的硬件产品。也正是因为在实际项目中的合作，有幸结识作者及其团队的技术专家。作者不仅对计算架构有深刻理解，也通过和互联网企业的长期合作，积累了大量的实践经验，并将这个领域相关的知识和实践编纂成书。

边缘计算正处于快速发展和不断进化的过程中，因此，学术界、产业界等不同领域的同仁对边缘计算的理解会略有不同，往往容易造成困惑，但本质都是在靠近数据源的网络边缘某处就近提供服务。作者通过广泛接触行业应用，获得一手的信息和资料，从云计算、产业互联网的角度给读者全新的呈现。该书涵盖边缘计算的原理、计算架构、软件架构和应用场景，对于希望全面了解边缘计算相关技术的互联网从业人员，无疑是比较好的参阅资料。相信读者即便不是从业人员，通过本书也可以理解互联网、云计算的相关技术。

伴随着 5G 和 AI 的脚步临近，相信 5G 会给边缘计算带来更广阔的外延，AI 会给边缘计算带来更丰富的场景。我邀请大家跟我们一起来探讨边缘计算的无限可能，并且在实践中解决具体问题，共同推动产业的进步。最后，衷心祝贺此书的出版！

刘　宁

百度系统部总监

推荐序二

当 2006 年亚马逊正式推出 EC2 服务时，全世界第一次真实感受到了云计算服务，也把我们带入了“云”的时代。从那时起，我们开始尝试和体验各种类型的云服务，也开始接受云服务对我们生活的改变。经过十多年的发展，我们已经完全接受云服务，正如当初我们接受互联网一样。

技术永远都在不断进步。当互联网已经成为我们生活的一部分，当云服务已经如同我们使用的水和电一样方便的时候，未来还有什么新的技术方向在等待着我们？随着 5G 和 IPv6 的建设、发展和普及，互联网会进入下一个发展阶段——IoT（Internet of Things）。因为我们将依赖互联网和 5G 高速接入网络实现万物互联，让互联网从计算机、平板、智能手机延伸到我们身边的每一个智能终端设备，更加深入生活的方方面面。云计算作为基础设施服务，如何适应万物互联，如何适应 AI 全面发展，如何适应人们对美好生活向往的要求，成为我们要面对的挑战。让云服务更加靠近边缘，让计算、存储、网络延展到互联网的边缘甚至每个家庭的互联网网关上，就是云计算发展的未来。CDN 服务将网站的集中式访问拓展到边缘，将互联服务从中心化服务延展到网络边缘，实现网站的存储、网络边缘化，进而推动和支撑了互联网的快速发展。边缘计算将现在的计算能力边缘化，将成为云计算发展的一个必然趋势。

虽然边缘计算是未来云计算发展的方向，但目前它还是一个新的概念，正如本书所说，对于边缘计算的定义，目前业界还没有一个统一的严格定义。边缘计算正处在百家争鸣的发展时期，我才更觉得本书的出版对这个领域的发展具有深远意义。

本书从边缘计算的演变和概念切入，让读者充分理解边缘计算并不是云计算简化版的边缘化部署，也不是为了颠覆云计算而横空出世的杀手级服务，它是为了让云计算能更加广泛地满足未来 5G 的发展和 AI 市场的需求而诞生的。书中围绕边缘计算的基础技术架构、软件架构、网络架构、存储架构等各个方面，进行了深入浅出的阐述，详细说明边缘计算的各种类型，让读者从理论上对边缘计算能有一个清晰的认识和理解。在云计算当中，安全服务已经越来越受到关注，所以我们在研究边缘计算的时候，从一开始就要考虑如何在广泛分布的边缘计算节点上规划好安全管理工作，做到未雨绸缪。正是从这一点出发，书中用了大量篇幅对边缘计算的相关安全管理进行了系统化的分析。本书还有一个非常大的特点，就是不仅仅从理论上对边缘计算进行研究和分析，还从众多行业领先企业的视角出发，通过大量的最新应用实践展现出缤纷灿烂的行业画卷，让读者感受到更加真实的技术应用场景，从而激发出更大的创造力。

在20年前，当我们开始研究边缘计算的第一种业务形态——CDN的时候，没有任何关于CDN方面的专业书籍；在10年前，当我们开始研究云计算的时候，也没有太多的专业书籍可供学习和参考，更不要说行业实践案例，一切都是边做边学，摸着石头过河。在边缘计算刚刚出现的今天，就有这样一本能从理论和实践两个方面对边缘计算进行全面介绍的书籍，相信一定会对这个行业的技术发展起到巨大的推动作用。

宗　勐

金山云CDN及视频云产品中心总经理

推荐序三

1946 年，第一代电子管计算机——ENIAC（The Electronic Numerical Integrator And Computer）在费城公诸于世，标志着现代计算机的诞生。从此以后在不到一个世纪的人类发展史上，以数据为基础、以网络为媒介、以计算为核心的科技发展以迅雷不及掩耳的速度极速发展，日新月异。特别是进入新世纪的近二十年以来，全球进入了移动互联网时代，人与人、人与物之间的数据井喷，产生的数据量相当于过去数世纪的数据量的总和，并持续以指数级的数量增加。以大数据处理为核心的云计算服务取代过去以终端计算为核心的服务，并迅速为全世界所接受。特别是 2006 年亚马逊正式推出了 EC2 的服务，标志着人类进入了“云”的时代。以计算、软件、网络、终端等为核心业务的各类企业开始纷纷转型，并为不同行业和个人提供各类云服务，诞生了亚马逊、微软、阿里巴巴等云服务全球领导者。经过十多年的发展，云服务已经影响到企业和个人生活的方方面面。

随着 5G 技术的不断成熟和即将商业落地，过去主要以人与人、人与物之间进行互联的互联网技术开始朝向万物互联的方向发展，特别是在物与物之间进行互联，人类开始进入工业互联网时代。2018 年，富士康工业互联网公司成功在 A 股上市，吹响了传统企业向工业互联网全面转型的号角。在工业互联网时代，每个设备都将成为整个运算架构的一分子，不仅是数据的生产者，也是数据的消费者。但每个设备、每个过程产生数据的方式可能不同，大小可能相异，格式更是五花八门，如何处理这些大量异构的数据将是工业互联网时代亟须解决的难题。同时每个设备联网方式不一，无线网络和有线网络并存，甚至还有各种孤岛设备，如何确保不同的联网设备和孤岛设备能够实现实时数据交换，是工业互联网时代另外一个需要解决的难题。更为关键的是，工业互联网时代的每个设备的数据或因安全问题，或因数据的实时性问题，需要在本地进行即时处理，否则将可能导致数据处理的滞后或生产数据的丢失。因此，在工业互联网时代，如何对“六流”（人流、物流、过程流、金流、讯流、技术流）过程中所产生的异构数据同构化，并且进行实时安全的处理，如何通过 DT（Data Technology）、AT（Analytical Technology）、PT（Platform Technology）、OT（Operation Technology）等四类不同数据分析手段对数据进行分析处理，并且进行深度学习，是我们需要面对的挑战，解决之道就是边缘计算。

边缘计算的雏形其实早在20年前就已经以CDN的方式出现，其主要业务形态是内容存储和网络分发，并没有对计算有特别的要求。随着大数据的爆发和物联网的广泛应用，边缘的内涵和外延开始不断拓展，场景也不断扩大，特别是工业互联网的到来，网络边缘已经延伸到人们的衣食住行各个方面，诞生了智慧出行、智慧城市、智慧家居、智慧工厂等各种不同的边缘应用场景。过往“云－端”架构在网络类型和带宽、数据实时、安全可控等方面已经不能满足要求，高稳定、高效能、大带宽和低时延将会是整个边缘计算的基本需求。以计算为核心内涵的边缘计算作为一个独立的概念在最近几年被正式提出并得到广泛响应与应用，“云－端”架构被“云－边－端”架构正式取代。通过边缘计算，把云和端联系起来，把云计算服务延伸至边缘，实现计算的本地化、边缘化，数据的同构化，同时减少云与端之间数据的海量传输，实现安全可控的数据处理，快速推动和支撑工业互联网时代的快速发展。

边缘计算是一个比较广泛的概念，每家都有各自对边缘计算定义的理解，该书作者充分研究了边缘计算的发展和现状，并且对各种边缘计算的模型和定义分别进行了分析和阐述，同时提炼了边缘计算的本质和共性，即：在靠近数据源的网络边缘某处就近提供服务。该书紧密围绕边缘计算这个核心主题，深度阐明了边缘计算的原理和基本特征，并深入分析了“云－边－端”模型中的云计算与边缘计算服务的区别和联系。同时分别就边缘计算的基础技术架构、网络架构、存储架构、软件架构以及信息安全等方面进行重点分析和阐述，并对边缘计算所适用的各类场景进行深入研究、分析和探讨，力图让读者可以对边缘计算有一个清晰的认识和理解。此外，边缘计算不只会带来硬件层面的升级，同时也会提高存取性能、效率、性价比与数据用量，推动整个产业生态链的演化。该书作者通过充分调研走访，图文并茂、深入浅出地对各个行业领先企业在边缘计算的最新具体实践进行介绍，如专注于SMT智能制造和工业互联网业务的富士康旗下子公司海纳智联科技有限公司在SMT工业互联网方面的最新实践等，力图让读者能够感受到最新的技术实践以及行业生态，为行业中不同的企业和客户提供参考，让读者知道边缘计算不只是高科技产业的专利，也是未来中小企业与传统产业向数字化和智能化转型升级的关键要素，从而激发更大的灵感和创新。

如今，以计算为核心内涵的边缘计算在蓬勃发展，该书不仅仅从边缘计算的理论和架构方面进行了系统阐述，还从行业实践角度进行了全面介绍。衷心祝贺此著作的出版！相信该书的出版对边缘计算领域有着深刻的指导意义，同时也会对边缘计算领域的技术发展和行业指导起到巨大的推动作用。在此祝福所有行业的朋友，能为边缘运算的发展做出更大的贡献！

傅富明

富士康科技集团服务器事业群总经理

兼海纳智联科技有限公司董事长，IPC董事

前　言

在过去的两年中，边缘计算在学术界和产业界受到广泛热议，成为占据业界各大技术峰会、媒体、技术博客、论坛热搜的关键词。这也可能正是你会关注到本书的原因之一。边缘计算概念最早可以追溯到2003年，AKAMAI与IBM公司合作，在WebSphere服务器上提供基于边缘的服务。历经10余年的迭代演进，产业界逐渐形成以互联网云服务企业、工业互联网企业、通信运营商和设备商的三大阵营，并领跑边缘计算规范制定和商业开发部署。互联网云服务企业以消费物联网为主要阵地，将公有云服务能力延伸到网络边缘侧，用于满足低时延、大带宽、多连接的新型业务需求；工业互联网企业发挥自身工业网络连接及其平台服务领域的优势，在网络边缘侧加强算力、储存、安全管理体系建设，实现IT技术与OT技术的深度融合；通信运营商和设备商以边缘计算为突破口，发力于网络架构和通信设备设计变革，开放接入侧网络能力，为万物互联数据提供新生产模式和消费模式的服务能力。

2018年7月，现任英特尔数据中心集团中国区总经理周翔，在百度AI开发者大会上与电子工业出版社宋亚东编辑就边缘计算发展机遇与挑战进行了交流，同时了解到当前系统介绍边缘计算设计方法和工程开发案例的书籍非常匮乏，国内中文资源的书籍或详细材料较为少见。为给边缘计算在国内加速发展添砖加瓦，在周翔总经理的引荐下，本书主编从此开启了撰写工作。为使内容尽可能达到学术理论全而广、工程案例精而深的目标，还成立了编写本书的专案小组。专案小组成员来自英特尔公司技术带头人和技术一线的软、硬件开发设计师，他们多年工作在工业互联网、通信网络和设备以及数据中心云服务架构设计领域，拥有丰富的理论和实践经验。小组成员利用工作之余熬夜编写，确保了本书顺利面世。

在本书编写过程中，部分国内学术界和产业界联盟在各自领域陆续发布了边缘计算框架规范或白皮书。专案小组对其进行了深入研究和探讨，将这些分散于工业互联网、通信网络、通信设备、互联网和物联网的技术内容进行系统梳理，帮助读者从全局的视角理解边缘计算架构。同时，本书中多数工程开发案例来自工作伙伴和客户的联合工程开发项目或客户开源工程项目的产出。案例内容按理论架构、设计方法以及业务测试验证三大部分进行描述，利于读者从理论学习迈向工程实践。在本书编写中后期，业界三大阵营的合作伙伴技术代表加入本书的编委会，对本书内容进行了精心的审校和修改。本书集边缘计算各阵营所成，以编委会提出的“云–边–端”完整方案思想为指导，内容融会贯通，希望为业界加速边缘计算商业化步伐有所启发和帮助。

考虑到有关边缘计算方面的中文书籍较少，编者希望能从理论和应用相结合的角度，对边缘计算相关知识进行较为全面的梳理。本书既可以作为初级读者的入门书籍，也适合中级读者加深理论知识的系统理解，对于从理论走向实践的边缘计算工程开发者也有较高的参考价值。本书共6章。第1章对边缘计算进行综述，涉及边缘计算的发展历史、契机、现状、定义和架构原理。第2章详细介绍边缘计算网络、存储、计算基础资源架构技术以及架构设计准则。总结了边缘计算与云、大数据、人工智能、5G等前沿技术的融合。第3章系统介绍边缘计算软件架构设计，内容涵盖云原生、微服务、容器化、虚拟化、管理编排技术、边缘操作系统和平台服务系统等。第4章介绍边缘计算安全管理架构、理论技术，并列举了基于区块链的边缘计算安全案例分析。同时，对边缘计算资源受限环境下的微处理器安全架构设计也进行了重点介绍。第5章分享了9个典型的边缘计算工程案例，包括智慧城市、无人零售和自动驾驶案例，智能家居和智慧医疗案例，工业互联网领域的智能工厂和智能电网案例，边缘CDN和Kata Container边缘安全案例以及通信领域uCPE通用客户端边缘设备案例。工程案例横跨边缘计算三大阵营，从理论架构深入工程设计、开发部署。第6章是边缘计算展望，对边缘计算大规模商业部署面临的挑战和机遇进行了分析，讨论了未来关键技术和应用场景的趋势和特点，并以百度边缘计算“OTE”平台为典型例子，探讨了未来边缘计算“云–边–端”整体方案架构的演进方向。

边缘计算在未来几年将进入高速发展阶段，很多更先进的理论技术和架构设计方法势必会不断涌现，本书无法包罗当前边缘计算的方方面面。由于编者水平和精力所限，书中难免有错漏之处，承蒙各位读者不吝告知，若对本书有任何疑问或建议，烦请通过邮箱jun.z.zhang@me.com进行反馈。

致谢

在此谨代表本书撰写专案小组感谢为本书做出贡献的每一个人。

在本书的编写过程中，得到了编委会中各位行业专家的点拨与指导，感谢每一位编委对本书的大力支持。借此，特别感谢编委会四位技术顾问：英特尔数据中心集团中国区总经理周翔先生，金山云CDN及视频云产品中心总经理宗劼先生，富士康科技集团服务器事业群总经理兼海纳智联科技有限公司董事长、IPC董事傅富明先生，开放数据中心委员会副主席李洁博士，感谢他们在百忙之中抽时间提出了很多宝贵意见，并为本书写序或推荐语。同时，特别感谢百度系统部总监刘宁先生为本书写序，以及对英特尔和百度边缘计算合作项目的大力支持；

特别感谢英特尔全球大客户销售总经理张哲源先生、英特尔数据中心云计算事业部中国区总经理李尔成先生、英特尔云平台技术部门英特尔 Fellow Mohan Kumar 先生和英特尔资深 Principal Engineer Nishi Ahuja 女士为本书写推荐语。

在本书的编写过程中，还从以下合作伙伴获得了极大帮助，在此表示衷心的感谢：电子工业出版社的宋亚东编辑，英特尔云边缘计算开发小组成员杜连昌、夏宇阳，英特尔公司的杨锦文、宋仲儒、贾培、吕荟晶、岳圆、应蓓蓓、张杰、彭翔宇，九州云的张敏、蒋暕青，百度的王均、符气康、范晓晋，富士康的郭利文，康佳特科技的林忠义、储圣杰。

在此，我再次感谢本书撰写专案小组成员：祝鲲业、陆科进、问治国、周超、刘敬、吴敏，感谢大家在本书编写过程中齐心协力、相互支持。

最后，非常感谢我的家人对我工作的理解和支持，他们在我写作的过程中给予了很大的照顾和鼓励，也是激励我完成本书写作的最大动力。

张　骏
2019 年 7 月于上海

读者服务

轻松注册成为博文视点社区用户（www.broadview.com.cn），扫码直达本书页面。

- 提交勘误：您对书中内容的修改意见可在“提交勘误”处提交，若被采纳，将获赠博文视点社区积分（在您购买电子书时，积分可用来抵扣相应金额）。
- 交流互动：在页面下方“读者评论”处留下您的疑问或观点，与我们和其他读者一同学习交流。

页面入口：http://www.broadview.com.cn/ 36672

目　　录

第1章 边缘计算综述

随着物联网的兴起以及云服务的普及，边缘计算以一种新的计算模式热点出现在公众视野中。从2014年开始，“什么是边缘计算？”逐渐成为业界热议的课题，出现了边缘计算研究、标准定义百家争鸣的局面。进入2017年，业界趋同的定义在各大学术会议以及期刊中呈现。与此同时，边缘计算的工程开发和商业落地已经拉开大幕。本章对边缘计算进行概述，内容包括边缘计算发展历史、现状和契机，相关的前沿技术，业界对边缘计算的定义，以及边缘计算的研究和开发成果。

1.1 边缘计算概述和定义

1.1.1 边缘计算简介

边缘计算采用一种分散式运算的架构，将之前由网络中心节点处理的应用程序、数据资料与服务的运算交由网络逻辑上的边缘节点处理。边缘计算将大型服务进行分解，切割成更小和更容易管理的部分，把原本完全由中心节点处理的大型服务分散到边缘节点。而边缘节点更接近用户终端装置，这一特点显著提高了数据处理速度与传送速度，进一步降低时延。边缘计算作为云计算模型的扩展和延伸，直面目前集中式云计算模型的发展短板，具有缓解网络带宽压力、增强服务响应能力、保护隐私数据等特征；同时，边缘计算在新型的业务应用中的确起到了显著的提升、改进作用。在智慧城市、智能制造、智能交通、智能家居、智能零售以及视频监控系统等领域，边缘计算都在扮演着先进的改革者形象，推动传统的“云到端”演进为“云－边－端”的新兴计算架构。这种新兴计算架构无疑更匹配今天万物互联时代各种类型的智能业务。

1.1.2 边缘计算发展历史

20 世纪 90 年代，Akamai 公司首次定义了内容分发网络（Content Delivery Network，CDN）。这一事件被视为边缘计算的最早起源。在 CDN 的概念中，提出在终端用户附近设立传输节点，这些节点被用于存储缓存的静态数据，如图像和视频等。边缘计算通过允许节点参与并执行基本的计算任务，进一步提升了这一概念。1997 年，计算机科学家 Brian Noble 成功地将边缘计算应用于移动技术的语音识别，两年后边缘计算又被成功应用于延长手机电池的使用寿命。这一过程在当时被称为“Cyber foraging”，也就是当前苹果 Siri 和谷歌语音识别的工作原理。1999 年，点对点计算（Peer to Peer Computing）出现。2006 年，亚马逊公司发布了 EC2 服务，从此云计算正式问世，并开始被各大企业纷纷采用。在 2009 年发布的“移动计算汇总的基于虚拟机的 Cloudlets 案例”中，时延与云计算之间的端到端关系被详细介绍和分析。该文章提出了两级架构的概念：第一级是云计算基础设施，第二级是由分布式云元素构成的 Cloudlet。这一概念在很多方面成为现代边缘计算的理论基础。2013 年，“雾计算”由思科（Cisco）带头成立的 OpenFog 组织正式提出，其中心思想是提升互联网可扩展性的分布式云计算基础设施。2014 年，欧洲电信标准协会（ETSI）成立移动边缘计算规范工作组，推动边缘计算标准化。旨在为实现计算及存储资源的弹性利用，将云计算平台从移动核心网络内部迁移到移动接入边缘。ETSI 在 2016 年提出把移动边缘计算的概念扩展为多接入边缘计算（Multi-Access Edge Computing，MEC），将边缘计算从电信蜂窝网络进一步延伸至其他无线接入网络，如 Wi-Fi。自此，MEC 成为一个可以运行在移动网络边缘的执行特定任务计算的云服务器。

在计算模型的演进过程中，边缘计算紧随面向数据的计算模型的发展。数据规模的不断扩大与人们对数据处理性能、能耗等方面的高要求正成为日益突出的难题。为了解决这一问题，在边缘计算产生之前，研究学者们在解决面向数据传输、计算和存储过程的计算负载和数据传输带宽的问题中，已经开始探索如何在靠近数据的边缘端增加数据处理功能，即开展由计算中心处理的计算任务向网络边缘迁移的相关研究，其中典型的模型包括：分布式数据库模型、P2P（Peer to Peer）模型、CDN 模型、移动边缘计算模型、雾计算模型及海云计算模型。

1. 分布式数据库模型

分布式数据库系统通常由许多较小的计算机组成，这些计算机可以被单独放置在不同的地点。每台计算机不仅可以存储数据库管理系统的完整拷贝副本或部分拷贝副本，还可以具有自己的局部数据库。通过网络将位于不同地点的多台计算机互相连接，共同组成一个具有完整且全局的、逻辑上集中、物理上分布的大型数据库系统。分布式数据库由一组数据构成，这组数据分布在不同的计算机上，计算机可以成为具有独立处理数据管理能力的网络节点，这些节点执行局部应用，称为场地自治。同时，通过网络通信子系统，每个节点也能执行全局应用。

在集中式数据库系统计算基础上发展起来的分布式数据库系统有如下特性：数据独立性、数据共享性、适当增加数据冗余度，以及数据全局一致性、可串行性和可恢复性等。

（1）数据独立性。集中式数据库系统中的数据独立性包括数据逻辑独立性和数据物理独立性两个方面，即用户程序与数据全局逻辑结构和数据存储结构无关。在分布式数据库系统中，还包括数据分布独立性，即数据分布透明性。数据分布透明性是指用户不必关心以下数据问题：数据的逻辑分片、数据物理位置分布的细节、数据重复副本（冗余数据）一致性问题以及局部场地上数据库支持哪种数据模型。

（2）数据共享性。数据库是多个用户的共享资源，为了保证数据库的安全性和完整性，在集中式数据库系统中，对共享数据库采取集中控制，同时配有数据库管理员负责监督，维护系统正常运行。在分布式数据库系统中，数据的共享有局部共享和全局共享两个层次。局部共享是指在局部数据库中存储局部场地各用户常用的共享数据。全局共享是指在分布式数据库系统的各个场地也同时存储其他场地的用户常用共享数据，用以支持系统全局应用。因此，对应的控制机构也具有集中和自治两个层次。

（3）适当增加数据冗余度。尽量减少数据冗余度是集中式数据库系统的目标之一，这是因为冗余数据不仅浪费存储空间，而且容易造成各数据副本之间的不一致性。集中式数据库系统不得不付出一定的维护代价来减少数据冗余度，以保证数据一致性和实现数据共享。相反，在分布式数据系统中却希望适当增加数据冗余度，即将同一数据的多个副本存储在不同的场地。适当增加数据冗余度不仅可以提升分布式数据系统的可靠性、可用性，即当某一场地出现故障时，系统可以对另一场地上的相同副本进行操作，以避免因为一处发生故障而造成整个系统的瘫痪。必要的冗余数据还可以提高分布式数据系统的性能，即系统通过选择离用户最近的数据副本进行操作，降低通信代价，提升系统整体性能。但冗余副本之间数据不一致的问题仍然是分布式数据库系统必须要着力解决的问题。

（4）数据全局一致性、可串行性和可恢复性。在分布式数据库系统中，各局部数据库不仅要达到集中式数据库的一致性、并发事务的可串行性和可恢复性要求，还要保证达到数据库的全局一致性、全局并发事务的可串行性和系统的全局可恢复性要求。

2. P2P 模型

对等网络（P2P）是一种新兴的通信模式，也称为对等连接或工作组。对等网络定义每个参与者都可以发起一个通信对话，所有参与者具有同等的能力。在对等网络上的每台计算机具有相同的功能，没有主从之分，没有专用服务器，也没有专用工作站，任何一台计算机既可以作为服务器，又可以作为工作站，如图 1-1

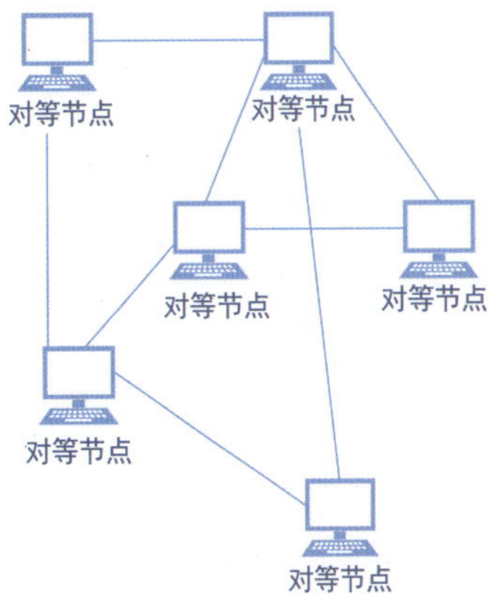

图 1-1　对等网络拓扑

所示为对等网络拓扑。

当前的通信模式还有 Client/Server、Browse/Server 和 Slave/Master 等。例如，企业局域网都是 Client/Server、Browse/Server 模式，而早期的主机系统则采用 Slave/Master 模式。这些模式的共同特点是在网络中必须有应用服务器，通过应用服务器处理用户请求，完成用户之间的通信，以应用为核心。而在对等网络中，用户之间则可以进行直接通信，实现共享资源，完成协同工作。对等网络可以在现有的网络基础上通过软件实现，目前它正在 Internet 上得到推广。一组用户可以通过相同的互联软件进行联系，也可以直接访问其他同组成员硬件设备上的文件。

P2P 的特点包括非中心化、可扩展性、健壮性、高性价比及隐私保护。

（1）非中心化。在所有节点上分散网络资源和网络服务，以实现在节点之间进行信息传输和服务实现，不需要中间服务器的介入，可成功避免可能的数据处理瓶颈。

（2）可扩展性。在 P2P 中，随着用户的不断加入、服务需求的不断增加，系统的整体资源和服务能力得以同步扩充和提高。新用户的加入可以提供服务和资源，更好地满足了网络中用户的需求，促进分布式体系的实现。

（3）健壮性。耐攻击和高容错是 P2P 架构的两大优点。在通常以自组织方式建立起来的 P2P 中，结点被允许自由地加入和离开。不同的 P2P 可以采用不同的拓扑构造方式，并且拓扑结构可根据网络带宽、节点数、负载等变化不断地进行自适应调整和优化。分散在各个节点间完成服务可以大大降低部分节点或网络破坏的影响程度，即便部分节点或网络遭到破坏，对其他部分的影响也很小。

（4）高性价比。由于互联网中散布大量普通节点，P2P 可以有效地利用这些节点完成计算任务或资料存储。通过利用互联网中闲置的计算能力、存储空间，得以实现高性能计算和海量存储的目的。

（5）隐私保护。在 P2P 中，信息的传输并不需要经过某个集中环节而是在各个节点之间进行的，这样大大降低了用户隐私信息被窃听和泄露的可能性。目前，主要采用中继转发的技术方法来解决 Internet 隐私问题，即将通信的参与者隐藏在众多的网络实体之中。在传统的匿名通信系统中，必须通过某些中继服务器节点来实现这一机制。而在 P2P 中，网络上的所有参与节点都可以提供中继转发功能，从而使得匿名通信的灵活性大大提高，能够为用户提供更好的隐私保护。

3. CDN 模型

CDN 提出在现有的 Internet 中添加一层新的网络架构，更接近用户，被称为网络边缘。网站的内容被发布到最接近用户的网络“边缘”，用户可以就近取得所需的内容，从而缓解 Internet 网络拥塞状况，提高用户访问网站的响应速度，从技术上全面解决由于网络带宽小、用户访问量大、网点分布不均等原因造成的网站的响应速度慢的问题。CDN 拓扑和集中单点服务器拓扑对比如图 1-2 所示。

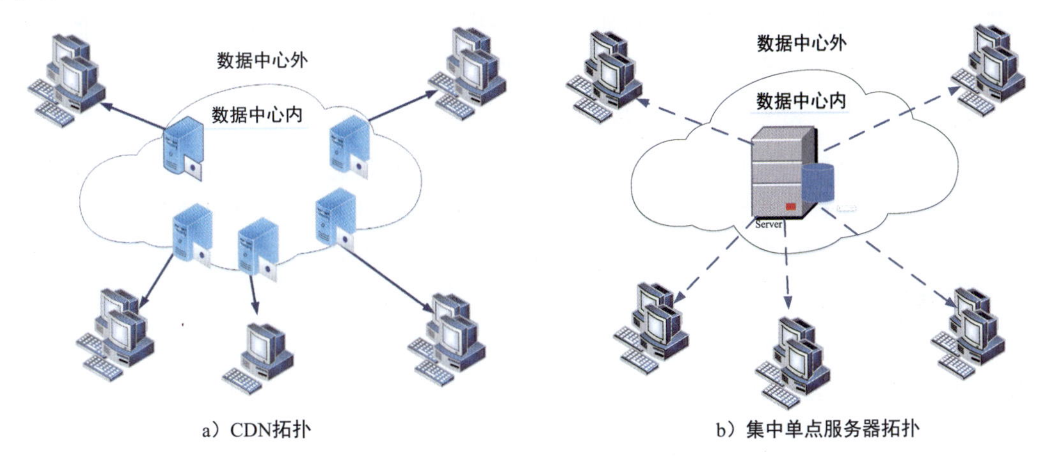

a）CDN拓扑　　b）集中单点服务器拓扑

图 1-2　CDN 拓扑和集中单点服务器拓扑对比

从狭义角度讲，CDN 以一种新型的网络构建方式，在传统的 IP 网中作为特别优化的网络覆盖层用于大宽带需求的内容分发和储存。从广义角度讲，CDN 是基于质量与秩序的网络服务模式的代表。简单地说，CDN 成为一个策略性部署的整体系统需要具备 4 个要件：分布式存储、负载均衡、网络请求重定向和内容管理。而内容管理和全局网络流量管理构成 CDN 的两大核心。CDN 基于用户就近原则和服务器负载管理，为用户的请求提供极为高效的服务。概括地说，CDN 的内容服务是基于位于网络边缘的缓冲服务器，即代理缓存。同时，代理缓存又是内容提供商源服务器的一个透明镜像。通常来讲，内容提供商源服务器位于 CDN 服务提供商的数据中心。这样的架构成功地帮助 CDN 服务提供商代表他们的客户，即内容提供商，向那些不能容忍有任何时延响应的最终用户提供尽可能好的用户体验。

目前，亚马逊和 Akamai 等公司都拥有比较成熟的 CDN 技术。国内的 CDN 技术发展很快，不仅成功交付了期望的性能和用户体验，而且大大降低了提供商的组织运营压力。近年来，主动内容分发网络（Active Content Distribution Networks，ACDN）以一种新的体系结构模型被研究人员提出。ACDN 改进了传统的 CDN，根据需要将应用在各服务器之间进行复制和迁移，成功地帮助内容提供商避免了一些新算法的研究设计。

清华大学团队设计和实现的边缘视频 CDN 是中国学术界研究 CDN 优化技术的一个经典案例，其提出通过数据驱动的方法组织边缘内容热点，基于请求预测服务器峰值转移的复制策略，实现把内容从服务器复制到边缘计算热点上，为用户提供服务。

和早期提出的边缘计算不同，早期的“边缘”仅限于分布在世界各地的 CDN 缓存服务器，现在的边缘计算早已超出了 CDN 的范畴，边缘计算模型的“边缘”已经从边缘节点进化到了从数据源到云计算中心路径之间的任意计算、存储和网络资源。边缘计算也从早期CDN中的静态内容分发到更加强调计算功能。目前，随着各大公司研究资源的不断投入，相关的技术研究和研究人员的培养越来越受到重视，不再是以前的单纯“开发”。

4. 移动边缘计算模型

移动边缘计算（Mobile Edge Computing，MEC）通过将传统电信蜂窝网络和互联网业务深度融合，大大降低了移动业务交付的端到端时延，进而提升用户体验，无线网络的内在能力被成功发掘。这一概念不仅给电信运营商的运作模式带来全新变革，而且促进新型的产业链及网络生态圈的建立。

经评估，通过将应用服务器部署到无线网络边缘，可节省现有的应用服务器和无线接入网络间的回程线路上高达35%的带宽。越来越多的IP流量正在被游戏、视频和基于数据流的网页内容占据，这对移动网络提供好的用户体验提出了更高的要求。边缘云架构的使用可以成功地使用户端体验的网络时延降低50%。据Gartner公司报告，到2020年，全球联网的物联网设备将高达208亿台。以图像识别为例，若增加服务器处理时间50～100ms，可将识别准确率提高10%～20%。这等同于即使不改进现有的识别算法，仅应用移动边缘计算技术，即可通过降低服务器同移动终端之间的传输时延达到提升图像识别效果的目的。

同时，依靠低时延、可编程性以及可扩展性等方面的优势，边缘计算正日益成为满足5G高标准要求的关键技术。移动边缘计算将服务和缓存从中心网络迁移到网络边缘，不仅成功缓解了中心网络的拥塞，还因为边缘网络的就近性为用户请求提供更高效的响应。

在众所周知的移动技术难点中，任务迁移是其中之一。LODCO算法、分布式计算迁移、EPCO算法和LPCO算法，以及Actor模型等优化算法的运用，使得任务迁移得以成功实现。今天，在多种场景中可以见到移动边缘计算的应用，如车联网、物联网网关、辅助计算、智能视频加速、移动大数据分析等。

通常的移动边缘终端设备被认为不具备计算能力，于是人们提出在移动边缘终端设备和云计算中心之间建立边缘服务器，将终端数据的计算任务放在边缘服务器上完成。而在移动边缘计算模型中，终端设备是具有较强的计算能力的。由此可见，移动边缘计算模型是边缘计算模型的一种，非常类似边缘计算服务器的架构和层次。

5. 雾计算模型

雾计算（Fog Computing）是在2011年年初由哥伦比亚大学的斯特尔佛教授（Prof.Stolfo）首次提出的，旨在利用“雾”阻挡黑客入侵。2012年，雾计算被思科公司定义为一种高度虚拟化的计算平台，中心思想是将云计算中心任务迁移到网络边缘设备上。

雾计算作为对云计算的补充，提供在终端设备和传统云计算中心之间的计算、存储、网络服务。L M Vaquero 对雾计算进行了较为全面的定义：为了扩展基于云的网络结构，雾计算在云和移动设备之间引入中间层，而中间层则是由部署在网络边缘的雾服务器组成的“雾层”。云计算中心和移动用户之间的多次通信可以通过雾计算被成功避免。通过雾计算服务器，主干链路的带宽负载和耗能可以显著减少。当移动用户量巨大时，一些特定的服务的请求可以通过访问雾计算服务器中的缓存内容来完成。此外，因为雾计算服务器和云计算中心可以互联，所以云计算中心强大的计算能力和丰富的应用及服务可以被雾计算服务器使用。

由于概念上的相似性，雾计算和边缘计算在很多场合被用来表示相同或相似的一个意思。两者的主要区分是雾计算关注后端分布式共享资源的管理，而边缘计算在强调边缘基础设施和边缘设备的同时，更关心边缘智能的设计和实现。

6. 海云计算模型

在万物互联的背景下，待处理数据量将升至 ZB 级。这对信息系统的感知、传输、存储和处理的能力提出了更高的要求。针对这一挑战，2012 年，中国科学院启动了 10 年战略优先研究倡议，被称为下一代信息与通信技术倡议（Next Generation Information and Communication Technology initiative，NICT）。倡议的主旨是要开展“海云计算系统项目”的研究，其核心是通过“云计算”系统和“海计算”系统的协同和集成，增强传统的云计算能力。其中，“海”端指由人类本身、物理世界的设备和子系统组成的终端（客户端）。

“海云计算系统项目”的研究内容主要包括从整体系统结构层、数据中心级服务器及存储系统层、处理器芯片级等角度提出系统级解决方案，以实现面向 ZB 级数据处理的能效比现有技术提高 1000 倍的中心目标。

由此可见，边缘计算的关注点包括从“海”到“云”数据路径之间的任意计算存储和网络资源。与边缘计算相比，海云计算关注的是“海”的终端设备，海云计算是边缘计算的一个子集实例。

1.1.3　边缘计算发展契机

从生态模式的角度看，边缘计算将是一种新的生态模式，它将网络、计算、存储、应用和智能等五类资源汇聚在网络边缘用以提升网络服务性能、开放网络控制能力，进而促进类似于移动互联网的新模式、新生态的出现。边缘计算的技术理念可以适用于固定互联网、移动通信网、消费物联网、工业互联网等不同场景，形成各自的网络架构增强，与特定网络接入方式无关。相对于 2003 年 Akamai 与 IBM 公司在 WebSphere 服务器上合作提供基于边缘的服务的雏形模式，边缘计算引发的新一轮热潮是内因和外力联合推动的结果。内因是云计算的中心化能力在网络边缘存在诸多不足；外力是消费物联网发展迅速，数字经济与实体经济结合的需求旺盛。随着网络覆盖的扩大、带宽的增强、资费的下降，万物互联触发了新的数据生产模式和消费模式。同时，工业互联网蓬勃兴起，实现IT技术与OT技术的深度融合，迫切需要在工厂内网络边缘处加强网络、数据、安全体系建设。具体分析如下：

1. 云计算的不足

传统的云计算模式是在远程数据中心集中处理数据。由于物联网的发展和终端设备收集数据量的激增，会产生一些问题。首先，对于大规模边缘的多源异构数据处理要求，无法在集中式云计算线性增长的计算能力下得到满足。物联网的感知层数据处于海量级别，数据具有很强的冗余性、相关性、实时性和多源异构性，数据之间存在着频繁的冲突与合作。融合的多源异构数据和实时处理要求，给云计算带来了无法解决的巨大挑战。其次，数据在用户和云数据中心之间的长距离传输将导致高网络时延和计算资源浪费。云服务是一种聚合度很高的集中式服务计算，用户将数据发送到云端存储并处理，将消耗大量的网络带宽和计算资源。再次，大多数终端用户处于网络边缘，通常使用的是资源有限的移动设备，它们具有低存储和计算能力以及有限的电池容量，所以有必要将一些不需要长距离传输到云数据中心的任务分摊到网络边缘端。最后，云计算中数据安全性和隐私保护在远程传输和外包机制中将面临很大的挑战，使用边缘计算处理数据则可以降低隐私泄露的风险。

以智能家居为例，不仅越来越多的家庭设备开始使用云计算来控制，而且还通过云计算实现家庭局域网内设备之间的互动。这使得过度依赖云平台的局域网设备会出现以下问题：

1）一旦网络出现故障，即使家里仍然有电，设备也不能很好地控制了。例如通过手机控制家里的设备，手机在外网是需要通过透传的。当手机在局域网内时，一般是直接控制设备的。但如果是智能单品之间实现联动的话，通常联动逻辑是在云上的。当发生网络故障的时候，联动的设备通常就容易失控。

2）如果是通过云控制家庭设备，那么需要定时检查云端的状态来实现对家电的控制，这时设备接受响应的时间，一方面取决于设备连接的网络速率，另一方面取决于云平台上设备检查状态的周期。这两方面使得响应时间是不可控的。

3）在很多智能家居方案中，没有局域网内的控制，所以通常也要通过云服务来实现局域网之内的设备联动。对开关速度要求不高的空调、电视等产品，用户是感受不到时延带来的不好体验的。但随着智能家居的普及，例如越来越多的灯光设备如果通过智能控制实现的话，即便是一点点的时延，用户也可以立即感受到。

2. 万物互联时代的到来

2012年12月，思科公司提出万物互联的概念。这是未来互联网连接以及物联网发展的全新网络连接架构，其增加并完善了网络智能化处理功能以及安全功能，是在物联网基础上的新型互联的构建。万物互联是以万物有芯片、万物有数据、万物有传感器、万物皆在线、万物有智慧为基础的，产品、流程、服务各环节紧密相连，人、数据和设备之间自由沟通的全球化网络。在万物互联环境下，无处不在的感知、通信和嵌入式系统，赋予物体采集、计算、思考、协作和自组织、自优化、自决策的能力。高度灵活、人性化、数字化的生产与服务模式通过产品、机器、资源和人的有机联系得以实现。

万物互联采用分布式架构计算和存储新型平台，融合以应用为中心的网络、全球范围内更大的带宽接入、以 IP 驱动的设备以及 IPv6，可成功连接互联网上高达数亿台的边缘终端和设备。相比“物”与“物”互联的物联网而言，万物互联的概念里面还增加了更高级别的“人”与“物”的互联。其突出的特点就是任何“物”都将具有更强的计算能力与感知能力，更有语境感知的功能。将人与信息融合至互联网当中，在网络中形成数十亿甚至数万亿的连接节点。万物互联以物联网作为基础，在互联网的“万物”之间实现融合、协同以及可视化的功能，增加网络智能。基于万物互联平台的应用服务往往需要更短的响应时间，同时也会产生大量涉及个人隐私的数据。比如，装载在无人驾驶汽车上面的传感器和摄像头，如果实时捕捉路况信息，经计算，每秒大约会产生 1GB 的数据。

根据互联网业务解决方案集团（IBSG）和思科全球云指数（GCI）的估计，到 2020 年，连接到互联网上的设备会超过 500 亿台，产生的数据将超过 500 ZB。根据研究机构 IHS 的预测分析，到 2035 年，波音 787 每秒将产生大约 5GB 的数据，并需要对这些数据进行实时处理；全球将有 5400 万辆无人驾驶汽车。同时，中国用于打击犯罪的“天网”监控网络，已经在全国各地安装超过 2000 万个高清监控摄像头，实时监控和记录行人以及车辆。还有，以北京电动汽车监控平台为例，该平台可以对 1 万辆电动汽车进行 7×24h 不间断的实时监控，并以每辆车 10s/ 条的速率向各企业平台实时转发监控数据。

3. 用户的转型

在传统的云计算模式中，终端用户通常扮演的角色是数据消费者，例如在网络浏览器观看视频或文件、浏览图像、管理系统中的文档。但是，终端用户的角色正在发生变化，从数据消费者到数据生产者和消费者，这意味着人们也在边缘设备上生成物联网数据。例如，YouTube 网站用户每分钟上传近 100h 的视频内容，Instagram 用户发布 2430000 张照片。在这种情况下，在边缘端处理数据更为快速，可以改善用户体验。

4. 网络架构云化演进

通信运营商根据网络建设部署与运营经验，统一构建基于 NFV、SDN、云计算为核心技术的网络基础设施，推进支撑网络的云化演进、匹配网络转型部署。NFV 将成为 5G 网络各网元的技术基础，以实现全云化部署。以 DC 为中心的三级通信云 DC 布局，将在网络云化架构中被采用，通过在不同层级的分布式部署和构建边缘、本地、区域 DC，统一规划云化资源池，完成面向固网、物联网、移动网、企业专线等多种接入的统一承载和统一服务。

5. IT 技术与 OT 技术的深度融合驱动行业智能化发展

以大数据、机器学习、深度学习为代表的智能技术已经在语音识别、图像识别等方面得到应用，在模型、算法、架构等方面取得了较大进展。智能技术已率先在制造、电力、交通、医疗、电梯、物流、公共事业等行业应用，随着预测性维护、智能制造等新应用的演进，行业智能化势必驱动边缘计算发展。

1.1.4 边缘计算发展现状

在满足未来万物互联的需求上，边缘计算的优点尤为突出。这激发了国内外学术界和产业界的研究热情。主要的三大阵营在边缘计算发展上各有优势：互联网企业试图将公有云服务能力扩展到边缘侧，希望以消费物联网为主要阵地；工业企业试图发挥自身工业网络连接和工业互联网平台服务的领域优势，以工业互联网为主要阵地；通信企业以边缘计算为契机，开放接入侧网络能力，挺进消费物联网和工业互联网阵地，希望盘活网络连接设备的价值。从 2016 开始，业界从学术研究、标准化、产业联盟、商业化落地四个方向齐力推动边缘计算演进。

1. 学术研究

2016 年 10 月，IEEE 和 ACM 正式成立了 IEEE/ACM System Symposium on Edge Computing，组成了由学术界、产业界、政府（美国国家基金会）共同认可的学术论坛，对边缘计算的应用价值和研究方向展开了研究和探索。

2018 年 5 月，在 2018 边缘计算技术研讨会（SEC-China 2018）中，中国高校和研究机构互动研究讨论边缘计算，梳理国内开发者的需求。

2018 年 10 月，在 2018 边缘计算技术峰会中，中国通信学会和中国移动联合组织互联网界、工业界、电信界，共同探讨边缘计算产业生态的构建和协同发展。

2. 标准化

2017 年，IEC 发布了 VEI（Vertical Edge Intelligence）白皮书，介绍了边缘计算对制造业等垂直行业的重要价值。

中国通信标准化委员会（CCSA）成立了工业互联网特设组（ST8），并在其中开展了工业互联网边缘计算行业标准的制定。

2018 年，中国联通发布了边缘业务平台架构及产业生态白皮书。白皮书基于业务需求演进、无线和固网的网络演进，以及云化技术的发展，介绍了中国联通边缘业务平台的架构和演进路标，以及边缘计算技术的标准化进展和产业链现状。

阿里云和中国电子技术标准化研究院等发布了边缘云计算技术和标准化白皮书。白皮书指导边缘云计算相关标准的制定，以及引导边缘云计算技术和应用发展。

2019 年，百度发布边缘计算整体方案参考标准 Baidu OTE（Over the Edge），面向 5G，从互联网公司角度出发，致力于多运营商边缘资源的统一接入，将业务服务扩展到边缘，推动业界“云－边－端”商业部署。

3. 产业联盟

2016 年 11 月，由华为、中国科学院沈阳自动化研究所、中国信通院、英特尔、ARM 等机构和公司联合发起的边缘计算产业联盟（Edge Computing Consortium，ECC）在北京正式成立。该联盟旨在搭建边缘计算产业合作平台，推动 OT 和 ICT 产业开放协作，孵化行业应用最佳实践，促进边缘计算产业健康与可持续发展。

2017 年，全球性产业组织工业互联网联盟 IIC 成立 Edge Computing TG，定义边缘计算参考架构。

2018 年，由中国移动联合中国电信、中国联通、中国信通院和英特尔公司联合发起开放数据中心委员会 OTII（Open Telcom IT Infrastructure）工作组，开启了电信领域边缘计算服务器标准和管理接口规范的制定工作。

2019 年，由百度、阿里巴巴、腾讯、中国信通院、中国移动、中国电信、华为和英特尔等机构和公司联合发起的开放数据中心委员会边缘计算工作组正式成立，推动业界边缘计算商业开发部署。

4. 商业化落地

当今，边缘计算市场仍然处于初期发展阶段。主宰云计算市场的互联网公司（国外的亚马逊、谷歌、微软，国内的百度、腾讯、阿里巴巴等）、行业领域厂商（富士康工业互联网、小米等）正在成为边缘计算商业化落地的领先者。传统电信运营商在 5G 蓬勃发展的大环境中，借助软件定义网络和网络云化等技术，也发力于边缘计算商业化落地。

亚马逊携 AWS Greengrass 进军边缘计算领域，走在了行业的前面。该服务将 AWS 扩展到设备上，这样它们除了同时可以使用云来进行管理、分析数据和持久的存储，还可以在本地处理它们生成的数据。微软公司在这一领域也有一些大动作。该公司将在物联网领域进行大量投入，边缘计算项目是其中之一。微软公司发布了 Azure IoT Edge 解决方案，该方案通过将云分析扩展到边缘设备以支持离线使用。边缘的人工智能应用也是微软公司希望聚焦的领域。谷歌公司也不甘示弱，宣布了两款新产品，分别是硬件芯片 Edge TPU 和软件堆栈 Cloud IoT Edge，旨在帮助改善边缘联网设备的开发。谷歌公司表示，依靠谷歌云强大的数据处理和机器学习能力，可以通过 Cloud IoT Edge 扩展到数十亿台边缘设备，如风力涡轮机、机器人手臂和石油钻塔，这些边缘设备对自身传感器产生的数据可进行实时操作，并在本地进行结果预测。

在新兴的边缘计算领域，涌现出 Scale Computing、Vertiv、华为、富士通、惠普和诺基亚等商业化的开拓者。英特尔、戴尔、IBM、思科、惠普、微软、通用电气、AT&T 和 SAP SE 等公司也在投资布局边缘计算。例如，英特尔和戴尔公司均投资了一家为工商业物联网应用提供边缘智能的公司 Foghorn。戴尔同时还是物联网边缘平台 IOTech 的种子轮融资的参与者。而惠普提出 Edgeline Converged Edge Systems 系统的目标客户是那些通常在边远地区运营的工业合作伙伴，这些合作伙伴希望获得数据中心级的计算能力。在不依赖于将数据发送到云或数据中心的情况下，惠普公司的系统承诺为工业运营（如工厂、铜矿或石油钻井平台）提供来自联网设备的监控管理。

目前，不断涌现和发展的物联网、5G 等新技术正推动着中国数字化转型的新一轮变革。为克服数据中心高能耗等一系列问题，边缘计算获得了越来越多的关注，在国内各行业的应用也日渐广泛。目前，基于边缘计算的“云 - 边 - 端”示意图如图 1-3 所示，远端的云端业务下沉延伸、前端的各行业万物互联的数据和应用上行扩展，加速推进近端网络架构演进和变革。

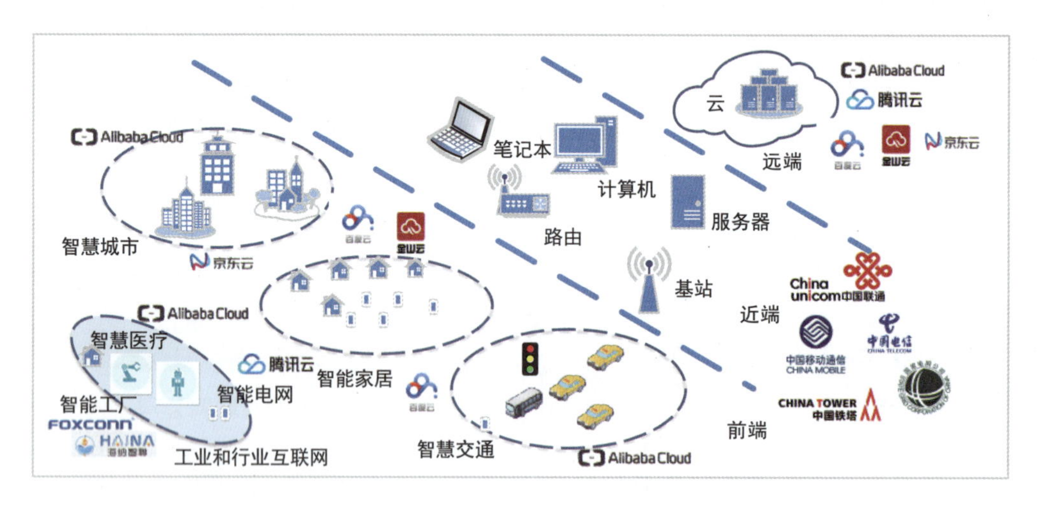

图 1-3　基于边缘计算的“云 - 边 - 端”示意图

在国内云服务提供商中，百度公司 2018 年发布“AI over Edge”智能边缘计算开发战略，与中国联通联合建立 5G 实验室，将智能云业务扩展到网络端，助力联通网络云化变革，加快边缘计算商业化落地速度。阿里巴巴近年大力推进的智慧城市项目也是边缘计算商业化的典型案例。金山云借助传统 CDN 业务的优势，大力推进 CDN 业务扩展到边缘，加速 CDN 业务云到边缘的全方位覆盖。

国内网络运营商在竞争激烈的市场中纷纷推进移动边缘计算的商业开发部署，以求获得高性能和低时延的服务。中国移动已领先在国内 10 个省、20 多个地市的现网上开展多种 MEC 应用试点。2018 年 1 月，中国移动浙江公司为进一步推动网络实现超低时延的更佳体验，宣布与华为公司联合率先布局 MEC 技术，打造未来人工智能网络。移动用户未来可以通过虚拟现实（VR）、增强现实（AR）、超清视频、移动云等技术获得极致的业务体验。2018 年 4 月，中国移动又提出了运营商边缘计算的五大场景，分别为本地分流、vCDN、基于 MEC 和 IoT GW 的应用创新、第三方 API 应用平滑移植、垂直行业服务。同时，中国电信与互联网 CDN 厂商开展合作，旨在通过 MEC 边缘 CDN 的部署延展现有的集中 CDN，为多网络用户提供服务。中国电信在探索 MEC 及工业边缘云的同时，正式提出对边缘计算的三重关注：整体的 IDC/CDN 资源布局与业务规划、运营商网关 / 设备、基于 MEC 的业务平台及解决方案。

在互联网公司加速布局前端应用的同时，行业新型应用需求也在驱动边缘计算布局，在医疗行业，边缘计算可以解决不少矛盾，带来诸多好处：融合跨厂商、跨视频终端类型，实现远程视频会诊，与医疗业务系统集成化，云医疗视频核心化；无须修改接口，通过 PACS 系统将影像文件存储到公有云 OSS；避免医疗机构 HIS 建设信息化投入不足，售后服务与系统升级跟不上医疗信息系统发展需求与扩展的问题；医疗信息系统中举证责任、电子病历、药方、支付等电子数据维护；快速搭建医生患者沟通平台，海量医疗数据的集中共享、区域协同，实现“基层首诊、双向转诊、急慢分治、上下联动”的分级诊疗服务模式。

在电力行业，布局智能电网后，电站运营公司或者电站投资商需要对所有电站发电及安全情况进行监控，保障收益。根据自身业务发展，选择自己的业务模块及管理电站发电、收益等情况，边缘计算可以带来更快的响应和分析。

在生产制造行业中，富士康工业互联网加速工业 4.0 商业化步伐，近年来成为该行业边缘计算的领先者。在技术升级与发展中，富士康工业互联网成功将工业互联网、5G 网络与传统的电子制造业务结合起来，不断扩大电子设备智能制造，逐渐形成了一个高效、完善的全产业链的紧密互联体系。

在智慧交通中，电动汽车在行驶和充电过程中，边缘计算能使系统轻易地实时采集、存储、计算车辆数据和充电数据，满足电动汽车使用和监控管理需求。

在智慧家居中，通过边缘计算能够将不同类型的智能设备有机地连接起来，通过数据转换聚合和机器学习等高级分析方法进行自主决策和执行，并对在日常生活中汇集的数据不断分析，从而演进自身的算法和执行策略，使得智能家居越来越智慧。同时，边缘计算也能够统一用户交互界面，以更及时和友好的方式与用户交互。

1.1.5 边缘计算定义

对于边缘计算的定义，目前业界还没有统一的结论。

太平洋西北国家实验室（PNNL）将边缘计算定义为：一种把应用、数据和服务从中心节点向网络边缘拓展的方法，可以在数据源端进行分析和知识生成。

ISO/IEC JTC1/SC38 对边缘计算给出的定义为：一种将主要处理和数据存储放在网络的边缘节点的分布式计算形式。

边缘计算产业联盟对边缘计算的定义是：在靠近物或数据源头的网络边缘侧，融合网络、计算、存储、应用核心能力的开放平台，就近提供边缘智能服务，满足行业数字化在敏捷连接、实时业务、数据优化、应用智能、安全与隐私保护等方面的关键需求。作为连接物理和数字世界的桥梁，实现智能资产、智能网关、智能系统和智能服务。

边缘计算的不同定义表述虽然各有差异，但内容实质已达共识：在靠近数据源的网络边缘某处就近提供服务。综合以上定义，边缘计算是指数据或任务能够在靠近数据源头的网络边缘侧进行计算和执行计算的一种新型服务模型，允许在网络边缘存储和处理数据，和云计算协作，在数据源端提供智能服务。网络边缘侧可以理解为从数据源到云计算中心之间的任意功能实体，这些实体搭载着融合网络、计算、存储、应用核心能力的边缘计算平台。

1.2 边缘计算原理

1.2.1 边缘计算基本结构和特点

1. 基本结构

边缘计算中的“边缘”是一个相对的概念，指从数据源到云计算中心数据路径之间的任意计算资源和网络资源。边缘计算允许终端设备将存储和计算任务迁移到网络边缘节点中，如基站（BS）、无线接入点（WAP）、边缘服务器等。在满足终端设备计算能力扩展需求的同时，又能够有效地节约计算任务在云服务器和终端设备之间的传输链路资源。如图 1-4 所示为基于“云－边－端”协同的边缘计算基本架构，由四层功能结构组成：核心基础设施、边缘计算中心、边缘网络和边缘设备。

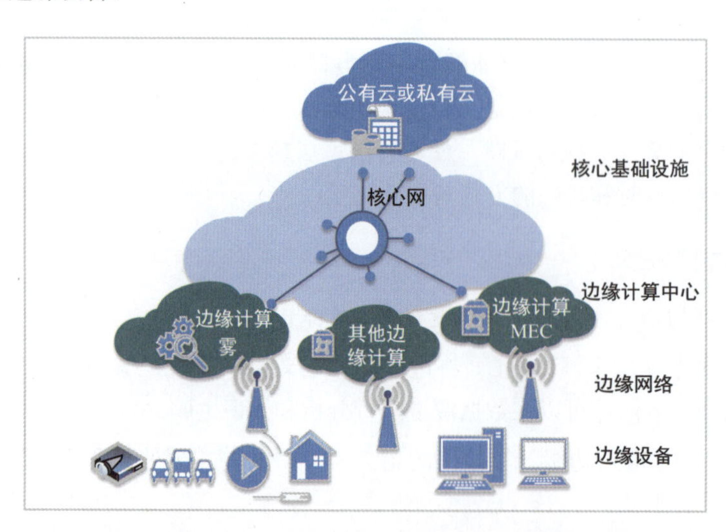

图 1-4　基于“云－边－端”协同的边缘计算基本架构

核心基础设施提供核心网络接入（例如互联网、移动核心网络）和用于移动边缘设备的集中式云计算服务和管理功能。其中，核心网络主要包括互联网络、移动核心网络、集中式云服务和数据中心等。而云计算核心服务通常包括基础设施即服务（IaaS）、平台即服务（PaaS）和软件即服务（SaaS）三种服务模式。通过引入边缘计算架构，多个云服务提供商可同时为用户提供集中式的存储和计算服务，实现多层次的异构服务器部署，改善由集中式云业务大规模计算迁移带来的挑战，同时还能够为不同地理位置上的用户提供实时服务和移动代理。

互联网厂商也把边缘计算中心称为边缘云，主要提供计算、存储、网络转发资源，是整个“云－边－端协同”架构中的核心组件之一。边缘计算中心可搭载多租户虚拟化基础设施，从第三方服务提供商到终端用户以及基础设施提供商，自身都可以使用边缘中心提供的虚拟化服务。多个边缘中心按分布式拓扑部署，各边缘中心在自主运行的同时又相互协作，并且和云端连接进行必要的交互。

边缘网络通过融合多种通信网络来实现物联网设备和传感器的互联。从无线网络到移动中心网络再到互联网络边缘计算设施，通过无线网络，数据中心网络和互联网实现了边缘设备、边缘服务器、核心设施之间的连接。

所有类型的边缘设备不只扮演了数据消费者的角色，而且作为数据生产者参与到了边缘计算结构所有的四个功能结构层中。

2. 基本特点和属性

（1）连接性。边缘计算是以连接性为基础的。由于所连接物理对象的多样性以及应用场景的多样性，要求边缘计算具备丰富的连接功能，如各种网络接口、网络协议、网络拓扑、网络部署与配置、网络管理与维护。此外，在考虑与现有各种工业总线的互联互通的同时，连接性需要充分借鉴吸收网络领域先进的研究成果，例如 TSN、SDN、NFV、Network as a Service、WLAN、NB-IoT、5G 等。

（2）数据入口。作为物理世界到数字世界的桥梁，边缘计算是数据的第一入口。边缘计算通过拥有大量、实时、完整的数据，可基于数据全生命周期进行管理与价值创造，实现更好的支撑预测性维护、资产效率与管理等创新应用；另一方面，作为数据第一入口，边缘计算也面临数据实时性、不确定性、多样性等挑战。

（3）约束性。边缘计算产品需要适配工业现场相对恶劣的工作条件与运行环境，如防电磁、防尘、防爆、抗振动、抗电流或电压波动等。在工业互联场景下，对边缘计算设备的功耗、成本、空间也有较高的要求。边缘计算产品需要考虑通过软硬件集成与优化，以适配各种条件约束，支撑行业数字化多样性场景。

（4）分布性。边缘计算实际部署天然具备分布式特征。这要求边缘计算支持分布式计算与存储、实现分布式资源的动态调度与统一管理、支撑分布式智能、具备分布式安全等能力。

（5）融合性。OT与IT的融合是行业数字化转型的重要基础。边缘计算作为“OICT”融合与协同的关键承载，需要支持在连接、数据、管理、控制、应用、安全等方面的协同。

（6）邻近性。由于边缘计算的部署非常靠近信息源，因此边缘计算特别适用于捕获和分析大数据中的关键信息。此外，边缘计算还可以直接访问设备，因此容易直接衍生特定的商业应用。

（7）低时延。由于移动边缘技术服务靠近终端设备或者直接在终端设备上运行，时延被大大降低。这使得反馈更加快速，从而改善了用户体验，减少了网络在其他部分中可能发生的拥塞。

（8）大带宽。由于边缘计算靠近信息源，可以在本地进行简单的数据处理，不必将所有数据或信息都上传至云端，这将使得网络传输压力下降，减少网络堵塞，网络速率也因此大大增加。

（9）位置认知。当网络边缘是无线网络的一部分时，无论是Wi-Fi还是蜂窝，本地服务都可以利用相对较少的信息来确定每个连接设备的具体位置。

1.2.2 业界新技术一览

1. 英特尔——安防、车载、零售和工业“四管齐下”

目前，英特尔以x86架构通用处理器为核心的技术平台作为物联网解决方案，但随着边缘计算所承载的业务、范围变得更丰富和多元化，单一处理器很难承载不同类型的计算工作负载或业务类型。

英特尔中国区物联网事业部首席技术官张宇博士在接受媒体采访时说：“边缘节点的计算可以变得更有效率，并不是单一设备有能力承载的，需要一个工作负载整合的概念，把不同的数据类型整合在一个计算平台上，然后由这个计算平台预处理很多数据，使这些数据变得更有价值。”

具体而言，英特尔目前分别在安防监控、车载交通、零售和工业四大行业进行了一系列落地探索。

在安防领域，英特尔结合了Altera在FPGA的产品线和Movidius的产品线，与国内海康威视、大华等厂商合作，在前端比以往更容易承载更复杂的数据分析；在车载领域，英特尔把原先在车内的一些分立式的功能模块组合在通用计算平台上，这个计算平台现在使用的是Apollo Lake SoC，在认证方面除了提供底层的部件和操作系统支持，也提供一些虚拟化技术；在零售领域，英特尔已经开发出了早期原型的一套软件平台，用于无人店管理的环境中；在工业领域，英特尔目前已经预先做出一个更有计算能力的网关平台，将来可以适用于更复杂的工业自动化的场景。

2. 施耐德电气——开放IMDC云平台，打造边缘计算生态

施耐德电气在2017年11月推出一款新的产品——智能微型数据中心解决方案（Intelligent Micro Data Center，IMDC）。IMDC可应用于新建机房以及部分改造机房，可提供快速部署，

是施耐德电气为支持边缘计算领域提供的全新智能解决方案。

面向边缘计算的 IMDC 是施耐德电气最新市场战略的一部分。随着云计算和边缘计算的迅速发展，施耐德电气敏锐把握这一市场趋势，并进行相应的业务布局，即提供从设备端到中间层以及云端的完整解决方案，这在业内是首创，而且 IMDC 云平台会开放给合作伙伴一起打造边缘计算生态。

3. ARM——推出针对边缘运算的 Mbed Edge

ARM 公司于 2017 年 11 月推出针对物联网安全的 PSA 架构和针对边缘运算的 Mbed Edge，稳固与强化物联网市场基础建设与推动力。

Mbed Edge 主要透过物联网闸道器让使用者能将 Mbed Cloud 装置管理功能进一步拓展，包括对装置进行导入、控制及管理等领域。

Mbed Edge 有三大优势：第一为通信协定转译，可将非 IP 协定的联网装置，如 LoRa、Modbus，转译成 IP based，共同在 Mbed Cloud 进行管理；第二为闸道器管理，提高 IoT 闸道器的复原能力、缩短停机时间，并新增强化如发送警报通知、程序、资源、诊断及界面管理；第三为边缘运算，使用者可依据需求将复杂程度不同的运算资源或演算规则置于闸道器中，即使与云端断线后仍能独立运作。

4. 华为——边缘计算开发测试云

在 2017 年华为全联接大会上，华为网络研发部总裁、边缘计算联盟副理事长刘少伟表示，边缘计算火热背后的价值在于架起 IT 和 OT 的桥梁。

刘少伟在演讲中说，过去的 IT 技术带来的是一个虚拟世界，而传统的 OT 厂商涉及的 OT 领域是一个物理世界。物理世界受限于位置、距离、供电、体积、空间等，如果希望变得智能化，向数字化转型，就需要把虚拟世界的技术拿过来。而边缘计算就是其中最重要的节点和桥梁，填平虚拟世界和物理世界之间的沟壑。

据刘少伟介绍，华为目前正在做面向中国和欧洲的 TSN 工业现场网络测试床，以及边缘计算开发测试云，并在工业无线、数据集成、SDN、安全等关键领域展开技术布局，将持续地投入技术研究。

5. 中兴——已拥有完整的边缘计算解决方案

中兴通讯在边缘计算的设备层领域进行了布局，中兴通讯已拥有完整的 MEC 解决方案，以及包括虚拟化技术、容器技术、高精度定位技术、分流技术、CDN 下沉等核心技术和专利。相关解决方案覆盖业务本地化、本地缓存、车联网、物联网等各大场景，且满足 ETSI 标准定义的 MEC Host 架构，并根据实际应用落地需求，综合考虑 MEC 管理系统、MEC 集中控制系统等方案的制定。2019 年 2 月，中兴通讯发布业界首个《OLT 内置刀片技术白皮书》。中兴通讯首创在其旗舰 OLT 平台 TITAN 内置 300mm 深轻量级刀片服务器，并采用基于英特尔突破性的数据中心处理器架构的 Xeon® D 处理器，无须改造接入机房即可打造低成本、低功耗、业务灵活组合的轻量级边缘计算基础设施，为固移融合场景下大流量、低时延业务提供存储、计算等能力，极大提升体验敏感型业务的用户体验。

6. 网宿科技——升级 CDN 节点为边缘计算节点

作为国内 CDN 的龙头企业，网宿科技深知网络拥塞概率最大的是大带宽的视频内容，例如视频点播、4K 电视和视频流。为减轻现实和未来的网络拥塞，改善大带宽内容流传输能力，CDN 服务提供商要将缓存内容在更接近用户的边缘计算网络系统中进行交互，从而实现在多个服务器上复制内容并且基于靠近程度将内容快速部署给多个用户。

网宿科技正在构建一张庞大的智能计算网络，将现有 CDN 节点升级为具备存储、计算、传输、安全功能的边缘计算节点，以满足万物互联时代的需求。

7. 研华——推出新一代 IoT 边缘智能服务器

研华 2017 年推出新一代 IoT 边缘智能服务器（Edge Intelligence Server，EIS），它能把不同工业协议收集起来的数据转换成 MQTT 协议并传输到云端，然后做一些数据分析或应用处理。

EIS 目前正是研华主打的产品，EIS= 物联网网关 + 小型数据库 + 轻量计算与分析。内建 WISE-PaaS 设备管理、集中安全管理、交互式多媒体内容编辑、监控及数据采集、人机界面等软件，在满足不同应用需求之余，为传感器及其他设备提供全面的开发工具及符合标准协议（Modbus、OPC、MQTT）的 SDK。

此外，EIS 搭载预配置的 Azure 服务，帮助客户将当前解决方案移动至云端，提升操作效率及业务转型。帮助构建和启动物联网创新应用，提供易于集成的解决方案以加速物联网的实现。

8. 恩智浦半导体——展示 Layerscape LS1043/46 边缘计算平台

恩智浦半导体与 Google Cloud、AWS、Accenture、Au-Zone 和 ClearBlade 等公司合作，在 2018 年 1 月的国际消费电子展（CES）上展示了边缘计算的前沿发展及该技术在应用领域的强大潜能。

恩智浦展示的边缘节点计算的各种使用场景基于业界广泛的物联网处理产品组合，从超低功耗微控制器到跨界处理器，再到高性能 i.MX8 应用处理器。恩智浦 Layerscape LS1043/46 边缘计算平台支持 Google Cloud IoT、AWS-IOT Platform 或 Azure IoT 等云框架，与边缘节点、传感器和设备无缝连接。在展会上，恩智浦演示了基于机器学习的面部识别技术、远程设备管理、面向云端的安全设备配置，以及其他与 ClearBlade 软件物联网边缘平台集成的边缘处理能力。

未来，其边缘计算解决方案将轻松应用于各种使用场景，包括工业 4.0、智能家居和智能零售应用，实现成本优化的低功耗系统。

9. Marvell 和 Pixeom——联合发布基于容器的边缘计算解决方案

在 2018 年 CES 上，Marvell 和 Pixeom 公司展示了一个边缘计算系统，该系统结合了 Marvell MACCHIATObin 社区开发版与 Pixeom 公司的技术，扩展了 Google Cloud Platform 服务在网络边缘的功能。在 Marvell MACCHIATObin 社区开发版运行 Pixeom 边缘平台软件时，可通过在 MACCHIATObin 上编排和运行基于 Docker 的微服务来扩展云功能。

采用 Marvell 公司的 MACCHIATObin 硬件作为基础，Pixeom 公司展示了其基于容器的边缘计算解决方案，能够在网络边缘提供视频分析功能。这种独特的硬件和软件结合提供了一种高度优化和直接的方式，使更多的处理和存储资源处于网络边缘。该技术显著提高了运营效率并降低了时延。

10. 百度——开源边缘计算框架 OpenEdge

在 2018 年 12 月百度云 ABC Inspire 企业智能大会上，百度云宣布智能边缘计算平台 OpenEdge 全面开源，成为国内首个全面开源的边缘计算平台。OpenEdge 是百度云自研的边缘计算框架，目标是贴合工业互联网应用，将计算能力拓展至用户现场，提供临时离线、低时延的计算服务，包括消息路由、函数计算、AI 推断等。OpenEdge 和云端管理套件配合使用，可达到云端管理和应用下发、边缘设备上运行应用的效果，满足各种边缘计算场景。OpenEdge 提出的技术亮点包括：基于 MQTT 的控制和通信链路标准协议、支持自定义计算函数的开放框架，以及采用 Docker 快速部署等。

11. 阿里巴巴——物联网边缘计算平台 Link IoT Edge

阿里巴巴在 2018 年云栖大会上推出了物联网边缘计算平台 Link IoT Edge。作为阿里云能力在边缘端的拓展，其继承了阿里云安全、存储、计算、人工智能的能力，可部署于不同量级的智能设备和计算节点中，通过定义物理模型连接不同协议、不同数据格式的设备，提供安全可靠、低时延、低成本、易扩展、弱依赖的本地计算服务。

12. 金山云——基于容器的边缘计算平台 KENC 以及酒店民居 IoT 解决方案 AI-House

金山云依托其在云计算领域深厚的技术积淀，以及 CDN 业务的资源与网络积累，结合先进的容器技术，推出了面向下一代边缘计算的 KENC（Kingsoft Cloud Edge Node Computing）平台。该平台面向视频转码、云游戏等业务场景，凭借其分布广、贴近客户、性能高等优势，将网络时延降低到原来的 50% 以下。除此之外，金山云为了迎接万物互联、海量并发的物联网时代，针对酒店、民居的场景，结合上千种小米智能硬件推出了 AI-House 解决方案。该解决方案支持智能酒店与智能家居的语音、手机、传感器等控制方式，在提高用户体验的同时，能为酒店大幅节约运营成本。未来，AI-House 还将进军智慧社区、智慧城市等领域，用智能为人们提供更加便利的生活。

参考文献

[1] Cisco global cloud index：Forecast and methodology. White Paper C11-738085-02［R］. Cisco，San Jose，CA，2018.

[2] T Snyder，G Byrd. The Internet of everything［C］//Computer，2017，50（5）：8-9.

[3] D E Culler. The once and future Internet of everything［C］//GetMobile：Mobile Comput. Commun.，2016，20（3）：5-11.

[4] N Abbas，Zhang Y，A Taherkordi，et al. Mobile edge computing：A survey［C］//IEEE Internet Things J. 2018，5（1）：450-465.

[5] R Buyya，C S Yeo，S Venugopal，et al. Cloud computing and emerging IT platforms：Vision，hype，and reality for delivering computing as the 5th utility［C］//Future Generat. Comput. Syst.，2009，25（6）：599-616.

[6] A Al-Fuqaha，M Guizani，M Mohammadi. Internet of Things：A survey on enabling technologies，protocols，and applications［C］//IEEE Commun. Surveys Tuts，2015，17（4）：2347-2376.

[7] M B Mollah，M A K Azad，A Vasilakos. Security and privacy challenges in mobile cloud computing：Survey and way ahead［C］//Journal of Network and Computer Applications，2017，84：38-54.

[8] Edge computing White Paper. Pacific Northwest Nat. Lab，Richland，WA，2013.

[9] White paper of edge computing consortium［R］. ECC，Beijing，2016.

[10] Wang Sh，Zhang X，Zhang Y. A survey on mobile edge networks：Convergence of computing，caching and communications［C］//IEEE Access，2017，5：6757-6779.

[11] Akamai Technologies. China CDN［EB/OL］. http：//www.akamai.com/us/en/cdn/，2016-12-03.

[12] Grolinger K，Higashino W A，Tiwari A，et al. Data management in cloud environments：NoSQL and NewSQL data stores［J］. Journal of Cloud Computing，2013，2（1）：1-24.

[13] Peng G. CDN：Content distribution network［R］. Technical Report TR-125 of Experimental Computer Systems Lab in Stony Brook University，SUNY Stony Brook，2003.

[14] https：//openedge. tech，2018-12-26.

第 2 章

边缘计算基础资源架构技术

作为一种新型的服务模型，边缘计算将数据或任务放在靠近数据源头的网络边缘侧进行处理。网络边缘侧可以是从数据源到云计算中心之间的任意功能实体，这些实体搭载着融合网络、计算、存储、应用核心能力的边缘计算平台，为终端用户提供实时、动态和智能的服务计算。同时，数据就近处理的理念也为数据安全和隐私保护提供了更好的结构化支撑。边缘计算模型的总体架构主要包括核心基础设施、边缘数据中心、边缘网络和边缘设备。从架构功能角度划分，边缘计算包括基础资源（计算、存储、网络）、边缘管理、边缘安全以及边缘计算业务应用，如图 2-1 所示。边缘计算的业务执行离不开通信网络的支持，其网络既要满足与控制相关业务传输时间的确定性和数据完整性，又要能够支持业务的灵活部署和实施。时间敏感网络（TSN）和软件定义网络（SDN）技术是边缘计算网络部分的重要基础资源。异构计算支持是边缘计算模块的技术关键。随着物联网和人工智能的蓬勃发展，业务应用对于计算能力提出了更高的要求。计算需要处理的数据种类也日趋多样化，边缘设备既要处理结构化数据，又要处理非结构化数据。为此，边缘计算架构需要解决不同指令集和不同芯片体系架构的计算单元协同起来的异构计算，满足不同业务应用的需求，同时实现性能、成本、功耗、可移植性等的

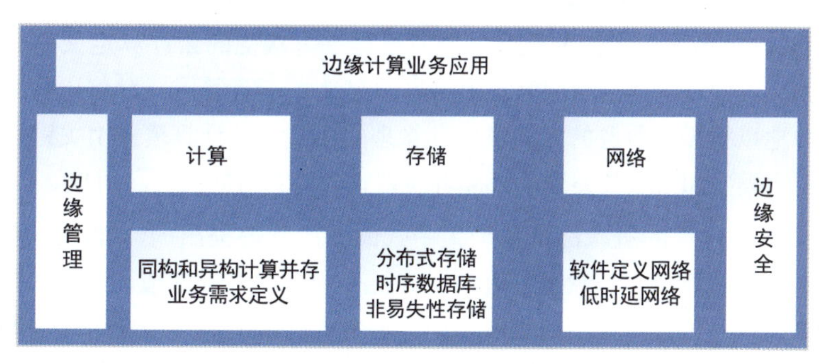

图 2-1　边缘计算功能划分模块

优化均衡。目前，业界以云服务提供商为典型案例，已经实现部署了云上 AI 模型训练和推理预测的功能服务。将推理预测放置于边缘计算工程应用的热点，既满足了实时性要求，又大幅度减少占用云端资源的无效数据。边缘存储以时序数据库（包含数据的时间戳等信息）等分布式存储技术为支撑，按照时间序列存储完整的历史数据，需要支持记录物联网时序数据的快速写入、持久化、多维度的聚合等查询功能。本章首先介绍边缘计算与前沿技术的关联和融合，然后详细介绍边缘计算网络、存储、计算三大基础资源架构技术。

2.1 边缘计算与前沿技术的关联和融合

2.1.1 边缘计算和云计算

边缘计算的出现不是替代云计算，而是互补协同，也可以说边缘计算是云计算的一部分，两者单独谈都不完整。边缘计算和云计算的关系可以比喻为集团公司的地方办事处与集团总公司的关系。边缘计算与云计算各有所长，云计算擅长把握整体，聚焦非实时、长周期数据的大数据分析，能够在长周期维护、业务决策支撑等领域发挥优势；边缘计算则专注于局部，聚焦实时、短周期数据的分析，能更好地支撑本地业务的实时智能化处理与执行。云边协同将放大边缘计算与云计算的应用价值；边缘计算既靠近执行单元，更是云端所需的高价值数据的采集单元，可以更好地支撑云端应用的大数据分析；反之，云计算通过大数据分析，优化输出的业务规则或模型，可以下发到边缘侧，边缘计算基于新的业务规则进行业务执行的优化处理。

边缘计算不是单一的部件，也不是单一的层次，而是涉及边缘 IaaS、边缘 PaaS 和边缘 SaaS 的端到端开放平台。如图 2-2 所示为云边协同框架，清晰地阐明了云计算和边缘计算的互补协同关系。边缘 IaaS 与云端 IaaS 实现资源协同；边缘 PaaS 和云端 PaaS 实现数据协同、智能协同、应用管理协同、业务编排协同；边缘 SaaS 与云端 SaaS 实现服务协同。

2018 年年底，阿里云和中国电子技术标准化研究院等单位发表了边缘云计算技术及标准化白皮书（2018），提出了边缘云的概念。现阶段被广为接受的云计算定义是 ISO/IEC 17788：2014《信息技术　云计算　概览与词汇》中给出的定义：云计算是一种将可伸缩、弹性的共享物理和虚拟资源池以按需自服务的方式供应和管理的模式。云计算模式由关键特征、云计算角色和活动、云能力类型和云服务类别、云部署模型、云计算共同关注点组成。

但是，目前对云计算的概念都是基于集中式的资源管控提出的，即使采用多个数据中心互联互通的形式，依然将所有的软硬件资源视为统一的资源进行管理、调度和售卖。随着 5G、物联网时代的到来以及云计算应用的逐渐增加，集中式的云已经无法满足终端侧“大连接、低时延、大带宽”的资源需求。结合边缘计算的概念，云计算将必然发展到下一个技术阶段：将云计算的能力拓展至距离终端更近的边缘侧，并通过“云 – 边 – 端”的统一管控实现云计算服务的下沉，提供端到端的云服务。边缘云计算的概念也随之产生。

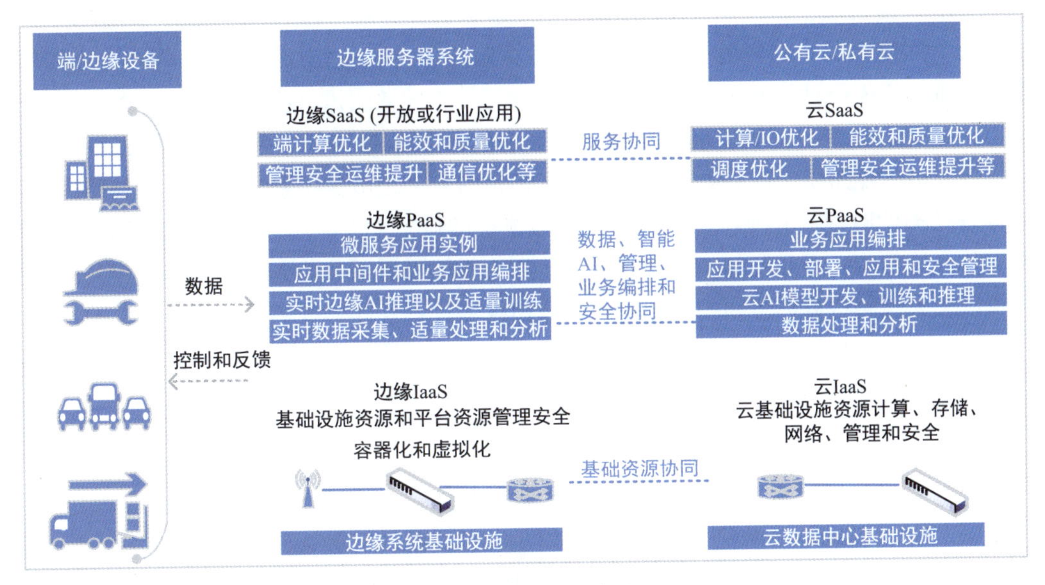

图 2-2　云边协同框架

边缘云计算技术及标准化白皮书（2018）把边缘云计算定义为：基于云计算技术的核心和边缘计算的能力，构筑在边缘基础设施之上的云计算平台。同时，边缘云计算也是形成边缘位置的计算、网络、存储、安全等能力的全面的弹性云平台，并与中心云和物联网终端形成“云边端三体协同”的端到端的技术架构。通过将网络转发、存储、计算、智能化数据分析等工作放在边缘处理，可以降低响应时延、减轻云端压力、降低带宽成本，并提供全网调度、算力分发等云服务。

边缘云计算的基础设施包括但不限于：分布式 IDC、运营商通信网络边缘基础设施、边缘侧客户节点（如边缘网关、家庭网关等）等边缘设备及其对应的网络环境。图 2-3 描述了中心云和边缘云协同的基本概念。边缘云作为中心云的延伸，将云的部分服务或者能力（包括但不限于存储、计算、网络、AI、大数据、安全等）扩展到边缘基础设施之上。中心云和边缘云相互配合，实现中心 – 边缘协同、全网算力调度、全网统一管控等能力，真正实现“无处不在”的云。

边缘云计算在本质上是基于云计算技术的，为“万物互联”的终端提供低时延、自组织、可定义、可调度、高安全、标准开放的分布式云服务。边缘云可以最大限度地与中心云采用统一架构、统一接口、统一管理，这样能够降低用户开发成本和运维成本，真正实现将云计算的范畴拓展至距离产生数据源更近的地方，弥补传统架构的云计算在某些应用场景中的不足。根据所选择的边缘云计算基础设施的不同以及网络环境的差异，边缘云计算技术适用于以下场景：将云的计算能力延展到距离“万物”10km 的位置，例如将服务覆盖到乡镇，街道级

“十千米范围圈”的计算场景。“物联网云计算平台”能够将云的计算能力延展到“万物”的身边，可称为“一千米范围圈”，工厂、楼宇等都是这类覆盖的计算场景。除了网络能够覆盖到的“十千米计算场景”和“一千米计算场景”，边缘云计算还可以在网络无法覆盖的地域，通常被称为“网络黑洞”的区域提供“边缘云计算服务”，例如“山海洞天”（深山、远海航船、矿井、飞机）等需要计算的场景。在需要的时候将处理的数据进行实时处理，联网之后再与中心云协同处理。边缘云计算具备网络低时延、支持海量数据访问、弹性基础设施等特点。同时，空间距离的缩短带来的好处不只是缩短了传输时延，还减少了复杂网络中各种路由转发和网络设备处理的时延。此外，由于网络链路被争抢的概率大大减小，能够明显降低整体时延。边缘云计算给传统云中心增加了分布式能力，在边缘侧部署部分业务逻辑并完成相关的数据处理，可以大大缓解将数据传回中心云的压力。边缘云计算还能够提供基于边缘位置的计算、网络、存储等弹性虚拟化的能力，并能够真正实现“云边协同”。

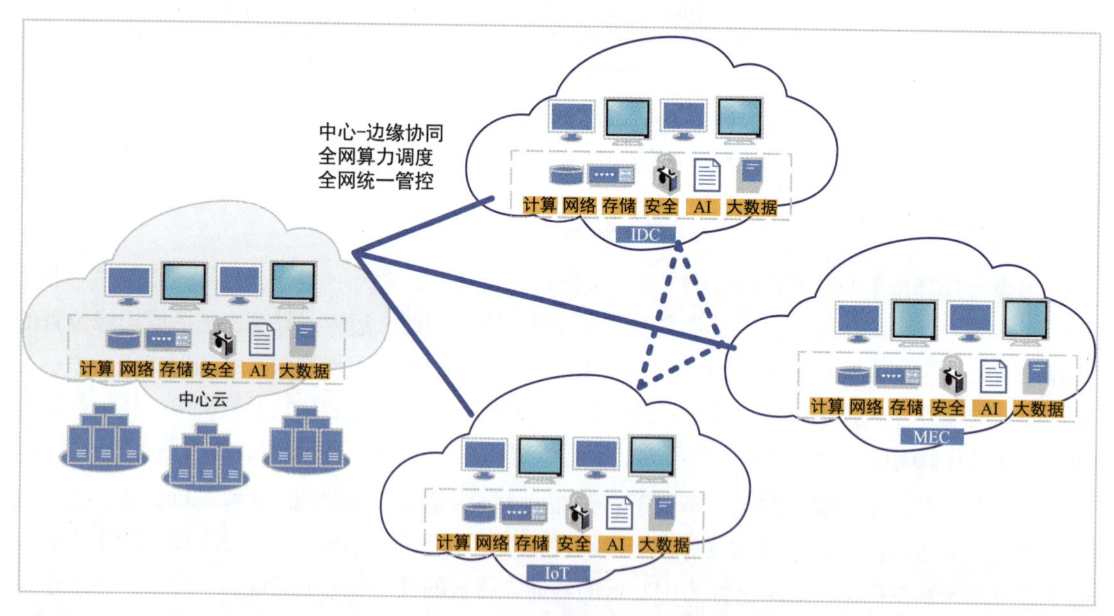

图 2-3　中心云和边缘云协同

2.1.2　边缘计算和大数据

大数据是指无法在一定时间内用常规软件工具对其内容进行抓取、管理和处理的数据集合。大数据技术是指从各种各样类型的数据中快速获得有价值信息的能力。适用于大数据的技术包括大规模并行处理（MPP）数据库、数据挖掘网络、分布式文件系统、分布式数据库、云计算平台、互联网和可扩展的存储系统。大数据具有 4 个基本特征：

（1）数据体量巨大。百度资料表明，其新首页导航每天需要提供的数据超过 1.5PB（1PB=

1024TB），这些数据如果用 A4 纸打印出来，将超过 5000 亿张。有资料证实，到目前为止，人类生产的所有印刷材料的数据量仅为 200PB。

（2）数据类型多样。现在的数据类型不仅是文本形式，更多的是图片、视频、音频、地理位置信息等多种类型的数据，个性化数据占绝大多数。

（3）数据处理速度快。数据处理遵循“1 秒定律”，可从各种类型的数据中快速获得高价值的信息。

（4）数据价值密度低。以视频为例，在不间断的监控过程中，时长为一小时的视频中可能有用的数据仅有一两秒。

1. 大数据分析方法理论

只有通过对大数据进行分析才能获取很多智能的、深入的、有价值的信息。如今，越来越多的应用涉及大数据，而这些大数据的属性包括数量、速度、多样性等都呈现了大数据不断增长的复杂性。所以，大数据的分析方法在大数据领域就显得尤为重要，可以说是判断最终信息是否有价值的决定性因素。基于此，大数据分析普遍存在的方法理论有：

（1）可视化分析。大数据分析的使用者有大数据分析专家和普通用户，但是二者对于大数据分析最基本的要求都是可视化分析。因为可视化分析能够直观地呈现大数据的特点，同时非常容易被读者接受，就如同看图说话一样简单明了。

（2）数据挖掘算法。大数据分析的理论核心就是数据挖掘算法，各种数据挖掘的算法基于不同的数据类型和格式，才能更加科学地呈现出数据本身具备的特点。也正是因为这些统计方法，我们才能深入数据内部，挖掘出公认的价值。另外，也正因为有了这些数据挖掘的算法，才能更快速地处理大数据。

（3）预测性分析。大数据分析最重要的应用领域之一是预测性分析。预测性分析是从大数据中挖掘出信息的特点与联系，并科学地建立模型，之后通过模型导入新的数据，从而预测未来的数据。

（4）语义引擎。非结构化数据的多元化给数据分析带来新的挑战，我们需要一套工具系统地分析和提炼数据。语义引擎需要具备人工智能，以便从数据中主动地提取信息。

（5）数据质量和数据管理。大数据分析离不开数据质量和数据管理，有了高质量的数据和有效的数据管理，无论是在学术研究还是在商业应用领域，都能够保证分析结果的真实性和价值。

2. 大数据的处理方法

对大数据的处理有采集、导入和预处理、统计分析和挖掘四种方法。

（1）采集。大数据的采集是指利用多个数据库接收客户端（Web、App 或传感器形式等）的数据，并且用户可以利用这些数据库进行简单的查询和处理。例如，电商会使用传统的关系数据库存储每一笔事务数据；除此之外，非关系数据库也常用于数据的采集。

在大数据的采集过程中，其主要特点和挑战是并发数高，因为同时会有成千上万的用户进行访问和操作。例如，火车票售票网站和淘宝网，它们并发的访问量在峰值时达到上百万，所以需要在采集端部署大量数据库才能支撑。如何在这些数据库之间进行负载均衡和分片，需要深入地思考和设计。

（2）导入和预处理。虽然采集端本身会有很多数据库，但是如果要对这些海量数据进行有效的分析，应将这些数据导入一个集中的大型分布式数据库，或者分布式存储集群中，并且可以在导入基础上做一些简单的数据清洗和预处理工作。也有一些用户会在导入时使用 Twitter 的 Storm 对数据进行流式计算，来满足部分业务的实时计算需求。

导入和预处理过程的特点和挑战主要是导入的数据量大，每秒钟的导入量经常会达到百兆甚至千兆级别。

（3）统计分析。统计分析主要利用分布式数据库或分布式计算集群对海量数据进行分析和分类汇总等操作，以满足大多数常见的分析需求。在这方面，一些实时性需求会用到 EMC 的 GreenPlum、Oracle 的 Exadata，以及基于 MySQL 的列式存储数据库 Infobright 等。而一些批处理，或者基于半结构化数据的需求可以使用 Hadoop 来满足。

统计分析的主要特点和挑战是涉及的数据量大，其对系统资源，特别是 I/O 会有极大的占用。

（4）挖掘。与统计分析过程不同的是，数据挖掘一般没有预先设定好的主题，主要是在现有数据上面进行基于各种算法的计算，从而达到预测的效果，实现一些高级别数据分析的需求。比较典型的算法有用于聚类的 K-means、用于统计学习的 SVM 和用于分类的 NaiveBayes，使用的工具主要有 Hadoop 的 Mahout 等。该过程的特点和挑战主要是用于挖掘的算法很复杂，并且计算涉及的数据量和计算量都很大，常用数据挖掘算法都以单线程为主。

现在，大多数请求被大规模离线系统处理，云服务商也正开发新的技术以便适应这种趋势。持续的大数据处理不仅缩短了磁盘的使用寿命，而且还会降低云服务器的整体工作寿命。常规 Web 服务器硬件组件的使用寿命达到 4 ～ 5 年，而与大数据相关的组件和云服务器的生命周期不超过 2 年。引入边缘计算将帮助解决这个问题，在采集端将信息过滤，在边缘做预处理和统计分析，仅把有用的待挖掘信息提交给云端。

基于云的大数据分析非常强大，给系统提供的有用信息越多，系统就越能对问题提供更好的答案。例如，在零售环境中，面部识别系统收集的消费者画像统计数据可以添加更详细的信息，让商家不仅知道销售了什么，还知道谁在购买这些商品。此外，在制造过程中，测量温度、湿度和波动等信息的物联网传感器有助于构建运维配置信息，预测机器何时可能发生故障，以便提前维护。

以上情景的困难在于，在大多数情况下，物联网设备生成的数据数量非常惊人，而且并非所有数据都是有用的。以消费者画像统计信息为例，它基于公有云的系统，物联网摄像机必须先收集视频，再将其发送到中央服务器，然后提取必要的信息。而借助边缘计算，连接到摄像机的计算设备可直接提取消费者画像统计信息并将其发送到云中进行存储和处理。这大大减少了收集的数据量，并且可以仅提取有用的信息。

同样使用物联网传感器，是否有必要每秒发送一次测量数据进行存储呢？通过在本地存储数据和计算能力，边缘设备可以帮助减少噪声、过滤数据。最重要的是，在人们担心安全和隐私的时代，边缘计算提供了一种负责任和安全的方式来收集数据。例如，消费者画像统计信息案例中没有私人视频或面部数据被发送到服务器，而是仅仅发送有用的非个性化数据。

大数据分析有两种主要的实现模式：数据建模和实时处理。数据建模有助于提供业务洞察和大局，实时数据可让用户对当前发生的事情做出反应。边缘人工智能提供了最有价值的实时处理。例如在面部识别和消费者画像统计方面，零售商可以根据屏幕前客户的喜好推断定制显示内容或者调整报价，吸引更多的观看者，从而提升广告关注度和购买转化率。传统的方式会将视频流发送到云，对其进行处理，然后显示正确的商品，这样非常耗时。使用边缘计算，本地可以解码人物画像统计信息，然后在短时间内调整显示内容或商品报价。

2.1.3　边缘计算和人工智能

人工智能革命是从弱人工智能，通过强人工智能，最终达到超人工智能的过程。现在，人类已经掌握了弱人工智能。

2018 年 5 月，华为发布的《GIV2025：打开智能世界产业版图》白皮书也指出：到 2025 年，全球物联数量将达 1000 亿，全球智能终端数量将达 400 亿。边缘计算将提供 AI 能力，边缘智能成为智能设备的支撑体，人类将被基于 ICT 网络、以人工智能为引擎的第四次技术革命带入一个万物感知、万物互联、万物智能的智能世界。

全球研究和预测机构 Gartner 认为，到 2023 年，IoT 将推动数字业务创新。2019 年将有 142 亿个互联设备被使用，到 2021 年将达到 250 亿个，这一过程会产生大量的数据。人工智能将应用于各种物联网信息，包括视频、静止图像、语音、网络流量活动和传感器数据。因此，公司必须在物联网战略中建立一个充分利用 AI 工具和技能的企业组织。目前，大多数物联网端设备使用传统处理器芯片，但是传统的指令集和内存架构并不适合于端设备需要执行的所有任务。例如，深度神经网络（DNN）的性能通常受到内存带宽的限制，而并非受到处理能力的限制。

到 2023 年，预计新的专用芯片将降低运行 DNN 所需的功耗，并在低功耗物联网端点中实现新的边缘架构和嵌入式 DNN 功能。这将支持新功能，例如与传感器集成的数据分析，以及低成本电池供电设备中所设置的语音识别。Gartner 建议人们注意这一趋势，因为支持嵌入式 AI 等功能的芯片将使企业能够开发出高度创新的产品和服务。

边缘计算可以加速实现人工智能就近服务于数据源或使用者。尽管目前企业不断将数据传送到云端进行处理，但随着边缘计算设备的逐渐应用，本地化管理变得越来越普遍，企业上云的需求或将面临瓶颈。由于人们需要实时地与他们的数字辅助设备进行交互，因此等待数千米（或数十千米）以外的数据中心是行不通的。以沃尔玛为例，沃尔玛零售应用程序将在本地处理来自商店相机或传感器网络的数据，而云计算带来的数据时延，对沃尔玛来说太高了。

人工智能仍旧面临优秀项目不足、场景落地缺乏的问题。另一方面，随着人工智能在边缘计算平台中的应用，加上边缘计算与物联网“云－边－端”协同推进应用落地的需求不断增加，边缘智能成为边缘计算新的形态，打通物联网应用的“最后一千米”。

1. 边缘智能应用领域

（1）自动驾驶领域。在汽车行业，安全性是最重要的问题。在高速驾驶情况下，实时性是保证安全性的首要前提。由于网络终端机时延的问题，云端计算无法保证实时性。车载终端计算平台是自动驾驶计算发展的未来。另外，随着电动化的发展，低功耗对于汽车行业变得越来越重要。天然能够满足实时性与低功耗的 ASIC 芯片将是车载计算平台未来的发展趋势。目前，地平线机器人与 Mobileye 是 OEM 与 Tier1 的主要合作者。

（2）安防、无人机领域。相比于传统视频监控，AI+ 视频监控最主要的变化是把被动监控变为主动分析与预警，解决了需要人工处理海量监控数据的问题。安防、无人机等终端设备对算力及成本有很高的要求。随着图像识别与硬件技术的发展，在终端完成智能安防的条件日益成熟。海康威视、大疆公司已经在智能摄像头上使用了 Movidious 的 Myriad 系列芯片。

（3）消费电子领域。搭载麒麟 980 芯片的华为 Mate20 手机与同样嵌入 AI 芯片的 iPhoneXS 将手机产业带入智能时代。另外，亚马逊的 Echo 引爆了智能家居市场。对于包括手机、家居电子产品在内的消费电子行业，实现智能的前提是要解决功耗、安全隐私等问题。据市场调研表明，搭载 ASIC 芯片的智能家电、智能手机、AR/VR 设备等智能消费电子产品已经处在爆发的前夜。

2. 边缘智能产业生态

目前，边缘智能产业生态架构已经形成，主要有三类玩家：

（1）第一类：算法玩家。从算法切入，如提供计算机视觉算法、NLP 算法等。典型的公司有商汤科技和旷视科技。2017 年 10 月，商汤科技同美国高通公司宣布将展开“算法＋硬件”形式的合作，将商汤科技机器学习模型与算法整合到高通面向移动终端、IoT 设备的芯片产品中，为终端设备带来更优的边缘计算能力。而旷视科技为了满足实战场景中不同程度的需求，也在持续优化算法以适配边缘计算的要求。

（2）第二类：终端玩家。从硬件切入，如提供手机、PC 等智能硬件。拥有众多终端设备的海康威视在安防领域深耕多年，是以视频为核心的物联网解决方案提供商。其在发展过程中，将边缘计算和云计算加以融合，更好地解决物联网现实问题。

（3）第三类：算力玩家。从终端芯片切入，例如开发用于边缘计算的 AI 芯片等。对于边缘计算芯片领域，华为在 2018 年发布昇腾系列芯片——昇腾 310，面向边缘计算产品。

国际上，谷歌云推出 TPU 的轻量级版本——Edge TPU 用于边缘计算，并开放给商家。而亚马逊也被曝光开发 AI 芯片，主要用来支持亚马逊的 Echo 及其他移动设备。不过单一占据一类的参与者不是终极玩家。边缘智能需要企业同时具备终端设备、算法和芯片的能力。

2.1.4　边缘计算和 5G

5G 技术以“大容量、大带宽、大连接、低时延、低功耗”为诉求。联合国国际电信联盟（ITU-R）对 5G 定义的关键指标包括：峰值吞吐率 10Gb/s、时延 1ms、连接数 100 万、移动速度 500km/h。

1. 高速度

相对于 4G，5G 要解决的第一个问题就是高速度。只有提升网络速度，用户体验与感受才会有较大提高，网络才能在面对 VR 和超高清业务时不受限制，对网络速度要求很高的业务才能被广泛推广和使用。因此，5G 第一个特点就定义了速度的提升。

其实和每一代通信技术一样，很难确切说出 5G 的速度到底是多少。一方面，峰值速度和用户的实际体验速度不一样，不同的技术在不同的时期速率也会不同。对于 5G 的基站峰值要求不低于 20Gb/s，随着新技术的使用，还有提升的空间。

2. 泛在网

随着业务的发展，网络业务需要无所不包，广泛存在。只有这样才能支持更加丰富的业务，才能在复杂的场景上使用。泛在网有两个层面的含义：广泛覆盖和纵深覆盖。广泛是指在社会生活的各个地方需要广覆盖。高山峡谷如果能覆盖 5G，可以大量部署传感器，进行环境、空气质量，甚至地貌变化、地震的监测。纵深覆盖是指虽然已经有网络部署，但是需要进入更高品质的深度覆盖。5G 的到来，可把以前网络品质不好的卫生间、地下车库等环境都用 5G 网络广泛覆盖。

在一定程度上，泛在网比高速度还重要。只建一个少数地方覆盖、速度很高的网络，并不能保证 5G 的服务与体验，而泛在网才是 5G 体验的一个根本保证。

3. 低功耗

5G 要支持大规模物联网应用，就必须有功耗的要求。如果能把功耗降下来，让大部分物联网产品一周充一次电，甚至一个月充一次电，就能大大改善用户体验，促进物联网产品的快速普及。eMTC 基于 LTE 协议演进而来，为了更加适合物与物之间的通信，对 LTE 协议进行了裁剪和优化。eMTC 基于蜂窝网络进行部署，其用户设备通过支持 1.4MHz 的射频和基带带宽，可以直接接入现有的 LTE 网络。eMTC 支持上下行最大 1Mb/s 的峰值速率。而 NB-IoT 构建于蜂窝网络，只消耗大约 180kHz 的带宽，可直接部署于 GSM 网络、UMTS 网络或 LTE 网络，以降低部署成本、实现平滑升级。

4. 低时延

5G 的新场景是无人驾驶、工业自动化的高可靠连接。要满足低时延的要求，需要在 5G 网络建构中找到各种办法，降低时延。边缘计算技术也会被采用到 5G 的网络架构中。

5. 万物互联

在传统通信中，终端是非常有限的，在固定电话时代，电话是以人群定义的。而手机时代，终端数量有了巨大爆发，手机是按个人应用定义的。到了 5G 时代，终端不是按人来定义，因为每人可能拥有数个终端，每个家庭也可能拥有数个终端。

社会生活中大量以前不可能联网的设备也会进行联网工作，更加智能。井盖、电线杆、垃圾桶这些公共设施以前管理起来非常难，也很难做到智能化，而 5G 可以让这些设备都成为智能设备，利于管理。

6. 重构安全

传统的互联网要解决的是信息高速、无障碍的传输，自由、开放、共享是互联网的基本精神，但是在 5G 基础上建立的是智能互联网。智能互联网不仅要实现信息传输，还要建立起一个社会和生活的新机制与新体系。智能互联网的基本精神是安全、管理、高效、方便。安全是 5G 之后的智能互联网第一位的要求。如果 5G 无法重新构建安全体系，那么会产生巨大的破坏力。

在 5G 的网络构建中，在底层就应该解决安全问题，从网络建设之初，就应该加入安全机制，信息应该加密，网络并不应该是开放的，对于特殊的服务需要建立起专门的安全机制。网络不是完全中立、公平的。

如图 2-4 所示，在目前的网络架构中，由于核心网的高位置部署传输时延比较高，不能满足超低时延业务需求；此外，业务完全在云端终结并非完全有效，尤其一些区域性业务不在本地终结，既浪费带宽，也增加时

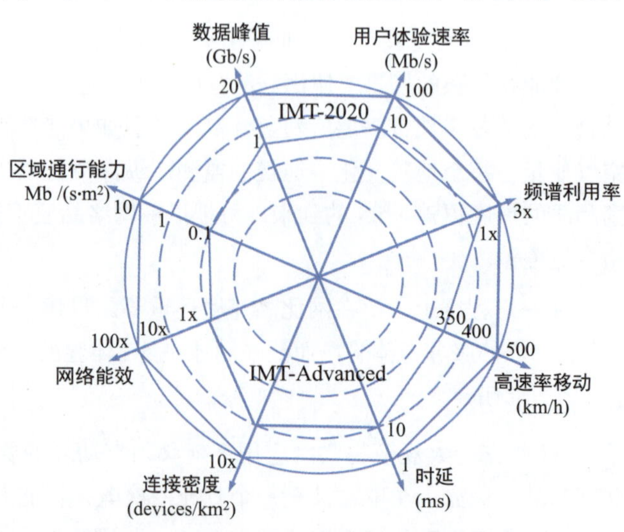

图 2-4　5G 网络架构需求驱动边缘计算发展

延。因此，时延指标和连接数指标决定了 5G 业务的终结点不可能全部在核心网后端的云平台，移动边缘计算正好契合该需求。一方面，移动边缘计算部署在边缘位置，边缘服务在终端设备上运行，反馈更迅速，解决了时延问题；另一方面，移动边缘计算将内容与计算能力下沉，提供智能化的流量调度，将业务本地化，内容本地缓存，让部分区域性业务不必大费周章地在云端终结。

5G 三大应用场景之一的“低功耗大连接”要求能够提供具备超千亿网络连接的支持能力，满足每平方千米 100 万个的连接密度指标要求，在这样的海量数据以及高连接密度指标的要求下，保证低时延和低功耗是非常重要的。5G 甚至提出 1ms 端到端时延的业务目标，以支持工业控制等业务的需求。要实现低时延以及低功耗，需要大幅度降低空口传输时延，尽可能减少转发节点，缩短源到目的节点之间的“距离”。

目前的移动技术对时延优化并不充分，LTE 技术可以将空口吞吐率提升 10 倍，但对端到端的时延只能优化 3 倍。其原因在于当大幅提升空口效率以后，网络架构并没有充分优化反而成了业务时延的瓶颈。LTE 网络虽然实现了 2 跳的扁平架构，但基站到核心网往往会距离数百千米，途经多重会聚、转发设备，再加上不可预知的拥塞和抖动，根本无法实现低时延的保障。

移动边缘计算部署在移动边缘，将把无线网络和互联网技术有效地融合在一起，并在无线网络侧增加计算、存储、处理等功能，构建移动边缘云，提供信息技术服务环境和云计算能力。由于应用服务和内容部署在移动边缘，可以缩短数据传输中的转发时间和处理时间，降低端到端时延，满足低时延要求。在网络拥堵严重影响移动视频观感的情况下，移动边缘计算是一个好的解决方法。

1）本地缓存。由于移动边缘计算服务器是一个靠近无线侧的存储器，可以事先将内容缓存至移动边缘计算服务器上。在有观看移动视频需求时，即用户发起内容请求，移动边缘计算服务器立刻检查本地缓存中是否有用户请求的内容，如果有就直接提供服务；如果没有，则去网络服务提供商处获取，并缓存至本地。在其他用户下次有该类需求时，可以直接提供服务。这样便降低了请求时间，也解决了网络堵塞问题。

2）跨层视频优化。此处的跨层是指“上下层”信息的交互反馈。移动边缘计算服务器通过感知下层无线物理层吞吐率，服务器（上层）决定为用户发送不同质量、清晰度的视频，在减少网络堵塞的同时提高线路利用率，从而提升用户体验。

3）用户感知。根据移动边缘计算的业务和用户感知特征，可以区分不同需求的客户，确定不同服务等级，实现对用户差异化的无线资源分配和数据包时延保证，合理分配网络资源以提升整体的用户体验。

2.1.5 边缘计算和物联网

由无数类型的设备生成的大量数据需要推送到集中式云以保留（数据管理）、分析和决策。然后，将分析的数据结果传回设备。这种数据的往返消耗了大量网络基础设施和云基础设施资源，进一步增加了时延和带宽消耗问题，从而影响关键任务的物联网使用。例如，在自动驾驶的连接车中，每小时产生了大量数据，数据必须上传到云端进行分析，并将指令发送回汽车。低时延或资源拥塞可能会延迟对汽车的响应，严重时可能导致交通事故。

这就是边缘计算的用武之地。边缘计算体系结构可用于优化云计算系统，以便在网络边缘执行数据处理和分析，更接近数据源。通过这种方法，可以在设备本身附近收集和处理数据，而不是将数据发送到云或数据中心。边缘计算驱动物联网发展的优势包括以下方面：

1）边缘计算可以降低传感器和中央云之间所需的网络带宽（即更低的时延），并减轻整个 IT 基础架构的负担。

2）在边缘设备处存储和处理数据，而不需要网络连接来进行云计算，这消除了高带宽的持续网络连接。

3）通过边缘计算，端点设备仅发送云计算所需的信息而不是原始数据。它有助于降低云基础架构的连接和冗余资源的成本。当在边缘分析由工业机械生成的大量数据并且仅将过滤的数据推送到云时，这是有益的，从而显著节省 IT 基础设施。

4）利用计算能力使边缘设备的行为类似于云类操作。应用程序可以快速执行，并与端点建立可靠且高度响应的通信。

5）通过边缘计算实现数据的安全性和隐私性：敏感数据在边缘设备上生成、处理和保存，而不是通过不安全的网络传输，并有可能破坏集中式数据中心。边缘计算生态系统可以为每个边缘提供共同的策略，以实现数据完整性和隐私保护。

6）边缘计算的出现并不能取代对传统数据中心或云计算基础设施的需求。相反，它与云共存，因为云的计算能力被分配到端点。

2.2 边缘计算优势、覆盖范围和基础资源架构准则

2.2.1 边缘计算优势

在实际应用中，边缘计算可以独立部署，但大多数情况下与云计算协作部署。云计算适合非实时的数据处理分析、大量数据的长期保存、通过大数据技术进行商业决策等应用场景；而边缘计算在实时和短周期数据的处理和分析，以及需要本地决策的场景下起着不可替代的作

用，例如无人驾驶汽车、智能工厂等。它们都需要在边缘就能进行实时的分析和决策，并保证在确定的时间内响应，否则将导致严重的后果。

边缘计算具备一些云计算没有的优势，除低时延之外，还包括：

（1）数据过滤和压缩。通过边缘计算节点的本地分析能力，可以大大降低需要上传的数据量，从而降低上传网络的带宽压力。

（2）环境感知能力。由于边缘计算节点可以访问无线网络，例如 Wi-Fi 热点、5G 的无线接入单元 RRU 等，因此可以给边缘应用提供更多的信息，包括地理位置、订阅者 ID、流量信息和连接质量等，从而具备环境感知能力，为动态地进行业务应用优化提供了基础。

（3）符合法规。边缘计算节点可以将敏感信息在边缘侧处理并终结，而不传输到公有云中，从而符合隐私和数据定位信息等相关法律法规。

（4）网络安全性。可以通过边缘计算节点来保护云服务提供商的网络不受攻击。

如图 2-5 所示为边缘计算和云计算在数字安防中协同工作，网络摄像头在地理上分散部署，如果将所有视频流和相关元数据都上传到云端进行分析和存储，将消耗大量的网络带宽和成本。通过添加边缘计算节点网络硬盘录像机（NVR），可以在网络边缘侧进行视频流的保存和分析，只将分析结果和感兴趣的视频数据上传到云端进行进一步的分析和长期保存，可以大大降低对网络带宽的要求及由此产生的流量成本，同时降低了响应时间并提高了服务质量。同时，由于边缘计算节点更靠近设备端，因此可以获得更多网络摄像头的位置等环境信息，为进一步提高边缘智能提供了基础。

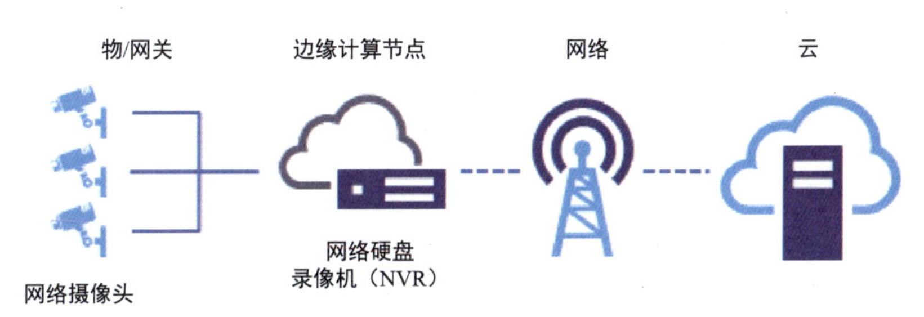

图 2-5　边缘计算和云计算在数字安防中协同工作

2.2.2　边缘计算覆盖范围

如图 2-6 所示，从企业、网络运营商和云服务提供商的角度，边缘计算覆盖的范围不同。对于企业而言，边缘计算由最靠近设备和用户现场的计算节点组成，例如办公室和家庭的智能网关设备，智能工厂内智能控制器、边缘服务器等；而对于运营商而言，边缘计算包括从接入网到核心网之间的基站机房和中心机房内的边缘服务器等。

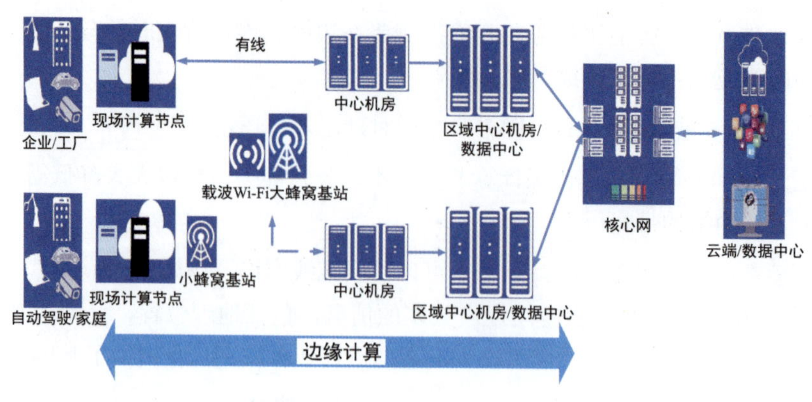

图 2-6　边缘计算覆盖范围

2.2.3　边缘计算基础资源架构准则

1. 边缘时延要求

为了应对市场压力，企业变得越来越敏捷。在这样的趋势下，信息技术领域面临着越来越大的压力，因为它需要确保企业能对越来越快的业务速度做出响应。云计算彻底提升了企业可用的后端敏捷性，能够非常快速地为任何企业提供海量的计算和存储能力。敏捷性的下一阶段是前端敏捷，需要重点减少由网络和距离导致的时延。不同业务对时延的要求差异巨大。在工厂自动化中，微秒之差也是至关重要的。例如，运动控制应用需要几十微秒的周期时间，而在10μs 内，光在一根典型的光纤中能够传输约 3000ft（1ft=0.3048m）。在这种情况下，即便是缩短几英尺的距离也可能极为重要。

边缘计算的整体架构设计和部署与实际应用场景是分不开的。如图 2-7 所示，不同的应用对于最大允许时延的要求也有很大不同。例如，对于智能电网控制、无人驾驶、AR 或 VR 应用等，时延需要控制在几十毫秒以内；一些工业控制、高频交易等应用甚至需要控制在 1ms 以内。这些应用场合一般都需要边缘计算来提高响应速度，在确定的时间内完成任务。对于 4K 高清视频流媒体、网页加载、网络聊天等应用，虽然它们对时延敏感度没有那么高，可允许的最高时延一般在 1 ～ 4s 左右，但过高的时延也会影响用户体验和服务质量。因此，也需要 CDN 来进行边缘侧的内容缓存和分发，从而降低由于网络和距离导致的时延。

为了达到边缘应用所需要的高性能和低时延要求，可以从多个方面进行优化：

1）对于虚拟化场景下的网络功能，可以借助 SR-IOV、直通访问、DPDK、高速网卡（50G/100G）和 NUMA 等来提升性能。

2）对于存储功能，可以借助分层的存储结构，包括 Memory、SATA、NVMe 等，以及选择合适的内存数据库和数据处理框架来实现。

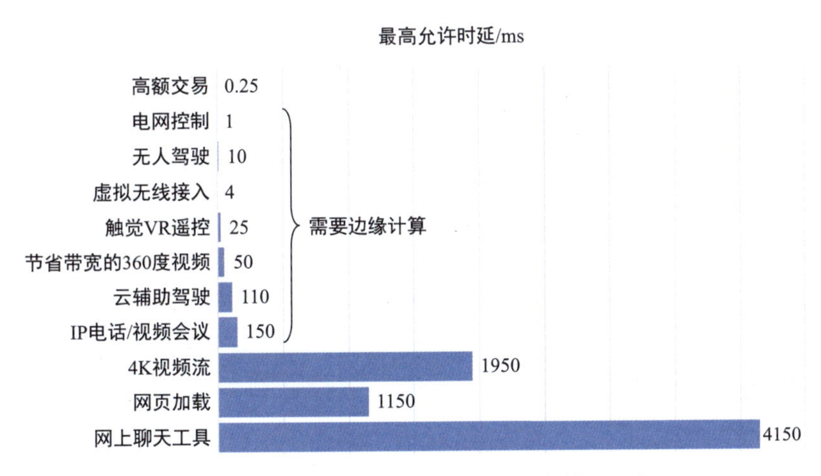

图 2-7　实际应用场景的最大允许时延要求

3）对于计算功能，特别是在处理深度学习的推理算法、对称加密或非对称加解密等计算密集型业务时，标准的 CPU 平台是没有太大优势的。因此需要异构的计算平台，例如基于 FPGA、GPU 或者 NPU 的加速卡来卸载这些操作，以缩短计算时间，提升响应速度。

2. 异构计算

随着 AI 技术的快速发展，基于机器学习或深度学习的 AI 技术越来越多地被引入到边缘计算节点甚至边缘设备中。如图 2-8 所示，同样是数字安防的例子，在智能摄像头中可以集成人脸识别或跟踪的算法，而在分布式的边缘计算节点中，可以进行人脸对齐或特征提取；同时，在带有本地存储的边缘计算节点中进行人脸匹配或特征存储，并周期性地将聚合的数据同步到云端服务器，进行更大范围的人脸匹配或特征存储。在这个过程中，边缘计算节点除了运行本身的业务和应用外，还需要能够执行边缘的模型推理，或根据收集的带标签的数据进行模型的更新和优化。这就需要在边缘计算节点中增加更多算力来更有效率地执行这些算法，例如，基于 FPGA、GPU、ASIC 等的加速器来卸载这部分业务负载。

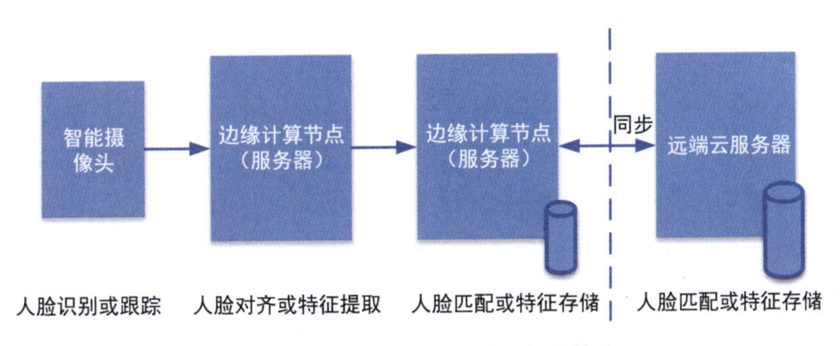

图 2-8　AI 在人脸识别边缘服务器的应用

3. 负载整合和业务编排

在对边缘计算提出更多功能需求的同时，用户往往需要简化系统结构，以降低成本。这就需要将单一功能的设备用多功能的设备来取代。随着处理器计算能力的提高，以及虚拟化技术的成熟，基于虚拟化和容器实现多负载整合成为业界发展的趋势。

由于边缘计算节点的分布式特征，既有南北向，也有东西向的节点，并且不同应用对于硬件配置、实时性、网络带宽等需求不尽相同，所以如何在边缘计算节点间进行合理的业务编排是关键。目前，流行的如 Kubernetes 或 Apache Mesos 等容器管理和业务编排器，也正通过用户定制调度器来应对边缘场景下复杂调度的问题。同时，通过业务编排器在分布的边缘节点间实现容灾备份，可提高系统可靠性。

4. 本地互动性

互动性是指系统协作的速率——本地人与物的“健谈程度”，即确定行动所需的传感器和顺序交互数量。例如，一个人购物的过程包括以下步骤：定位感兴趣的商品，试用这些商品，更换商品，最终做出决定。这是一系列为最终做决策而连续进行的交互。与实时交互的、移动中的人和物组成的复杂多变的系统相比，传感器和制动器对计算能力和时延的要求截然不同。例如，对于自动驾驶车辆在自身系统内、其他车辆以及和周边环境之间进行的交互而言，迅速且果断的决策可以拯救生命。即使往复一次的时延很低，但一个协作的系统会将时延放大多倍，从而需要更短的时延才能满足要求。高水平的本地互动性除了要求解决方案的物理部署位置更接近于边缘，还需要更强大的信息处理能力、多输入关联能力和数据分析能力，而且可能还需要机器学习功能。

5. 数据和带宽

可以说，今天的互联网是围绕涌向边缘的数据而设计的。而物联网的发展趋势正在打开边缘数据爆炸性增长的大门，这和早期云计算的数据流向是相反的。边缘数据的价值特点是：只在边缘对本地决策有价值，对中心总量分析有价值，时间敏感程度高、半衰期短且很快失去价值。

某一些数据可能比另一些数据更有价值，例如捕捉到物体移动的一帧镜头比空帧或仅记录风吹草动的一帧更有价值。有些数据可能需要归档，有些则不用。一些传感器会产生大量复杂数据，而其他传感器只会产生极少量的数据流。带宽的可用性和成本需要与数据价值、生命周期以及是否需要存储和归档相平衡，排列本地优先级、实行数据过滤和智能化有助于减少数据流量。

当数据仅在本地有价值时，边缘计算能够更近距离地处理甚至储存和归档原始数据，从而节约成本。数据存储和远程数据管理将至关重要。当需要处理海量数据时，本地分析和过滤能够减少需要进行维护或送往云端或企业数据中心的数据量。这降低了组网成本，并为更重要的流量处理保留了有限的网络带宽。

因此，应用在云端服务中心的大数据分析技术在边缘计算节点上应用得也越来越多。而随着边缘侧大数据的 4V 特性的显著增长，数据更快、更大、更多样，不可能像传统的 MapReduce 那样将数据先存储下来，然后进行处理和分析；另一方面，企业对于边缘侧的大数据处理也提出了更高的诉求，要求更快、更精准地捕获数据价值，高性能的流处理将是解决这些问题的关键之一，在大数据处理中也扮演越来越重要的角色。例如，通过 Spark Streaming、Flink 流处理框架提供内存计算，并在此之上发展出数据处理、高级分析和关系查询等能力。

6. 隐私和安全

隐私、安全和监管要求可能需要边缘计算解决方案来满足。对于运营商的网络，一般认为核心网机房处于相对封闭的环境，受运营商控制，安全性有一定保证。而接入网相对更容易被用户接触，处于不安全的环境。由于边缘计算的本地业务处理特性，使得大多数数据在核心网之外得到终结，运营商的控制力减弱，攻击者可以通过边缘计算平台或应用攻击核心网，造成敏感数据泄露、DDoS 攻击等。

边缘计算中的一些数据是公共的，但很多数据是企业保密信息、个人隐私或受到监管的信息。一些边缘计算架构和拓扑将根据数据需要在何地进行安全合法的存储和分析来决定。边缘的场景可能是工作场所、工厂或家庭，边缘计算可以与人和物在一起“就地部署”。或者边缘本身可能并不安全，例如位于公共空间。在这种情况下，边缘计算需要远离人和物部署才能保障安全。监管要求可能因地理位置而异，因此，不同位置应用有着不同的网络拓扑和数据归档要求。

隐私和安全问题将推动边缘计算拓扑、数据管理、归档策略和位置以及数据分析方案的形成。为满足不同边缘位置的地理和监管要求，不同的边缘计算解决方案之间可能大不相同。

7. 有限的自主性

虽然边缘计算是中央数据中心或云服务的一部分或与之相连，位于边缘的用例可能需要一定程度的独立性和自主性，这包括自组织和自发现（处理新连接的人和物），或当一条连接断开时能够继续操作。例如，军用微云计算在中央云服务可用时能够利用其能力，但当连接断开时仍可以独立“正常运行”。边缘计算解决方案还可能依赖于云端或中央数据中心的某些功能或协调能力，而后续这种依赖将减弱。自主性要求还与用例如何确保自我恢复能力、如何处理后端的不一致和不确定的时延有关，也可能与用例如何包含边缘机器学习有关。

不依赖于连接后端的边缘计算解决方案需要更广泛的处理能力和数据缓存能力，也就是自我恢复能力。一旦重新建立连接，这些边缘计算解决方案将需要与它的云端或企业数据中心核心重新同步。它们需要足够灵活，以根据连接是否可用来动态变更计算能力。它们可能需要更丰富的机器学习能力来自我组织和自我发现，而非依赖核心系统的协调。

8. 边缘部署环境

对于靠近现场设备端部署的边缘计算节点，一般需要考虑环境的要求。例如，在智能工厂应用中，边缘计算节点可能直接部署在车间的设备旁。因此，为了保证节点长时间稳定运行，需要支持宽温设计、防尘、无风扇运行，具备加固耐用的外壳或者机箱。

边缘计算服务器通常部署在靠近设备端的办公室内或网络边缘等，边缘计算服务器与BBU部署在同一个站址，因此其运行环境必须符合NEBS要求。NEBS要求包括：服务器的工作温度通常为-40～50℃，工作湿度为5%～100%，并需要具有良好的防水、防腐、防火性能，以及设备操作性，抗震性等特性；同时，边缘服务器可能会在机架外进行操作和使用，因此外壳尺寸相对于数据中心要小些，并能够灵活地支持各种固定方式，例如固定在墙上、桌子或者柜子内。

2.3 边缘计算架构

2.3.1 边缘计算架构的组成

1. 服务器

服务器是构建边缘计算架构的核心。相对于传统的数据中心服务器，边缘服务器应能够提供高密度计算及存储能力。这主要是由于在实际的边缘部署环境中，边缘服务器能够得到的工作空间十分局促，通常不足传统单个数据中心机架（约40U）的10%。为了尽可能多地容纳业务部署，边缘服务器需要采用高密度组件，例如多核CPU（多于20核）、预留至少两个半高半长规格的PCIe插槽，支持M.2 E-key的Wi-Fi、卸载模块或M-key的存储模块，大容量ECC内存，以及大容量固态存储器等。

在供电和功耗方面，考虑到深度学习模型推理的场景需要使用卸载卡，总功耗至少在300W以上，使用直流电或者交流电供电。对于5G基站内部署的服务器，需要支持48V直流供电，并支持无风扇散热能力，降低对部署环境的散热要求。

带外管理可以帮助用户在远端管理边缘服务器平台，例如升级系统或诊断故障，是可选的特性。

2. 异构计算

随着物联网应用数据的爆炸性增长以及AI应用的普及，异构计算在边缘计算架构中也越来越重要。它能够将不同指令集的计算单元集成在一起，从而发挥它们各自最大的优势，实现性能、成本和功耗等的平衡。例如，GPU具有很强的浮点和向量计算能力，可以很好地完成矩阵和向量的并行计算，适用于视频流的硬件编解码、深度学习模型的训练等；FPGA具有硬件可编程能力及低时延等特性；而ASIC具有高性能、低功耗等特点，可用于边缘侧的深度学习模型推理、压缩或加解密等卸载操作。异构计算在带来优势的同时，也增加了边缘计算架构的复杂度。因此，需要虚拟化和软件抽象层来提供给开发者统一的SDK和API接口，从而屏蔽硬件的差异，使得开发者和用户能够在异构平台上方便地开发和安装。

3. 虚拟机和容器

借助虚拟机和容器，系统能够更方便地对计算平台上的业务负载进行整合、编排和管理。虚拟机和容器的主要区别如表 2-2 所示。

表 2-2　虚拟机和容器的主要区别

对比项目	虚拟机	容器
虚拟化位置	硬件	操作系统
抽象目标	从硬件抽象 OS	从 OS 抽象应用
资源管理	每个虚拟机有自己的 OS 内核、二进制和库	容器有同样的主机 OS 和需要的二进制和库
密度	几 GB，服务器能够运行有限的虚拟机	几 MB，服务器上可以运行很多容器
启动时间	秒级	毫秒级
安全隔离度	高	低
性能	接近原生	弱于原生
系统支持量	单机支持上千个容器	一般支持几十个容器

虚拟机和容器的选择主要依赖于业务需要。若业务之间需要达到更强的安全隔离，虚拟机是较好的选择；如果更看重节省资源、轻量化和高性能，容器则更好。容器可以单独运行在主机 OS 之上，也可以运行在虚拟机中。Docker 等容器技术在多数应用中更适合边缘计算的场景。但是，依然有些边缘场景需要使用传统虚拟机（VM），包括同时需要支持多个不同 OS 的场景，例如 Linux、Windows 或者 VxWorks；以及业务间相差较大并对相互隔离需求更高的时候，例如在一个边缘计算节点中同时运行工业上的 PLC 实时控制、机器视觉和人机界面等。

由于容器具有轻量化、启动时间短等特点，所以能够在需要的时候及时安装和部署，并在不需要的时候立即消失，释放系统资源。同时，一个应用的所有功能再也不需要放在一个单独的容器内，而是可以通过微服务的方式将应用分割成多个模块并分布在不同的容器内，这样更容易进行细粒度的管理。在需要对应用进行修改的时候，不需要重新编译整个应用，而只要改变单个模块即可。

容器管理器用于管理边缘端多个主机上的容器化的应用，例如 Kubernetes 支持自动化部署、大规模可伸缩、应用容器化管理，如图 2-9 所示。在生产环境中部署一个应用程序时，通常要部署该应用的多个实例，以便对应用请求进行负载均衡。在 Kubernetes 中，我们可以创建多个容器，每个容器里面运行一个应用实例，然后通过内置的负载均衡策略，实现对这一组

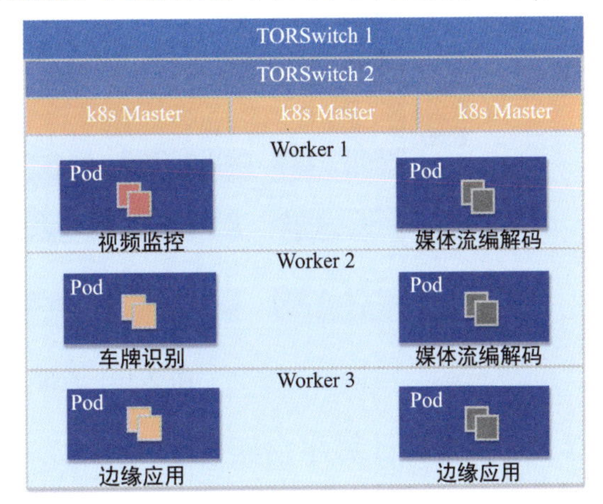

图 2-9　使用 Kubernetes 部署边缘服务器的例子

应用实例的管理、发现、访问，而这些细节都不需要运维人员去进行复杂的手工配置和处理。

在边缘计算中，终端节点不再是完全不负责计算，而是做一定量的计算和数据处理，之后把处理过的数据再传递到云端。这样一来可以解决时延和带宽的问题，因为计算在本地，而且处理过的一定是从原始数据中进行过精炼的数据，所以数据量会小很多。当然，具体要在边缘做多少计算也取决于计算功耗和无线传输功耗的折中——终端计算越多，计算功耗越大，无线传输功耗通常就可以更小，对于不同的系统存在不同的最优值。

如图 2-10 所示为百度 AI 边缘计算参考架构，作为一个典型、完整的边缘计算技术体系，包括基础设施、性能加速、平台资源管理、PaaS、AI 算法框架和开放应用。基础设施主要包括智能终端、接入网技术、移动边缘站点、云边缘站点和 PoP 站点，根据不同资源程度来分配计算任务；性能加速完成边缘计算节点的计算、存储、I/O 优化和节点连接的加速优化；平台资源管理实现对 CPU、GPU、存储和网络的虚拟化和容器化功能，满足资源的弹性调度和集群管理要求；PaaS 提供应用设计及开发阶段的微服务化、运行态环境、通信框架和管理面运行状态监控等支持；AI 算法框架从时延、内存占用量和能效等方面，实现边缘计算节点上 AI 推理加速和多节点间 AI 训练算法的联动；开放应用凭借 AI 算法框架完成强交互的人机交互、编解码、加解密等信息预处理和算法建模，同时需要在数据源带宽低收敛比、低时延响应的物理资源环境中满足数据传输和交互需求。

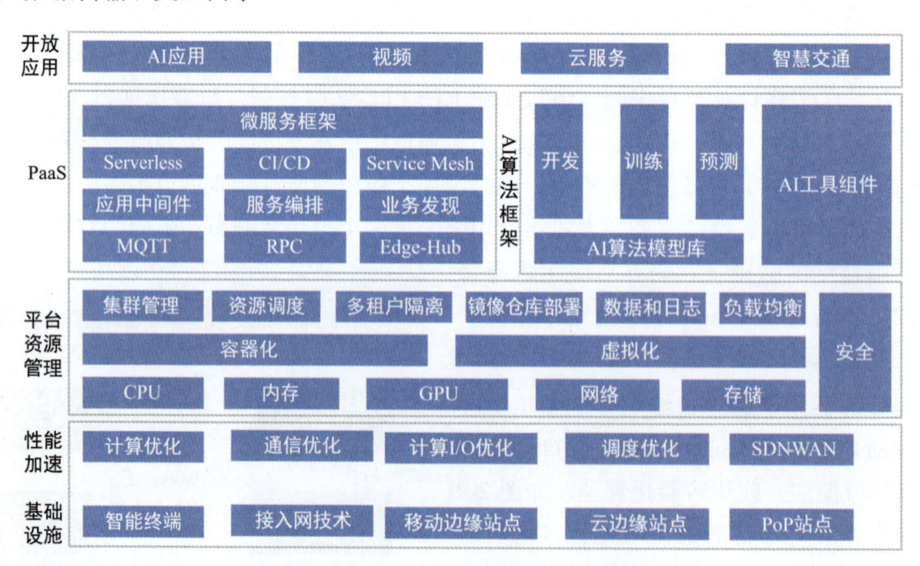

图 2-10　百度 AI 边缘计算参考架构

2.3.2　边缘计算平台架构

边缘计算的基础资源包括计算、网络和存储三个基础模块，以及虚拟化服务。

1. 计算

异构计算是边缘计算侧的计算硬件架构。近年来，摩尔定律仍然推动芯片技术不断取得突破，但物联网应用的普及带来了信息量爆炸式增长，AI 技术应用也增加了计算的复杂度，这些对计算能力都提出了更高的要求。计算要处理的数据种类也日趋多样化，边缘设备既要处理结构化数据，也要处理非结构化数据。同时，随着边缘计算节点包含了更多种类和数量的计算单元，成本成为关注重点。

为此，业界提出将不同指令集和不同体系架构计算单元协同起来的新计算架构，即异构计算，以充分发挥各种计算单元的优势，实现性能、成本、功耗、可移植性等方面的均衡。

同时，以深度学习为代表的新一代 AI 在边缘侧应用还需要新的技术优化。当前，即使在推理阶段，对一幅图片的处理也往往需要超过 10 亿次的计算量，标准的深度学习算法显然不适合边缘侧的嵌入式计算环境。业界正在进行的优化方向包括自顶向下的优化，即把训练完的深度学习模型进行压缩来降低推理阶段的计算负载；同时，也在尝试自底向上的优化，即重新定义一套面向边缘侧嵌入系统环境的算法架构。

2. 网络

边缘计算的业务执行离不开通信网络的支持。边缘计算的网络既要满足与控制相关业务传输时间的确定性和数据完整性，又要能够支持业务的灵活部署和实施。时间敏感网络和软件定义网络技术会是边缘计算网络部分的重要基础资源。

为了提供网络连接需要的传输时间确定性与数据完整性，国际标准化组织 IEEE 执行了 TSN（Time-Sengitive Networking）系列标准，针对实时优先级、时钟等关键服务定义了统一的技术标准，是工业以太网连接的发展方向。

SDN 逐步成为网络技术发展的主流，其设计理念是将网络的控制平面与数据转发平面进行分离，并实现可编程化控制。将 SDN 应用于边缘计算，可支持百万级海量设备的接入与灵活扩展，提供高效低成本的自动化运维管理，实现网络与安全的策略协同与融合。

3. 存储

数字世界需要实时跟踪物理世界的动态变化，并按照时间序列存储完整的历史数据。新一代时序数据库 TSDB（Time Series Database）是存放时序数据（包含数据的时间戳等信息）的数据库，并且需要支持时序数据的快速写入、持久化、多纬度的聚合查询等基本功能。为了确保数据的准确和完整性，时序数据库需要不断插入新的时序数据，而不是更新原有数据。

4. 虚拟化

虚拟化技术降低了系统开发成本和部署成本，已经开始从服务器应用场景向嵌入式系统应用场景渗透。典型的虚拟化技术包括裸金属（Bare Metal）架构和将主机（Host）等功能直接运行在系统硬件平台上，然后再运行系统和虚拟化功能。后者是虚拟化功能运行在主机操作系统上。前者有更好的实时性，智能资产和智能网关一般采用该方式。

对于边缘计算系统，处理器、算法和存储器是整个系统中最关键的三个要素，以下进行仔细分析。

（1）用于边缘计算的处理器。要多通用？是否要使用专用加速器？常规物联网终端节点的处理器是一块简单的 MCU，以控制目的为主，运算能力相对较弱。如果要在终端节点加边缘计算能力有两种做法。第一种是把这块 MCU 做强，例如使用新的指令集增加对矢量计算的支持，使用多核做类似 SIMD 的架构等；第二种是依照异构计算的思路，MCU 还是保持简单的控制目的，计算部分则交给专门的加速器 IP 来完成，AI 芯片其实大部分做的就是这样的一个专用人工智能算法加速器 IP。显然，按前一种思路做出来通用性好，而第二种思路则是计算效率更高。未来预计两种思路会并行存在，平台型的产品会使用第一种通用化思路，而针对某种大规模应用做的定制化产品则会走专用加速器 IP 的思路。然而，因为内存的限制，IoT 终端专用加速器 IP 的设计会和其他领域的专用加速器有所不同。

（2）算法与存储器。众所周知，目前主流的深度神经网络模型的大小通常在几兆甚至几百兆，这给在物联网节点端的部署带来了挑战。物联网节点端出于成本和体积的考量不能加 DRAM，一般用 FLASH（同时用于存储操作系统等）作为系统存储器。我们可以考虑用 FLASH 存储模型权重信息，但是缓存必须在处理器芯片上完成，因为 FLASH 的写入速度比较慢。由于缓存大小一般都是在几百 KB 到 1MB，限制了模型的大小，因此算法必须能把模型做到很小，这也是最近“模型压缩”话题会受关注的原因。

如果算法无法把模型做到很小，就需要考虑内存内计算。内存内计算（in-Memory Computing）是一种与传统冯•诺伊曼架构不同的计算方式。冯•诺伊曼架构的做法是把处理器计算单元和存储器分开，在需要的时候处理器从存储器读数据，在处理器处理完数据之后再写回存储器。因此，传统使用冯•诺伊曼架构的专用加速器也需要配合 DRAM 内存使用，使得这样的方案在没法加 DRAM 的物联网节点端难以部署。内存内计算则是直接在内存内做计算而无须把数据读取到处理器里，节省了内存存取的额外开销。一块内存内计算的加速器的主体就是一块大容量 SRAM 或者 FLASH，然后在内存中再加一些计算电路，从而直接在内存内做计算，理想情况下能在没有 DRAM 的条件下运行相关算法。

当然，内存内计算也有一定的挑战。除了编程模型需要仔细考虑，内存内计算目前的实现方案本质上都是做模拟计算，因此计算精度有限。需要人工智能模型和算法做相应配合，对于低精度计算有很好的支持，避免在低精度计算下损失太多正确率。目前，已经有不少 Binary Neural Network（BNN）出现，即计算的时候只有 1 位精度 0 或者 1，并且仍然能保持合理的分类准确率。

另一方面，目前 IoT 节点终端内存不够的问题除可以用模型压缩解决外，另一种方式是使用新存储器解决方案来实现高密度片上内存，或者加速片外非易失性存储器的读写速度，并降低读写功耗。因此，边缘计算也将会催生新内存器件，例如 MRAM、ReRAM 等。

2.3.3　边缘计算平台架构选型

1. 英特尔志强 D 平台

随着 5G 网络等新技术的崛起，终端的数量以及生成、消费的数据量正以指数级别增长，依赖于云端的数据中心处理和分析数据可能会具有较高的时延，并占用大量的带宽。大量终端需要近距离的数据处理能力，并且还要兼顾成本、空间和能耗。全新推出的英特尔至强 D-2100 处理器可以完美符合这些要求，通过集成强大的 Intel Skylake 计算核心、I/O 能力，以及独特的 Intel QAT 加速器和 iWARP RDMA 以太网控制器，它提供了数据中心级别的能力：强大的性能以及极高的可靠性。同时，英特尔至强 D-2100 的热设计功耗维持在 100W 以下，在性能、成本、空间、功耗上取得了平衡。在绝大多数边缘计算场景，志强 D 系列处理器都可适用，它提供的性能足以应付边缘 AI 和数据分析的工作。

2. 华为发布面向边缘计算场景的 AI 芯片昇腾 310

在 HC2018 上，华为正式发布全栈全场景 AI 解决方案。其中，昇腾 310 芯片是面向边缘计算场景的 AI SoC。当前，最典型的几种边缘计算场景是安防、自动驾驶和智能制造。无论哪一种边缘计算场景，都对空间、功耗、算力提出了苛刻的条件。一颗昇腾 310 芯片可以实现高达 16TOP/s 的现场算力，支持同时识别包括人、车、障碍物、交通标识在内的 200 个不同的物体；一秒钟内可处理上千张图片。无论是在急速行驶的汽车上，还是在高速运转的生产线上，无论是复杂的科学研究，还是日常的教育活动，昇腾 310 都可以为各行各业提供触手可及的高效算力。昇腾系列 AI 芯片的另一个独特优势是采用了华为开创性的统一、可扩展的架构，即“达芬奇架构”，它实现了从低功耗到大算力场景的全覆盖。“达芬奇架构”能一次开发适用于所有场景的部署、迁移和协同，大大提升了软件开发的效率，加速 AI 在各行业的切实应用。

3. ARM 的机器学习处理器

机器学习处理器是专门为移动和相邻市场推出的全新设计，性能为 4.6TOP/s，能效为 3TOPs/W。计算能力和内存的进一步优化大大提高了它们在不同网络中的性能。其架构包括用于执行卷积层的固定功能引擎以及用于执行非卷积层和实现选定原语和算子的可编程层引擎。网络控制单元管理网络的整体执行和网络的遍历，DMA 负责将数据移入、移出主内存。板载内存可以对重量和特征图进行中央存储，减少流入外部存储器的流量，从而降低功耗。有了固定功能和可编程引擎，机器学习处理器变得非常强大、高效和灵活，不仅保留了原始性能，还具备多功能性，能够有效运行各种神经网络。为满足不同的性能需求，从物联网的每秒几 GOP 到服务器的每秒数十 TOP，机器学习处理器采用了全新的可扩展架构。对于物联网或嵌入式应用，该架构的性能可降低至约 2GOP/s，而对于 ADAS、5G 或服务器型应用，性能可提高至

150 TOP/s。这些多重配置的效率可达到现有解决方案的数倍。由于与现有的 ARM CPU、GPU 和其他 IP 兼容，且能提供完整的异构系统，该架构还可通过 TensorFlow、TensorFlow Lite、Caffe 和 Caffe2 等常用的机器学习框架来获取。随着机器学习的工作负载不断增大，计算需求将呈现出多种形式。ARM 已经开始采用拥有不同性能和效率等级的增强型 CPU 和 GPU，运行多种机器学习用例。推出 ARM 机器学习平台的目的在于扩大选择范围，提供异构环境，满足每种用例的选择和灵活性需求，开发出边缘智能系统。

4. 霍尼韦尔 Mobility Edge 平台

Mobility Edge 平台是一款统一、通用的移动计算平台解决方案，它以统一的内核支持三个系列共 9 款不同形态与等级的移动数据终端产品，帮助交通运输、仓储物流、医疗及零售等领域的企业提高移动作业效率，并节约成本。Mobility Edge 平台整合了霍尼韦尔在移动终端领域的技术与经验，为移动数据终端产品提供高度的一致性、可重用性和可扩展性，从而实现对整体终端方案快速安全的开发、部署、性能与生命周期管理。霍尼韦尔已推出第一款基于 Mobility Edge 平台架构的产品——Dolphin CT60 移动计算机。霍尼韦尔 Dolphin CT60 移动计算机专为企业移动化设计，具备了网络连接性、扫描性能、坚固的产品设计与贴心的使用体验，能够随时随地为关键业务应用和快速数据输入提供实时连接。Mobility Edge 平台可帮助企业加速配置、认证和部署流程，实现投资回报率最大化，降低总拥有成本，并简化高重复性任务。无论是轻型仓库、制造业、还是现场服务，霍尼韦尔 Dolphin CT60 移动计算机都会是企业绝佳的移动化工作伙伴。

5. NI 发布 IP67 工业控制器支持 IoT 边缘应用

美国国家仪器（National Instruments，NI）宣布 NI 首款 IP67 级控制器 IC-3173 工业控制器。全新的控制器非常适合在恶劣的环境中作为工业物联网边缘节点使用，包括喷涂制造环境、测试单元和户外环境，而且无须保护外壳。IP67 防护等级可以确保机器在粉尘和潮湿环境下严格按照 IEC 60529 标准稳定运行。NI 正在不断研发可支持时间敏感型网络（TSN）的新产品，工业控制器就属于其中的一部分。TSN 是 IEEE 802.1 以太网标准的演进版，提供了分布式时间同步、低时延和时间关键及网络流量收敛。除使用 TSN 进行控制器之间的通信外，工程师还可使用 NI 基于 TSN 的 CompactDAQ 机箱来集成高度同步的传感器测量。

6. AWS Greengrass

AWS Greengrass 立足于 AWS 公司现有的物联网和 Lambda（Serverless 计算）产品，旨在将 AWS 扩展到间歇连接的边缘设备，如图 2-11 所示。借助 AWS Greengrass，开发人员可以从 AWS 管理控制台将 AWS Lambda 函数添加到联网设备，而设备在本地执行代码，以便设备可以响应事件，并近乎实时地执行操作。AWS Greengrass 还包括 AWS 物联网消息传递和同步功能，设备可以在不连回到云的情况下向其他设备发送消息。AWS Greengrass 可以灵活地让设备在必要时依赖云、自行执行任务和相互联系，这一切都在一个无缝的环境中进行。Greengrass 需要至少 1GHz 的计算芯片（ARM 或 x86）、128MB 内存，还有操作系统、消息吞吐量和 AWS Lambda 执行所需的额外资源。Greengrass Core 可以在从 Raspberry Pi 到服务器级设备的多种设备上运行。

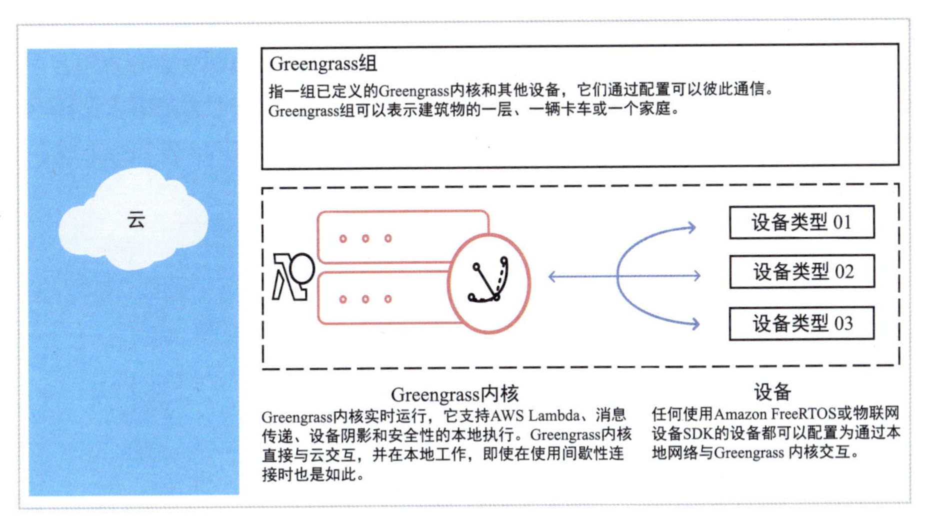

图 2-11　亚马逊 Greengrass

7. Edge TPU

谷歌公司推出了能让传感器和其他设备高效处理数据的芯片 Edge TPU，并先投入工业制造领域进行“实验性运行”，其主要用途是检测屏幕的玻璃是否存在制造缺陷。消费电子产品制造商 LG 也将开始对这个芯片进行一系列的测试。据悉，Edge TPU 比训练模型的计算强度要小得多，而且在脱离多台强大计算机相连的基础上进行独立运行计算，效率非常高。

2018 年 7 月，谷歌公司宣布推出两款大规模开发和部署智能联网设备的产品：Edge TPU 和 Cloud IoT Edge。Edge TPU 是一种专用的小型 ASIC 芯片，旨在在边缘设备上运行 TensorFlow Lite 机器学习模型。Cloud IoT Edge 是软件堆栈，负责将谷歌公司的云服务扩展到物联网网关和边缘设备。

如图 2-12 所示，Cloud IoT Edge 有三个主要组件：便于网关级设备（至少有一个 CPU）存储、转换和处理边缘数据并从中提取信息的 Cloud Dataflow 运行时环境，同时与谷歌云 IoT 平台的其余组件协同操作；Edge IoT Core 运行时环境可将边缘设备安全地连接到云；Cloud ML Engine 运行时环境基于 TensorFlow Lite，使用预先训练的模型执行机器学习推理。

8. 百度 DuEdge

百度 DuEdge 借助边缘网络计算的力量，破局云与端之间数据传输和网络流量难题，提升业务灵活性和运行效率。使用 DuEdge 服务网站将使访问速度更快，通过智能路由技术解决不同运营商之间的跨网问题；借助缓存减少设备回源请求，释放带宽资源提升响应速度。DuEdge 将包括云端设备消息收发、函数计算、安全防护在内的一系列能力拓展到边缘节点，使其成为可编程化的智能节点。此外，百度安全 DuEdge 依靠边缘网络计算的分布式计算原理及在物理上更靠近设备端的特性，使其能够更好地支持本地数据任务的高效处理和运行，减缓了由设备端到云端中枢的网络流量压力。同时，DuEdge 根据用户的实际使用量计费，可有效减少资源占用开支，节省源站的带宽成本和计算成本；而基于百度安全的一站式服务，用户可依照自身需求选择网站可用性监控和 SEO 等多种增值服务，通过按需配置与资源整合，实现产品整体开发和运维成本的下降。

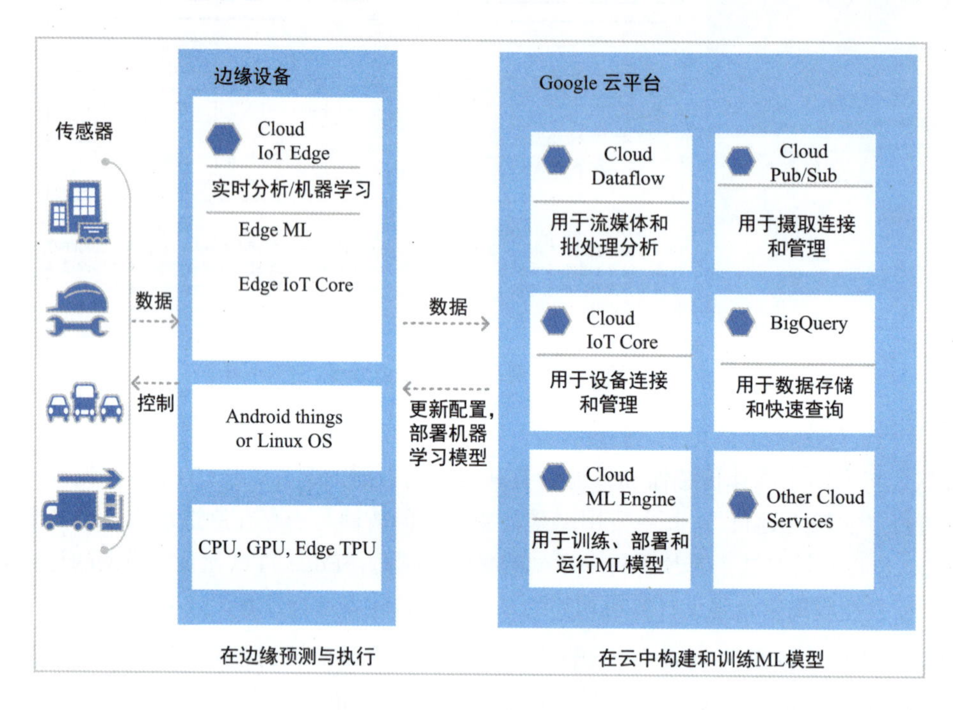

图 2-12　谷歌边缘服务架构

9. 阿里云 Link IoT Edge

阿里云推出的 IoT 边缘计算产品 Link IoT Edge，将阿里云在云计算、大数据、人工智能的优势拓宽到更靠近端的边缘计算上，打造“云 - 边 - 端”一体化的协同计算体系。借助 Link IoT Edge，开发者能够轻松地将阿里云的边缘计算能力部署在各种智能设备和计算节点上，例如车载中控、工业流水线控制台、路由器等。此外，Link IoT Edge 支持包括 Linux、Windows、Raspberry Pi 等在内的多种环境。

10. Azure IoT Edge

微软的 Azure IoT Edge 技术旨在让边缘设备能够实时地处理数据。Moby 容器管理系统也提供了支持，这是 Docker 构建的开源平台，允许微软将容器化和管理功能从 Azure 云扩展到边缘设备。Azure IoT Edge 包含三个部分：IoT Edge 模块、IoT Edge 运行时环境和 IoT 中心。IoT Edge 模块是运行 Azure 服务、第三方服务或自定义代码的容器，它们部署到 IoT Edge 设备上，并在本地执行。IoT Edge 运行时环境在每个 IoT Edge 设备上运行，管理已部署的模块。而 IoT 中心是基于云的界面，用于远程监控和管理 IoT Edge 设备。

微软 Azure 边缘服务架构如图 2-13 所示。

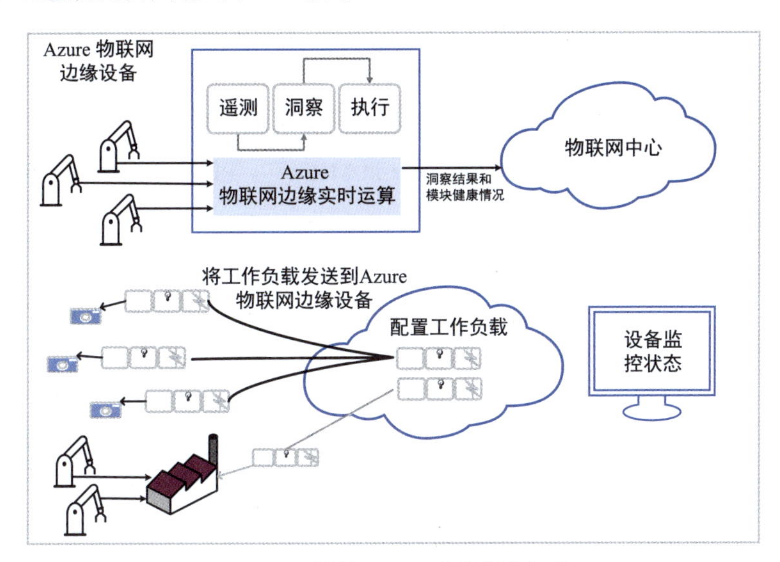

图 2-13　微软 Azure 边缘服务架构

11. Oracle 与风河

Oracle 与风河正在携手合作，提供一个集成化的物联网解决方案，将企业应用系统的信息处理能力扩展到边缘设备。通过实现 Oracle IoT Cloud Service 与风河 Wind River Helix Device 的整合，让企业应用系统自动化采集边缘设备传感器中的数据并实现情景化，工业企业就可以在设备的网络互连、管理和安全性等方面节省大量的时间，获取更大的效益。这套集成化的解决方案使设备中的数据快速进入企业后端的 ERP、CRM、资产管理和各种特定目标领域的应用系统中。而且它为企业客户提供了简洁明了的配置和部署经验，甚至可以直接远程启动设备，并将其中的数据安全地导入企业应用系统。Wind River Helix Device Cloud 是对 Oracle IoT Cloud Service 的扩展，为工业物联网中的设备提供了集中化的设备生命周期管理服务，涵盖安全部署、监视、服务、管理、更新和退役。

2.3.4　机器学习在边缘计算架构中的演进

由于深度学习模型的高准确率与高可靠性，深度学习技术已在计算机视觉、语音识别与自然语言处理领域取得了广泛的应用。

1. 不同的应用场景，不同的精度需求

AI系统通常涉及训练和推断两个过程。训练过程对计算精度、计算量、内存数量、访问内存的带宽和内存管理方法的要求都非常高。而对于推断，更注重速度、能效、安全和硬件成本，模型的准确度和数据精度则可酌情降低。

人工智能工作负载多属于数据密集型，需要大量的存储和各层次存储器间的数据搬移，导致“内存墙”问题非常突出。为了弥补计算单元和存储器之间的差距，学术界和工业界正在两个方向上进行探索：

- 富内存的处理单元。增加片上存储器的容量并使其更靠近计算单元。
- 创建具备计算能力的存内计算（Process-in-Memory，PIM），直接在存储器内部（或更近）实现计算。

2. 低精度、可重构的芯片设计是趋势

目前，关于AI芯片的定义并没有一个严格和公认的标准，一般认为面向人工智能应用的芯片都可以称为AI芯片。低精度设计是AI芯片的一个趋势，在针对推断的芯片中更加明显。同时，针对特定领域，而非特定应用的可重构能力的AI芯片，将是未来AI芯片设计的一个指导原则。

另一方面，TensorFlow和PyTorch等AI算法开发框架在AI应用研发中正在起到至关重要的作用。通过软件工具构建一个集成化的流程，将AI模型的开发和训练、硬件无关和硬件相关的代码优化、自动化指令翻译等功能无缝地结合在一起，将是成功部署的关键。

人工智能芯片技术白皮书（2018）指出，从2015年开始，AI芯片的相关研发逐渐成为热点。在云端和终端已经有很多专门为AI应用设计的芯片和硬件系统。如图2-14所示为AI芯片目标领域。在云端，通用GPU，特别是NVDIA系列GPU被广泛应用于深度神经网络训练和推理。其最新的Tesla V100能够提供120 TFLOPS（每秒120万亿次浮点指令）的处理能力。很多公司也开始尝试设计专用芯片，以达到更高的效率，其中最著名的例子是Google TPU。谷歌公司还通过云服务把TPU开放商用，处理能力达到180 TFLOPS，提供64GB的高带宽内存（HBM）、2400GB/s的存储带宽。

不光芯片巨头，很多初创公司也看准了云端芯片市场。如Graphcore、Cerebras、Wave Computing、寒武纪及比特大陆等公司也加入了竞争行列。

此外，FPGA也逐渐在云端的推断应用中占有一席之地。目前，FPGA的主要厂商如Xilinx、英特尔都推出了专门针对AI应用的FPGA硬件。亚马逊、微软及阿里云等公司也推出了专门的云端FPGA实例来支持AI应用。一些初创公司，例如深鉴科技等也在开发专门支持FPGA的AI开发工具。

3. 边缘AI计算让传统终端设备焕发青春

随着人工智能应用生态的爆发，越来越多的AI应用开始在端设备上开发和部署。智能手

机是目前应用最为广泛的边缘计算设备。包括苹果、华为、高通、联发科和三星在内的手机芯片厂商纷纷研发或推出专门适合 AI 应用的芯片产品。

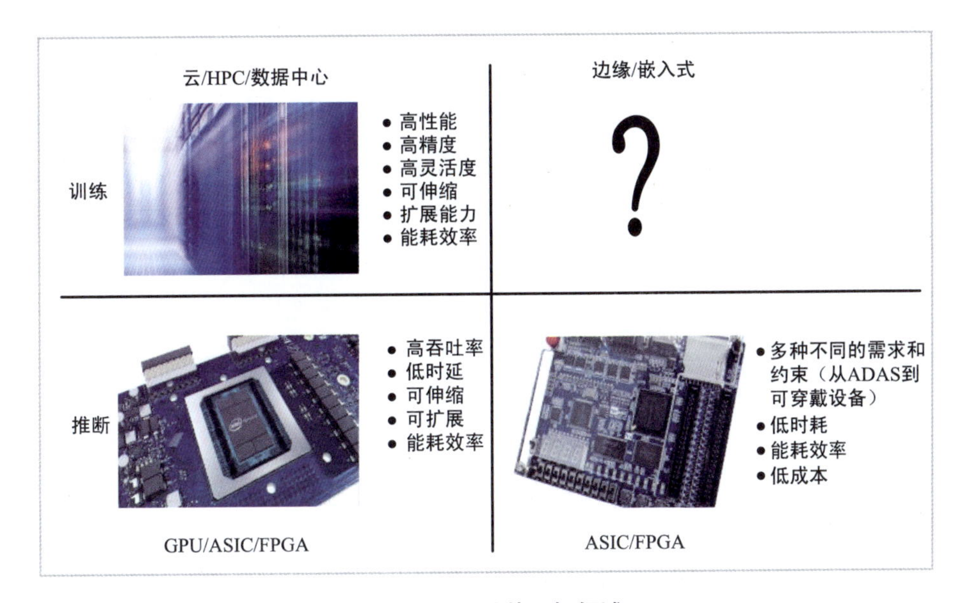

图 2-14　AI 芯片目标领域

4. 云 + 端相互配合，优势互补

总体来说，云侧 AI 处理主要强调精度、处理能力、内存容量和带宽，同时追求低时延和低功耗；边缘设备中的 AI 处理则主要关注功耗、响应时间、体积、成本和隐私安全等问题。

云和边缘设备在各种 AI 应用中往往是配合工作。最普遍的方式是在云端训练神经网络，然后在云端（由边缘设备采集数据）或者边缘设备进行推理。

在执行深度学习模型推理的时候，移动端设备将输入数据发送至云端数据中心，云端推理完成后将结果发回移动设备。然而，在这种基于云数据中心的推理方式下，大量的数据通过高时延、带宽波动的广域网传输到远端云数据中心，造成了较大的端到端时延以及移动设备较高的能量消耗。相比于面临性能与能耗瓶颈的基于云数据中心的深度学习模型部署方法，更好的方式则是结合新兴的边缘计算技术，充分运用从云端下沉到网络边缘端的计算能力，从而在具有适当计算能力的边缘计算设备上实现低时延与低能耗的深度学习模型推理。通用处理器完全可以胜任推理需求，一般不需要额外的 GPU 或者 FPGA 等专用加速芯片。

边缘侧的负载整合则为人工智能在边缘计算的应用找到了突破口。“物”连上网将产生庞大的数据量，数据将成为新的石油，人工智能为数据采集、分析和增值提供全新的驱动力，也为整个物联网发展提供了新动能。虚拟化技术将在不同设备上独立地负载整合到统一的高性能计算平台上，实现各个子系统在保持一定独立性的同时还能有效分享计算、存储、网络等资源。边缘侧经过负载整合，产生的节点既是数据的一个汇总节点，同时也是一个控制中心。人工智能可以在节点处采集分析数据，也能在节点提取洞察做出决策。

如何将人工智能应用到边缘侧？网络优化将是关键性技术之一。英特尔认为可以通过低比特、剪枝和参数量化进行网络优化。低比特指在不影响最终识别的情况下，通过降低精度来降低存储和计算负荷。剪枝指剪除不必要的计算需求，从而降低计算复杂度。参数量化指可以根据参数的特征做聚类，用相对比较简单的符号或数字来表述，从而降低人工智能对存储的需求。

2.4 边缘计算相关网络

2.4.1 通信网络

目前，边缘计算的研究主要针对与传统通信运营商和云服务商业务密切的5G移动网络和部分固网接入业务，下边主要介绍移动网络和固定网络。

移动网络一般可以分为接入网、承载网和核心网等。无线接入网，也就是常说的RAN（Radio Access Network），以4G为例，主要包括天线、馈线、无限远端单元RRU（Radio Remote Unit）和基带处理单元BBU（Base Band Unit）等功能。天线负责把无线终端的无线信号转换成有线信号，通过馈线进入RRU进行射频信号和中频信号的转换，之后由BBU完成包括编码、复用、调制和扩频等信号处理，然后通过背传（backhaul）网络接入移动承载网。

承载网早期主要使用时分复用（Time-Division Multiplexing，TDM）的T1/E1技术建立准同步数字系统（Plesiochronous Digital Hierarchy，PDH）网络来支持电话业务，由于语音的带宽是固定的64kHz，正好对应TDM的一个时隙，所以TDM特别适合语音业务。但是，由于PDH只是准同步，不同级汇聚设备复杂，缺乏统一标准，而且维护困难。随着光传输技术的发展，诞生了基于光纤为介质的完全同步的光网络SDH，具有标准统一、支持大容量传输、具备电信级自愈能力等优势，所以一度统一了传输网。然而，随着数据业务开始兴起，需要承载更多类型的接入业务，特别是净荷大小不固定的IP数据。于是，在SDH的基础上衍生出了多业务传输平台（Multi-Service Transmission Platform，MSTP），即把多业务通过SDH传输，实质还是基于TDM的网络，虽然可以支持数据业务，但是带宽利用率和灵活性大打折扣。随着后续技术演进，产生了分组传送网（Packet Transport Network，PTN），PTN主要借鉴了多协议标签交换（Multi-Protocol Label Switching，MPLS）的数据交换技术，又增加了管理维护（Operation Administration and Maintenance，OAM）等功能，形成了MPLS-TP（Transport Profile）协议。通过给数据包打上标签，为报文建立虚拟的转发通道，每台设备对报文只需根据标签进行交换即可。与固定时隙的 SDH 不同，PTN 的传送单元是大小可变的 IP 报文，可以灵活支撑蓬勃发展的数据业务。另外，随着软交换技术的兴起，例如 VoIP、VoLTE 等，语音业务也可以通过数据包传输，TDM 网络越来越边缘化。随着技术演进，相比于 2G 和 3G 网络，LTE 网络架构将原控制平面的部分功能和用户数据流转传送的部分功能向基站转移。这要求回传网络架构必须具备智能路由功能，于是希望把所有移动业务都通过三层 IP 传输的 IP RAN 应运而生。相比 PTN 提供二层以太业务，IP RAN 以 IP 和 MPLS 技术为基础，直接承载 L3 的 IP 业务，侧重于由路由器和交换机构建整个网络，支持丰富的路由协议，业务调度灵活，开放性好。但是，由于 L3 层网络复杂，硬件设备成本高，安全和管控也有待提高。传统无线网络的业务和数据处理都是在核心网进行的，包括用户认证和授权、会话建立和管理、数据路由和转发等。

固网可以分为接入网、汇聚网和城域网。与移动接入网络不同，早期家庭客户的接入侧使用有线连接，例如电话线和同轴电缆的各种 xDSL（Digital Subscriber Loop）。目前，国内大城市已经普及无源光网络 PON（Passive Optical Network），实现光纤大带宽的接入；接入机房一般通过 OLT、BRAS、交换机和路由器等设备实现业务数据处理，然后一级级汇聚接入城域网。政企用户对于带宽可靠性有特殊要求，可以在运营商处申请专线业务，通过业务路由器或 PTN 网络接入城域核心网络。在城域网之上，通过基于波分复用的光传送网 OTN（Optical Transport Network）在全国互联形成骨干网。

1. 数据中心网络

在早期的大型数据中心里，网络通常包括接入层、汇聚层和核心层的三层架构，如图 2-15 所示。接入层交换机通常位于机架顶部，也称为 ToR（Top of Rack），连接服务器和存储设备等。汇聚交换机把接入层的数据汇聚起来，同时提供防火墙、入侵检测、网络分析等服务。核心交换机连接多个汇聚交换机，并为数据包提供高速转发。

由于核心交换机价格昂贵，所以在实际部署中，接入、汇聚和核心交换机之间有一定的超占比，即：接入层交换机总带宽＞汇聚层总带宽＞核心层总带宽。以太网本身是一种尽力而为的网络设计，允许丢包，而且早期的数据中心以南北向流量居多，即数据请求主要来自外部的设备，由数据中心的部分服务器或者存储设备处理，所以这种网络设计是满足需求的。随着技术的发展，数据的内容和形式发生了变化。分层的软件架构导致软件功能的解耦和模块化等，使一个系统软件功能通常分布在多个 VM 或者容器中；新应用的出现，如分布式计算、大数据、人工智能等，一项业务需要多台甚至上千台服务器合作完成，导致数据中心内的东西向流量急剧增加。对于增加的东西向流量，如果都在同一个接入层或者汇聚层交换机，数据转发能力尚可。但是，如果东西向流量需要占用大量宝贵的核心交换机转发带宽，由于超占比的存在，整个网络数据转发能力会明显下降，并且影响正常的南北向流量。如果单纯依靠提高超占比来提升网络性能，势必要大幅增加昂贵核心交换机的带宽，网络设备支出会大幅上升。

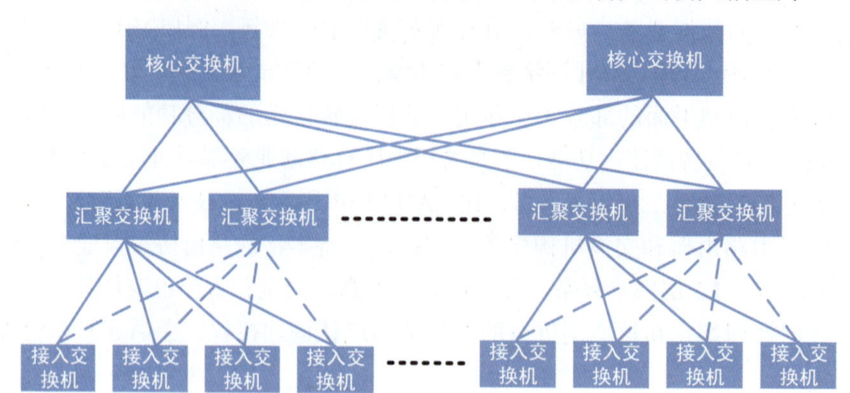

图 2-15　传统三层网络架构

为了应对大量涌现的东西向流量，新的数据中心主要采用的是 Spine/Leaf 网络架构，如图 2-16 所示。Leaf 交换机相当于传统三层架构中的接入交换机，作为 TOR（Top Of Rack）直接连接物理服务器，Spine 交换机相当于核心交换机。Spine 交换机和 Leaf 交换机之间通过 ECMP（Equal Cost Multi Path）动态选择多条路径。每个 Leaf 交换机的上行链路数等于 Spine 交换机的数量，从而缓解了超占比的问题，能够更好地处理增加的东西向流量。Spine/Leaf 网络架构本质是使用了中型的交换机替代了传统昂贵的核心交换机，成本低、架构更加扁平化，适应云计算的发展趋势，有利于计算等硬件资源的虚拟化和容器化。随着网络规模和东西向流量的增加，可以增加 Spine 交换机数量，扩展性好；同时，更多的 Spine 交换机可以更好地实现容错能力。Spine/Leaf 架构最具有代表性的就是 Facebook 公开的数据中心架构。

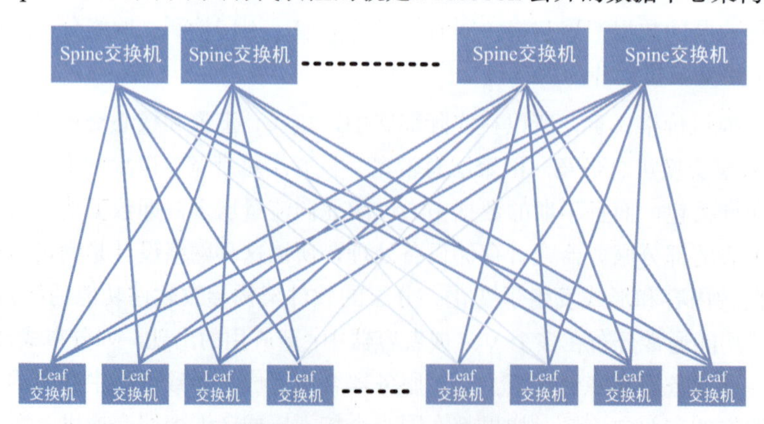

图 2-16　Spine/Leaf 网络架构

在 Spine/Leaf 架构中，L2/L3 层的分界点在 Leaf 交换机上，Leaf 交换机之上是三层网络。这样设计能分隔 L2 广播域，适用的网络规模更大，但也导致服务器的部署和 VM 的迁移局限在L2网络内。一种解决方案是VXLAN，即通过在物理L2网络之上构建一个虚拟L3网络来解决上述问题。VXLAN定义了8个字节的VXLAN Header，其中的24bit用来标识不同的二层网络，这样总共可以标识1600多万个不同的二层网络。由于这个Header不属于L2 MAC包，而是借用了L3的UDP包头，将Ethernet Frame封装在UDP包里面，物理网络的二层边界还存在。但是，VM的创建迁移的网络数据在三层网络传输，从而跨越物理二层网络的限制。VXLAN的优点是突破了L2/L3层网络的限制，其缺点是实际上模糊了L2和L3层网络分层，这点是不符合典型的网络分层架构理念的。

2. SDN和NFV

SDN和NFV是目前网络发展的热门技术，在使用中经常混淆。SDN（Software Defined Network）指软件定义网络，其背景是随着网络规模的急剧增加，传统的网络设备交换机和路由器等设备通过专用硬件实现，数据交换面和控制管理面集成在一起，主要通过命令行接口控制，配置部署复杂，对运维人员要求高。一旦部署，后续由于业务需求需要改变网络拓扑非常麻烦，发生问题也不容易定位，维护管理不方便。SDN的核心思想是把网络的控制面从数据面剥离，主要分为三层，网络基础设施层由专用硬件的交换机负责数据面的转发，简化硬件交换机的设计复杂度并提高数据带宽，从而降低网络成本。另外，由于所有硬件交换机的功能一致，网络可扩展性非常好。控制层具体负责转发控制策略，可以集中运行在通用的服务器上，网络部署只需要改变控制面即可，简单方便。应用层主要通过控制层提供的开放的API接口，灵活支持各种不用的业务和应用。一般把应用层和控制层的接口叫作北向接口，控制层和网络基础设施层的接口称为南向接口，目前OpenFlow已经成为事实上的南向接口的标准，但是北向接口的标准目前还没有统一。

NFV（Network Function Virtualization)是指网络功能虚拟化。首先，有必要提一下网络虚拟化（Network Virtualization）。网络虚拟化泛指在一个物理的网络上构造多个虚拟的网络。典型的有VLAN，在一个物理L2网络上通过Tag隔离出多个虚拟的VLAN，来实现数据的隔离和保护，VxLAN也是一种网络虚拟化。但是NFV主要指随着通用处理器处理能力的增强和虚拟化技术的发展，把之前运行在网关、交换机和路由器等专用硬件设备上的网络功能通过软件在通用处理器上实现。同时，利用虚拟化将硬件资源池化，根据需求灵活配置资源，从而实现基于实际业务的灵活部署，并降低昂贵的专用网络设备成本。NFVI（NFV Infrastructure）指的是NFV的硬件基础设备，其中两个重要技术是网卡和交换机的虚拟化。

NFV和SDN侧重点不同，但是也有交集，例如SDN的控制和数据分离的策略也可以应用在NFV的设计中。SDN和NFV是未来网络灵活性和开放性的主要推动力量。

3. 网卡虚拟化VMDq和SR-IOV

随着通用处理器核数的增加和虚拟技术的流行，一台物理主机最多可以支持数十个CPU

核，每个核可以运行一台虚拟机。但是，一台主机实际的I/O设备，特别是物理网卡数量有限，必须通过虚拟化更多的I/O接口来支持。由于纯软件的虚拟化方案对CPU的资源消耗太大，实际上更多是通过部分硬件来协助实现I/O的虚拟化，特别是通过物理网卡虚拟化更多的逻辑网口来支持实现。其中VMDq（Virtual Machine Device Queues）和SR-IOV（Single-Root Input/Output Virtualization）是针对I/O设备虚拟化提出来的两个重要技术。

VMDq技术使得网络适配器具备了数据分类功能，从而使虚拟化主机的I/O访问性能接近线速吞吐量，并降低了CPU占用率。虚拟机管理器VMM在网络适配器中为每个虚拟机主机分配一个独立的队列，使得该虚拟机的数据流量可直接发送到指定队列上，虚拟交换机无须进行排序和路由操作。但VMM和虚拟交换机仍然需要将数据流量在网络适配器和虚拟机之间进行复制。

SR-IOV技术为每个VM提供无须软件模拟即可直接访问网络适配器的能力，实现了接近物理宿主机的I/O性能。SR-IOV允许VM之间高效分享PCIe设备，通过在网络适配器内创建出不同虚拟功能VF的方式，呈现给虚拟机独立的网卡设备，VF和VM之间通过直接内存访问DMA进行高速数据传输。SR-IOV的性能优于VMDq，但需要硬件（包括网络适配器和主板等）的支持。具有SR-IOV功能的设备可以利用以下优点：

- 提供了一个共享任何特定I/O设备容量，实现虚拟系统资源有效利用的标准方法。
- 在一个物理服务器上，每个虚拟机接近本地的性能。
- 在同一个物理服务器上，虚拟机之间的数据保护。
- 物理服务器之间更平滑的虚拟机迁移，由此实现I/O环境的动态配置。

为了进一步降低数据转发时延并卸载CPU计算资源，可以使用FPGA或ASIC实现OVS的数据面处理，而把控制面放在主机端运行，通过SR-IOV提供直接访问网络适配器的能力，并在虚拟机或容器内运行DPDK驱动PMD来轮询和线程绑定，得到极高的网络吞吐。

4. 虚拟交换机OVS和DPDK

数据中心主要通过虚拟交换机，即Open vSwitch（OVS）来实现交换功能的虚拟化。OVS通过软件扩展，支持网络的自动化运维，具有标准的管理接口和协议，可以在多个物理服务器中运行。与传统的物理交换机相比，虚拟交换机具备配置灵活的优点。一台服务器可灵活支持数十台甚至上百台虚拟交换机。交换虚拟化软件主要具备以下能力：

- 数据分组的快速导入及导出。
- 不同物理宿主机和虚拟机之间高速数据转发。

OVS的主要瓶颈在于传统CPU的I/O带宽太小，为了提升转发性能，可将英特尔开发的数据平面开发套件 DPDK（Date Plane Development Kit）和 OVS 结合起来，通过提供高性能数据分组处理库和用户空间的驱动程序，替代 Linux 下网络数据分组处理功能，实现转发路径的优化。与传统的数据包处理相比，DPDK 具有以下特点：

- 轮询：降低数据处理时上下文切换的开销。
- 用户态驱动：减小多余的内存复制和系统调用，加快迭代优化速度。
- 亲和性与独占：在特定核上绑定特定任务，减小线程核间切换开销，提高缓存命中率。
- 降低访存开销：利用内存大页技术降低 TLB 丢失率，利用内存 Lock Step 等多通道技术降低内存时延，并提高内存有效带宽。
- 软件调优：实现缓存的行对齐、数据预取、批量操作等。

结合 DPDK 的虚拟交换机已经接近中端物理交换机的性能，目前已普遍支持 10Gb/s 的交换速度。

2.4.2　边缘计算网络需求

边缘计算的边缘主要是对应于数据中心，边缘计算的网络可以理解为数据中心之外的网络，即移动网络和政企家庭的固网接入等。

随着高清 2K、4K 甚至 8K 视频点播，虚拟现实，增强现实，人工智能和车联网等高带宽低时延应用的出现，已有的 4G 网络已经无法满足新兴业务的需求。通过对移动网络研究，2015 年国际电信联盟 ITU M.2083 定义了 5G 三大应用场景，如图 2-17 所示。①增强型移动宽带，随着用户对多媒体内容、服务和数据的访问持续增长，对移动宽带的要求将快速增长。②大规模机器类型通信，对应海量设备连接场景，数据量和时延性要求都不高，但是需要低成本和超高的电池续航能力，主要包括智能电表、智能家居等。③超可靠低时延通信，对吞吐量、时延和可靠性等要求十分严格，主要包括远程手术、智能电网配电自动化、无人驾驶汽车、实时交通管理优化、智能电网、电子医疗或高效工业通信等。

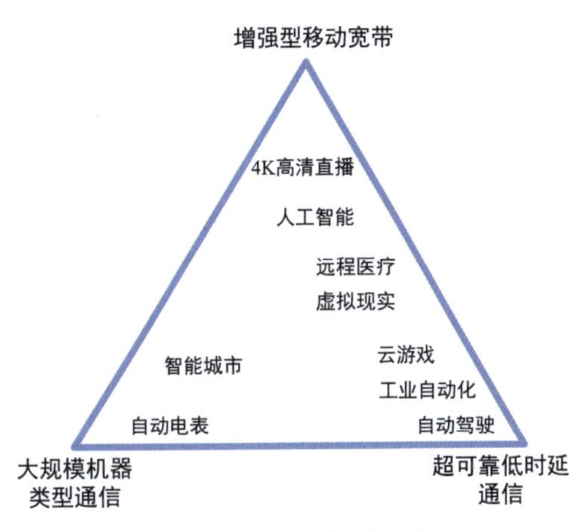

图 2-17　5G 典型应用

欧盟在 2012 年正式启动了 METIS（Mobile and wireless communications Enablers for the Twenty-twenty Information Society）的 5G 研究，并于 2015 年发布 *ICT-317669 scenarios，requirements and KPIs for 5G mobile and wireless system with recommendations for future investigations*，其中定义了 5 种典型应用和 12 种测试用例。几个典型例子如下：

- 以虚拟现实办公为例，要求办公区 95% 的地方需要达到 1Gb/s 以上带宽，20% 以上区域甚至要达到 5Gb/s。
- 以智能电网的远程保护为例，1521 字节信息的传送必须满足小于 8ms 的时延和 99.999% 的可靠性。
- 对于超过万人的体育场馆，必须保证每人 20Mb/s 以上的带宽和小于 5ms 的空口时延。
- 对于自动驾驶场景，端到端的时延必须小于 5ms，并保证 99.999% 的可靠性。

中国在 2013 年成立 IMT-2020（5G）推进组。并于 2014 年发布了《5G 愿景与需求》白皮书，其中提到，移动互联网和物联网是未来移动通信的两大重要推动力，也为 5G 提供了广阔的市场前景。

虽然 5G 定义了大规模机器类型通信 mMTC，希望能把物联网统一到 5G 网络，但 5G 实际是下一代的移动网络，而智能家电、智能台灯、智能电表等物联网设备实际上是很少移动的。而且 5G 的带宽高、功耗高，对于极少数据量的低功耗物联网终端设备，即使配置一个 SIM 卡也会导致成本增加。实际上，除了 5G 移动网络，物联网还包含各种远距离无线传输技术，如窄带物联网（Narrow Band Internet of Things，NBIoT），LoRa（LongRange），Wi-Fi、蓝牙、ZigBee 等近距离无线传输技术。低功耗、低速率的广域网传输技术适合远程设备运行状态的数据传输、工业智能设备及终端的数据传输等。高功耗、高速率的近距离传输技术，适合智能家居、可穿戴设备以及 M2M 之间的连接及数据传输。低功耗、低速率的近距离传输技术，适合局域网设备的灵活组网应用，如热点共享等。但是，无论使用何种无线接入技术，除了个别巨头公司不计成本自行组网，绝大部分物联网的海量数据汇聚后还是会通过无线或者有线接入运营商已有网络传输，其海量的设备数量和复杂的业务类型也对现有边缘网络提出了很大的挑战。

随着边缘计算和业务的下沉，原来处于安全的数据中心和核心网的业务，数据和算法等需要下沉到边缘接入机房，出于隐私考虑，安全要求越来越重要。另外，对于高铁、高速汽车等超高速移动场景，如何保证移动连接和业务也是一大挑战。

另外，随着光纤入户带来的带宽增加，高清视频点播等大带宽消耗应用的快速增长，企业业务向云迁移带来的大量数据迁移等，进一步对现有网络带宽带来挑战，各种高可靠性业务也对网络质量提出更高要求。移动通信系统的现实网络逐步形成了包含多种无线制式、频谱利用和覆盖范围的复杂现状，多种接入技术长期共存成为突出特征。在 5G 时代，同一运营商拥有多张不同制式网络的状况将长期存在，多制式网络将至少包括 4G、5G 以及 WLAN 等。如何高效地运行和维护多张不同制式的网络，不断降低运维成本，提高竞争力，是每个运营商都要面临和解决的问题。

综上，5G 移动网络、物联网、光纤大带宽固网接入和云业务的兴起等，对边缘网络的主要需求包括：超高速带宽、毫秒级超低端到端时延、超高密度链接、超高速移动链接、多网络融合和安全隐私保障。

2.4.3　边缘计算网络发展趋势

从网络运营商的角度来看，如何在保证投资收益的前提下更好地满足边缘网络的主要需求成为一项巨大挑战。实际上，没有一个网络可以支持所有的功能，以上总结的一些核心需求之间也是互相矛盾的，例如追求高带宽必然会牺牲时延和可靠性，就好比固定车道的高速公路，大车流必然容易导致意外事故的发生，从而降低数据包的可靠性和时延；而可靠性和低时延的追求，希望尽量减少高速路上不必要的车流量，最好平时没有流量，一旦有数据包传送时，传送过程不会被时延和损坏，从而提高可靠性和低时延。但是从成本考虑，不可能为不同的业务建造不同的物理网络。

那么如何通过一张物理网络实现多样的网络需求呢？首先，应该通过合理利用边缘业务平台的存储、计算、网络、加速等资源，将部分关键业务应用下沉到接入网络边缘，极大地降低网络时延。然后，把大部分的本地流量终结到边缘侧，仅把必需的经过压缩的数据传送到核心网和数据中心，也可以极大地缓解核心网和骨干网的带宽压力，提升客户的使用体验。另外，毫米波、大规模多天线技术，新型多载波技术、高阶编码调制拘束、全双工、小区加密技术，波束赋形和设备到设备等新的无线技术可以极大地改善低时延，提高带宽利用率，支持超高速移动连接。通过引入新的 25G、50G 甚至 100G 大带宽网络提升管道带宽，降低运营成本。

除此以外，还可以通过全新的无线接入技术、CU/DU 分离部署、端到端网络切片、数控分离的核心网、计算能力下沉和软件定义广域网（SD-WAN）来满足网络需求。边缘网络需求和解决方案如图 2-18 所示。

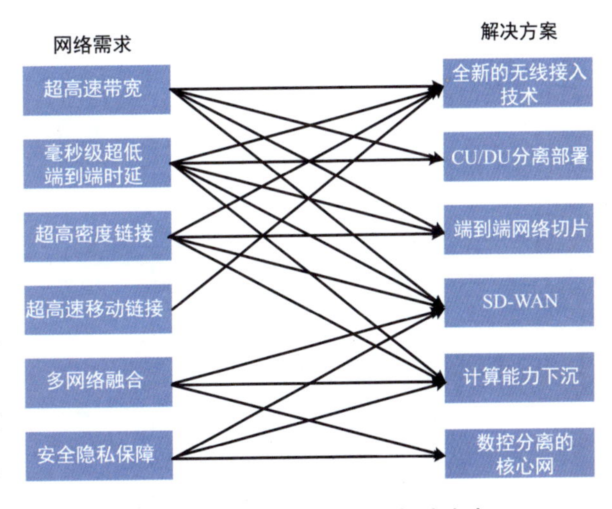

图 2-18　边缘网络需求和解决方案

1. CU 和 DU 分离部署

4G 无线接入网主要通过基带处理单元（Base Band Unit，BBU）+射频拉远单元（Rsdio Remote Unit，RRU）实现，BBU 主要采用专用芯片实现，网络拓扑固定，扩展性差，难以实现虚拟化和云化。为了应对高带宽和海量的设备连接，以及由此引起的数据业务类型的复杂化，5G 接入网也引入了全新的有源天线单元 AAU（Active Antenna Unit）、集中单元 CU（Centralized Unit）和分布单元 DU（Distributed Unit）灵活部署的方案。BBU 的部分物理层处理功能与原 RRU 及无源天线合并为 AAU，原 BBU 的非实时部分将分割出来，重新定义为 CU，负责处理非实时协议和服务。BBU 的剩余功能重新定义为 DU，负责处理物理层协议和实时服务，CU 通过交换网络连接远端的 DU。基于 5G RAN 架构的变化，5G 承载网由前传（Fronthaul）、中传（Middlehaul）和后传（Backhaul）三部分构成。其中 AAU 和 DU 之间的数据传输是前传，DU 和 CU 之间是中传，CU 和核心网之间是回传。

无线接入网 CU-DU 分离架构的优点在于能够实现数据集中处理和小区间协作；实现密集组网下的集中控制，获得资源的池化增益，有利于 NFV/SDN 的实现，以及满足运营商某些 5G 场景的部署需求。通过不同的 CU 和 DU 的部署模式，支持不同的网络应用场景，当传送网资源充足时，可集中化部署 DU 功能单元，实现物理层协作化技术，而在传送网资源不足时，也可分布式部署 DU 处理单元。CU 功能的存在实现了原属 BBU 的部分功能的集中，既兼容了完全的集中化部署，也支持分布式的 DU 部署。可在最大化保证协作化能力的同时兼容不同的传送网能力。

从 4G 单点 BBU 到 5G CU/DU 两级架构如图 2-19 所示。

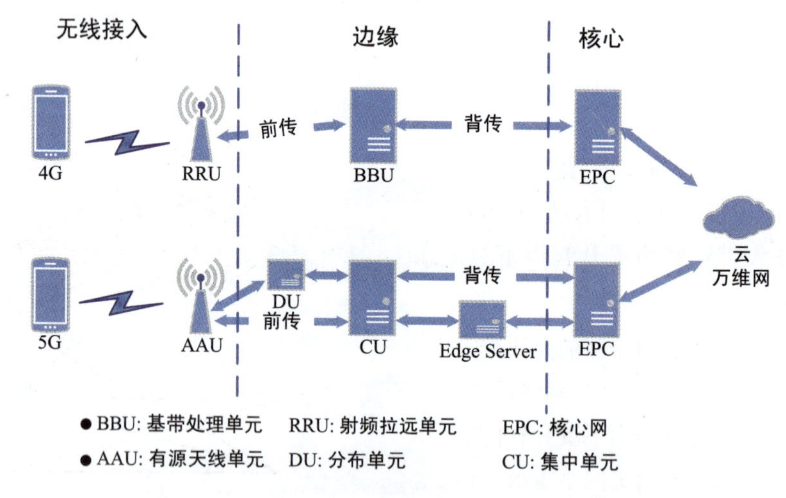

图 2-19　从 4G 单点 BBU 到 5G CU/DU 两级架构

在具体的实现方案上，CU 设备采用通用平台实现，不仅可支持无线网功能，也具备了支持核心网和边缘应用的能力。DU 设备可采用专用设备平台或“通用 + 专用”混合平台实现，通过引入 NFV 和 SDN 架构，在管理编排器（MANO，Management and Orchestration）的统一管理和编排下，实现包括 CU 和 DU 在内的网络配置和资源调度能力，满足运营商业务部署需求。

以中国联通通信云云化网络三层 DC 和一层综合接入机房的四层架构为例，接入机房的部署和 4G 类似，使用 CU/DU 合设方案，CU 管理和其同框的 DU 通过机框背板通信，时延在 2 ～ 5ms。边缘 DC 的 CU 大约管理几十个到上百个 DU，时延小于 10ms，本地 DC 的 CU 可能管理几百个 DU，时延小于 20ms，区域 DC 的 CU 可能管理上千个 DU，时延小于 50ms。CU 部署在核心机房，可以直接运行在使用标准的数据中心服务器上，便于虚拟化和池化。本地 DC 机房环境如果不能支持使用标准 19in 服务器，可以采用新兴的边缘服务器支持 CU 的虚拟化和池化，但是范围会比较小。区域 DC 机房条件恶劣，前期可以借用已有的 OLT 和 BRAS 等机架设备的空间，采用类似中兴发布的轻量云内置刀片设计支持 CU 的功能，后续逐步引入 CU/DU 等合设部署。

对时延极其敏感的 ULRRC 业务（低时延高可靠业务），例如车联网 5ms 的时延，电网远程保护的 8ms 时延，CU 只能部署在接入机房才能满足时延要求。对增强移动宽带业务而言，为了保证 5G 的无线性能和时延要求，CU 部署在接入机房、边缘 DC 和本地 DC 是能满足时延要求的，但是部署在本地 DC 会导致大量的数据占用汇聚网络的带宽。所以，后期随着高带宽低时延业务的快速发展，需要平衡边缘侧在网络和计算成本的投入，例如改造边缘 DC 增加计算能力的下沉，或升级边缘和本地 DC 之间的网络带宽，具体需要每家运营商根据已有的基础光纤、网络和机房情况进行评估。

联通通信云网络架构如图 2-20 所示。

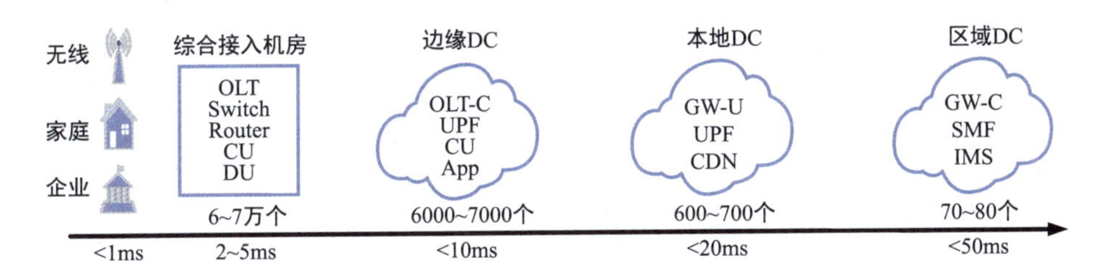

图 2-20　联通通信云网络架构

2. 端到端网络切片

5G 承载的业务种类繁多，业务特征各不相同，如果使用一张物理网络支撑三大业务场景并满足网络的速率、移动性、安全性、时延、可靠性、计费等不同需求将是巨大的挑战，而端到端的网络切片是 5G 网络支撑多业务的基础，也是 5G 网络架构演进的关键技术。

根据不同的业务需求，端到端的网络切片技术使运营商能够在同一个硬件基础设施上切分出多个虚拟的端到端网络，类似于 VLAN，不同的虚拟网络天然隔离，为不同类型的 5G 场景提供不同的通信业务和网络能力。每一个网络切片在物理上源自统一的网络基础设施，而且不同的网络切片可以按需建立，用完解除，弹性敏捷，大大降低运营商运营多个不同业务类型的建网成本。在本质上，网络切片是一种按需组网的方式，可以让运营商在统一的基础设施上切出多个虚拟的端到端网络，每个网络切片从无线接入网到承载网再到核心网在逻辑上隔离，适配各种类型的业务应用。目前，5G 主流的三大应用场景就是根据网络对用户数、QoS、带宽等不同要求定义的不同通信服务类型，可以对应三个切片。eMBB、uRLLC 以及 mMTC 三个独立的切片承载于同一套底层物理设施之上。在 eMBB 切片中，对带宽有很高的要求，可以在城域机房的移动云引擎中部署缓存服务器，使业务更贴近用户，降低骨干网的带宽需求，提高用户体验。在 uRLLC 切片中，自动驾驶、辅助驾驶、远程控制等场景对网络有着极为苛刻的时延要求，因此需要将 RAN 的实时处理及非实时处理功能单元部署在更靠近用户的站点侧，并在 CO 机房的移动云引擎中部署相应的服务器（V2X Server）及业务网关，城域及区域数据中心中只部署控制面相关的功能。在 mMTC 切片中，对于大多数 MTC 场景，网络中交互的数据量较小，信令交互的频率也较低，因此可以将移动云引擎部署在城域数据中心，将其他功能以及应用服务器部署在区域数据中心，释放 CO 机房的资源，降低开销。当然，也可以定义更多数量类型的网络切片，但是更多的切片数量会带来设计管理的复杂化，所以切片数量需要根据网络应用和基础设施部署来确定，并不是越多越好。

网络切片的基础首先就是网络本身要能动态支持不同的切分粒度，以 1Gb/s 带宽网卡或者交换机为例，可以很容易切分成 10 个 100Mb/s，甚至 100 个 10Mb/s。但是，传统的基于专用硬件平台的网络通信设备软件和硬件紧耦合，传统物理千兆网卡支持的是一个完整的 1Gb/s 开端，是无法动态切分成不同粒度的。要支持网络切片，最基本的两项技术是网络功能虚拟化和软件定义网络。NFV 把所有的硬件抽象为计算、存储和网络三类资源并进行统一管理分配，给不同的切片不同大小的资源，且使其完全隔离互不干扰。SDN 实现网络的控制和转发分离，并在逻辑上统一管理和灵活切割。以核心网为例，NFV 从传统网元设备中分解出软硬件的部分。硬件由通用服务器统一部署，软件部分由不同的 NF（网络功能）承担，从而满足灵活组装业务的需求。于是切分粒度的逻辑概念就变成了对资源的重组。重组是根据 SLA（服务等级协议）为特定的通信服务类型选择需要的虚拟资源和物理资源。SLA 包括用户数、QoS、带宽等参数，不同的 SLA 定义了不同的通信服务类型。

一个网络切片包括无线子切片、承载子切片和核心网子切片。核心网目前基于通用处理器的虚拟化程度已经比较高，所以网络切片的实现相对容易。基于服务化架构（Service Based Architecture，SBA），以前所有的网元都被打散，重构为一个个实现基本功能集合的微服务，再由这些微服务像搭积木一样按需拼装成网络切片。汇聚层的承载网切片主要基于 SDN 的统一管理，把网络资源抽象成资源池来进行灵活的分配，从而切割成网络切片。网络切片的最大难点在于接入网的虚拟化和云化，5G 引入的 CU 也更易于支持虚拟化。目前，设备商基于 5G 的接入网方案已经基于通用处理器设计，具备相当的虚拟化能力。但是，DU 和 AAU 目前主要通过专用硬件支持，虚拟化的支持有限。英特尔提出的纯软件的方案 FlexRAN 是很好的接入网云化方案，但是目前性能还不如专用硬件，适应的场景比较有限。具体部署还要看后续 5G 新方案的研发和实现。

3. 数控分离的核心网

传统 4G 核心网架构如图 2-21 所示。移动管理实体（Mobile Management Entity，MME）负责网络连通性的管理，主要包括用户终端的认证和授权、会话建立以及移动性管理。归属用户服务器（HSS）作为用户数据集为 MME 提供用户相关的数据，以此来协助 MME 的管理工作。服务网关（Serving Gateway，SGW）负责数据包路由和转发，将接收到的用户数据转发给指定的 PDN 网关 PGW（PDN Gateway），并将返回的数据交付给基站侧 eNB（Evolved Node B）。PGW 负责为接入的用户分配 IP 地址以及管理用户平面 QoS，并且是 PDN 网络的进入点。MME 仅承担控制平面功能，但是 SGW 和 PGW 既承担大部分用户平面功能，又承担一部分控制平面功能，这就使得用户平面和控制平面严重耦合，不利于网络可编程化。而且，由于历史兼容原因，很多设备运行在专用硬件平台上，软件和硬件紧耦合，网络部署和维护成本高，对新业务的支持也有限，可扩展性和通用性都较差。

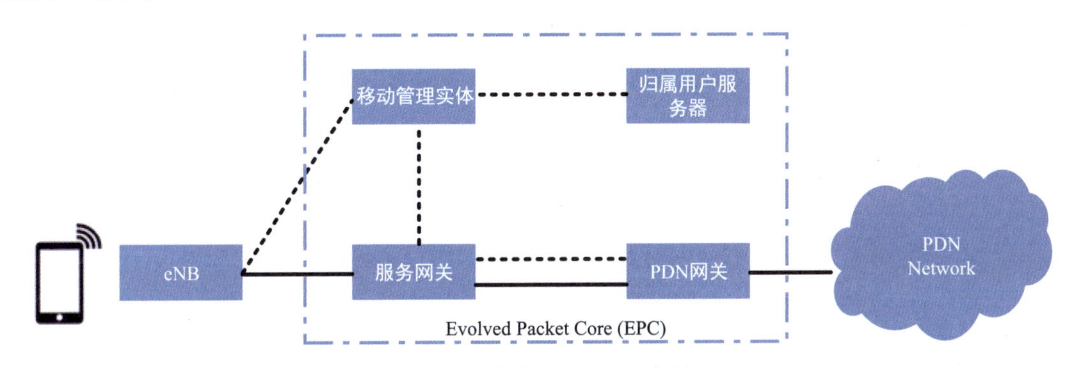

图 2-21　传统 4G 核心网架构

在 5G 时代，众多对时延要求较高的业务需要将网关下移到城域甚至是中心机房，会导致网关节点数量呈 20 ～ 30 倍的增加。如果保持现有的网关架构，则必然会由于网关业务配置的复杂性，显著增加运营商网络的 CAPEX 和 OPEX。同时，如果控制面订阅了位置、RAT 信息的时间上报，则会产生较多信令在站点、分布式网关、网络控制面功能之间迂回。数量众多的分布式网关会对集中化的控制面网元带来明显的接口链路负担和切换更新信令负荷。

因此，需要对网关的控制面及用户面进行分离，通过剥离网关复杂的控制逻辑，将控制逻辑功能集成到融合的控制面。不仅可以有效降低分布式部署带来的成本压力，同时化解信令路由迂回和接口负担的问题。此外，控制面和用户面分离还能够支持转发面和控制面独立伸缩，进一步提升了网络架构的弹性和灵活性，方便控制逻辑集中，更加容易定制网络分片，服务多样化行业应用；控制转发演进解耦，避免控制面的演进带来转发面的频繁升级。控制面和用户面分离首先要做到功能轻量化，剥离复杂控制逻辑功能并集中到模块化的控制面中。其次，要对保留的核心基本转发面功能进行建模，定义出通用转发面模型和对象化的接口，以实现转发面可编程，支持良好的扩展性。

相比于传统 4G EPC 核心网，5G 核心网采用原生适配云平台的设计思路，基于服务的架构和功能设计提供更泛在的接入、更灵活的控制和转发以及更友好的能力开放。引入了 SDN 的思想以实现控制面和转发面的进一步分离，5G 核心网与 NFV 基础设施结合，为普通消费者、应用提供商和垂直行业需求方提供网络切片、边缘计算等新型业务能力。

5G 核心网实现了网络功能模块化以及控制功能与转发功能的完全分离。控制面可以集中部署，对转发资源进行全局调度；用户面则可按需集中或分布式灵活部署，当用户面下沉靠近网络边缘部署时，可实现本地流量分流，支持端到端毫秒级时延。由于未来业务高带宽、低时延、本地管理的发展需求，3GPP、4G CUPS 与 5G New Core 移动网将控制面和转发面分离，使网络架构扁平化。转发面网关可下沉到无线侧，分布式按需部署，由控制平面集中调度。网关锚点与边缘计算技术结合，实现端到端低时延、高带宽，均衡负载海量业务，从而在根本上解决传统移动网络竖井化单一业务流向造成的传输与核心网负荷过重、时延瓶颈问题。

伴随控制面与转发面分离的网络架构演进需求，传统专有封闭的设备体系也正在逐步瓦解，转向基于“通用硬件 +SDN/NFV”的云化开放体系。基于虚拟机以及容器技术承载电信网络的功能，使用 MANO 与云管协同统一编排业务与资源，并通过构建 DevOps 一体化能力，大幅缩短新业务面市周期，从而实现 IT 与 CT 技术深度融合，提高网络运营商的业务竞争力。因此，从中心机房到边缘机房，借助云化技术重构电信基础设施将是必然选择。

4. SD-WAN 优化网络带宽和时延

长期来看，移动 2G、3G、4G 网络的长期演进属于 5G 网的一部分。同时，Wi-Fi 作为移动网络的补充也会长期存在。另外，各种有线网络的接入会导致带宽快速增长，企业业务迁移到云上并直接转向企业云，应用程序带来了大量数据带宽要求，物联网的海量数据连接使接入网的业务更加复杂化，为了在接入网有效地支持多种复杂网络接入，并快速识别不同客户设备的网络需求，最终满足带宽、可靠性和时延的要求，SD-WAN（软件定义的广域网）对网络带宽和数据业务识别是至关重要的一环。

SD-WAN 使用网络虚拟化来利用、管理和保护互联网宽带，为各种应用构建更强大的网络。SD-WAN 在 WAN 连接的基础上，将提供尽可能多的、开放的和基于软件的技术。SD-WAN 的主要功能是综合利用多条网络链路，根据现网情况及配置的策略，自动选择最佳路径，实现负载均衡，从而保证网络质量，降低流量成本。例如，SD-WAN 如果同时连接了 MPLS 和 Internet，那么可以将一些重要的应用流量分流到 MPLS，以保证应用的可用性。对于一些对带宽或者稳定性不太敏感的应用流量，例如文件传输，可以分流到 Internet 上。这样减轻了企业对 MPLS 的依赖。或者 Internet 可以作为 MPLS 的备份连接，当 MPLS 出故障时，企业的 WAN 网络不至于受牵连。

SD-WAN 继承了“转控分离”的思想，通过统一的中央控制器实现各 CPE 设备的统一管控。新开 CPE 可通过 Call Home 自动连接控制器下载配置和策略，真正做到零接触快速开通，且配置变更时只需要在控制器上修改一次，所有分支站点自动同步。通过 CPE 对流量的深度识别和基于探针的链路状况检测，使得流量选路策略更加精细灵活，实现策略与网络质量随动，是真正意义的动态流量调度。

支持云计算的骨干网 SD-WAN 架构提供了 SD-WAN 盒子，可以将企业的站点连接到最近的网络节点（POP），企业的流量在 SD-WAN 提供商的私人、光纤、网络骨干网中传输，可以实现低时延、低丢包率和低抖动。这种方式能够有效提高所有网络流量的性能，特别是语音、视频和虚拟桌面等实时流量。骨干网也与主要的云应用提供商和数据中心等直接相连，这些应用能够提高性能和可靠性。

SD-WAN 可以优化 WAN 管理接口。一般硬件专用设备网络都存在管理和故障排查较为复杂的问题，WAN 也不例外。SD-WAN 通常也会提供一个集中的控制器来管理 WAN 连接，设置应用流量策略和优先级，监测 WAN 连接可用性等。基于集中控制器，可以再提供 CLI 或者 GUI，从而达到简化 WAN 管理和故障排查的目的。SD-WAN 业务模型如图 2-22 所示。

家庭客户或者政企侧一般通过客户端设备 CPE 接入运营商网络，目前趋势是使用通用客户端设备 uCPE 来替代传统的专用网关。

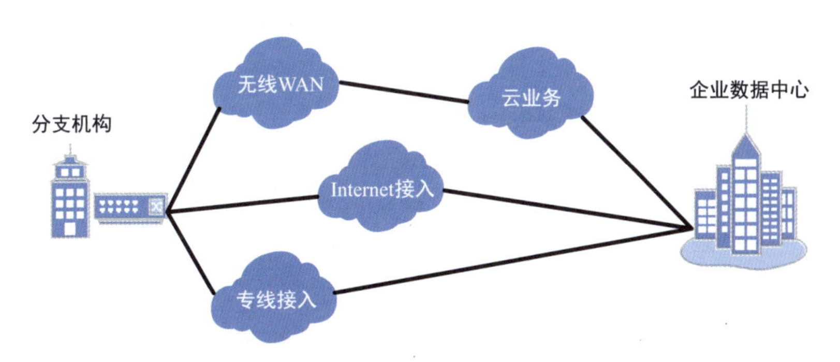

图 2-22　SD-WAN 业务模型

2.4.4　国内运营商网络演进

由于通信网络越来越 IP 化，很自然地会和本来就是 IP 网络的 IT 网进行融合，也就是 ICT 融合。ICT 融合主要指网络的融合和设备的融合，网络的融合主要指运营商侧的一张 IP 网支撑 IT 和 CT 的业务。例如，传统通信网络的一些设备，包括服务 GPRS 支持节点（Serving GPRS Support Node，SGSN）、网关 GPRS 支持节点（Gateway GPRS Support Node，GGSN）和移动管理入口（Mobile Management Entry，MME）等实际已经运行在通用的处理器上，只是由于历史兼容原因，在实际部署中仍然使用之前基于ATCA的老式专用设备机箱。随着5G架构的提出和部署、SDN和NFV技术的发展、网络云化和边缘计算的演进，在下一代网络部署中，越来越多的通信设备会基于通用边缘和传统服务器的硬件平台实现。

考虑未来5G和固网业务需求以及SDN、NFV等技术的发展，基于自身已有的网络基础设备和自身业务特点，结合ICT融合的趋势，在下一代网络部署中，中国三大运营商都提出了自己的技术演进策略。

1. 中国移动的C-RAN

2009年，中国移动首次提出C-RAN（Centralized，Cooperative，Cloud and Clean RAN）概念。2016年，中国移动发布了《迈向5G C-RAN：需求、架构与挑战》白皮书，C-RAN是集中化、协作化、云化、绿色化概念的集合体。4G的C-RAN主要是基于BBU集中化，提高无线协作化和抗干扰能力，从而提高设备利用率，优化机房利用率和降低能耗等。经过长期运维，中国移动证明了C-RAN组网方式在综合成本、抗干扰、降低能耗、运维和机房优化等方面优势明显。所以，将C-RAN作为优选建设方式在全网进行推广。

随着5G的发展，为了支持eMBB、mMTC和uRLLC等多种业务，无线空口资源与具体的无线业务需要解耦并实现按需分配，这就需要一定程度的软硬件解耦，以便于构造资源池，实现空口资源的灵活管理。随着5G频率的上升，单个基站的覆盖范围缩小，需要提高基站密度。随着5G业务的下沉，接入网络必须支持计算能力和控制面UPF的下沉；另外，2G、3G、4G、5G和固网接入等多网络协作和管理也是一项极大的挑战。传统4G BBU堆叠集中部署规模，还不能完全满足5G组网的多种要求。

为了应对5G网络的挑战，通过引入NFV架构，云接入网C-RAN基于集中和分布单元CU/DU以及下一代前传接口（Next Generation FronthaulInterface，NGFI），将部分基带资源集中成资源池并统一管理与动态分配，从而提升资源利用率、降低能耗，进而提升网络性能。5G C-RAN网络具体特征包括：

（1）集中部署。首先是BBU的集中部署，减少机房数量实现设备共享。其次是CU/DU无线高层协议栈功能的集中。

（2）协作能力。相比集中部署，首先是小规模的物理层集中，主要实现多小区或多数据发送点间的无线联合发送和接收，提升小区边缘频谱效率和平均吞吐量。然后是大规模的无线高层协议栈功能的集中，实现多连接、无缝移动性管理、频谱资源高效协调等。

（3）无线云化。随着CU/DU架构的引入，CU设备具备了云化和虚拟化的基础。一方面是指资源的池化形成资源共享从而实现灵活部署，降低整个系统的成本。另一方面是无线空口的云化实现无线资源与无线空口技术的解耦，从而灵活支持无线网络能力调整，满足特定的定制需求。

（4）绿色节能。通过集中化、协作化、无线云化等，优化无线机房的部署，降低配套设备和综合能耗，从而实现全系统的整体效能比的优化。

2. 中国电信的三朵云

为满足 5G 的不同组网需求，构建更加灵活开放的网络，中国电信基于 SDN 和 NFV 的理念及技术，提出了基于接入云、控制云和转发云的“三朵云”总体网络架构，如图 2-23 所示。其中，控制云完成整体网络管理和控制，通过虚拟化、网络资源容器化和网络切片化等技术，完成业务需求的定制化，并实现网络功能的灵活部署，提供网络开放和可拓展能力。接入云主要实现多网络多种业务场景，例如，3G、4G、5G 网络，物联网，车联网等的智能接入和灵活组网，并具备边缘计算下沉的能力。转发云负责数据的高速转发和处理，以及各种业务使能单元。基于不同业务的带宽和时延等需求，转发云在控制云的协调调度下，通过端到端的网络切片构建不同的虚拟网络，从而满足 eMMB、mMTC、uRLLC 等业务需求。

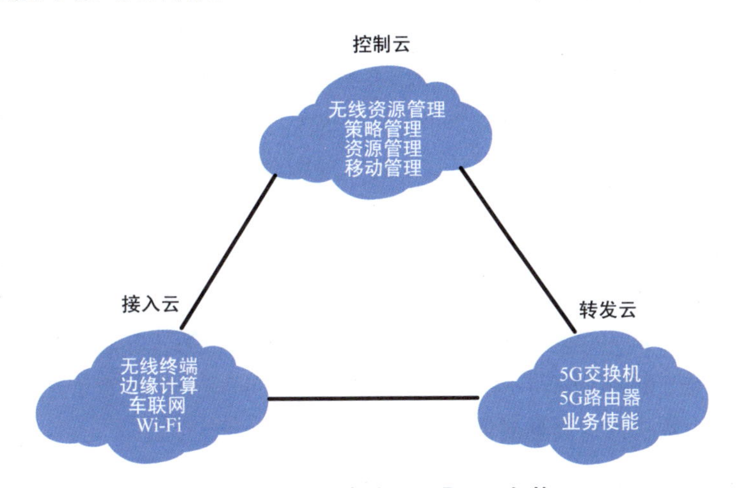

图 2-23　中国电信“三朵云”架构

“三朵云”是电信的远期目标，具体技术现在不是特别成熟，而且初期实际业务需求也不是特别迫切，对于具体网络改造必然需要分阶段进行。其中，重点是要充分利用已有的网络资源，注重新旧业务的平滑过渡和支持、多网融合和协作，尽量避免网络大规模和频繁的升级改造。

考虑 5G 独立组网方案通过核心网实现与 4G 网络的协作，具有支持网络切片和 MEC 等新特性，对现网改造小，并且业务能力更强，终端设计简单，所以中国电信将优选 SA 组网方案。考虑 5G 初期的主要支持场景是 eMMB 的大带宽需求，短期内无线接入网的 CU 基于通用处理器的虚拟化性能与专用硬件相比偏低，导致成本高，建议使用经济实用的 CU/DU 合设方案，中远期随着 uRLLC 和 mMTC 业务需求的提升和 NFV 技术的发展，适时引入 CU/DU 分离的虚拟化架构。

承载网的演进遵循固移融合的原则实现资源共享，具备支持网络切片、支持5G等多种业务需求。回传网络前期采用IPRAN，后期按需引入高速率25Gb/s接口，业务大且集中的区域采用OTN组网，中远期建成基于SDN的高速率、超低时延的自动智能回传网络。

由于网络云化及边缘计算的引入，5G核心网主要部署在省中心的区域DC，且部分功能将下沉到城域网，甚至接入局所。基于独立组网方案，5G核心网必须以SDN、NFV、云计算为基础，具备控制与承载分离的特征。控制面采用通用处理器平台，使用虚拟化技术，构建统一的NFVI资源池，实现业务的云化部署和弹性扩容等。基于通用CPU和专用硬件联合实现用户面功能，通用CPU适用于业务多样化的场景，专用硬件实现纯粹的数据转发。另外，还需考虑多种硬件加速技术并实现一定的标准化和虚拟化，实现不同厂商间的混合部署、网络资源的分布式灵活部署和全局调用，更好地支持端到端的网络切片和边缘计算的按需下沉，以满足未来网络的多样化业务需求。

3. 中国联通 Edge-Cloud 网络

为了应对5G网络的多样化业务和固网融合等需求，中国联通基于已有的大量边缘DC优势资源，在加强运营商管道能力的基础之上，依托SDN、NFV和网络云化等技术，通过虚拟技术承载电信网络功能，使用MANO与云管协同实现资源的统一管理和业务编排。中国联通将基于CORD（Central Office Re-architected as a Data Center）将传统局端改造成数据中心，从传统的专用硬件设备，向“基于通用硬件+SDN/NFV的资源虚拟化和池化”开放的Edge-Cloud平台转变。不仅支持边缘计算和网络灵活部署的能力，同时可以拓展新型增值业务，将平台存储、计算、网络与安全能力等基础设施通过虚拟池化后开放给第三方。同时，进一步通过统一的API接口提供丰富的网络服务，例如无线信息服务、位置服务、带宽管理服务等，从而变成综合性的端到端业务提供商，提高竞争力。

未来，组网将采用边缘、本地、区域DC的三级布局，基于虚拟技术构建云资源池，实现统一接入的多网融合网络。区域DC类似于核心数据中心，通过骨干网链接，服务全国、大区或者全省的业务和控制面网元。本地DC部署于地级市和省内重点县级市，主要承载城域网控制面网元和集中化的媒体面网元，服务本地网的业务、控制面及部分用户面网元。边缘DC以终结媒体流功能和转发为主，主要部署接入层以及边缘计算类网元。综合接入机房负责公众、政企、移动、固网等用户的统一接入。考虑边缘计算的下沉和超低时延的需求，综合接入机房和边缘DC是边缘业务平台部署关注的重点。

中国联通Edge-Cloud平台主要在边缘DC、本地DC、区域DC实现三级云化，所以也可以称为“三级云”，如图2-24所示。每级云都通过虚拟化形成资源的池化，通过基于OpenStack管理虚拟资源的平台VIM（Virtualised Infrastructure Manager）管理一个云的NFVI。基于分布式部署，节点数较少的边缘DC只部署计算节点，控制节点部署在区域DC或者节点数较多的边缘 DC 上，对各个边缘 DC 进行统一管理。统一云管理平台主要分为两层，可依实际情况部署在边缘数据中心或区域数据中心并对接多个 VIM，提供接入点汇聚、属地化异构资源统一纳管、基于位置的资源调度等能力。然后，在区域 DC 实现统一云管平台的部署管理，包括用户授权、VNF 管理等，从而实现对整个通信云基础设施的管理。

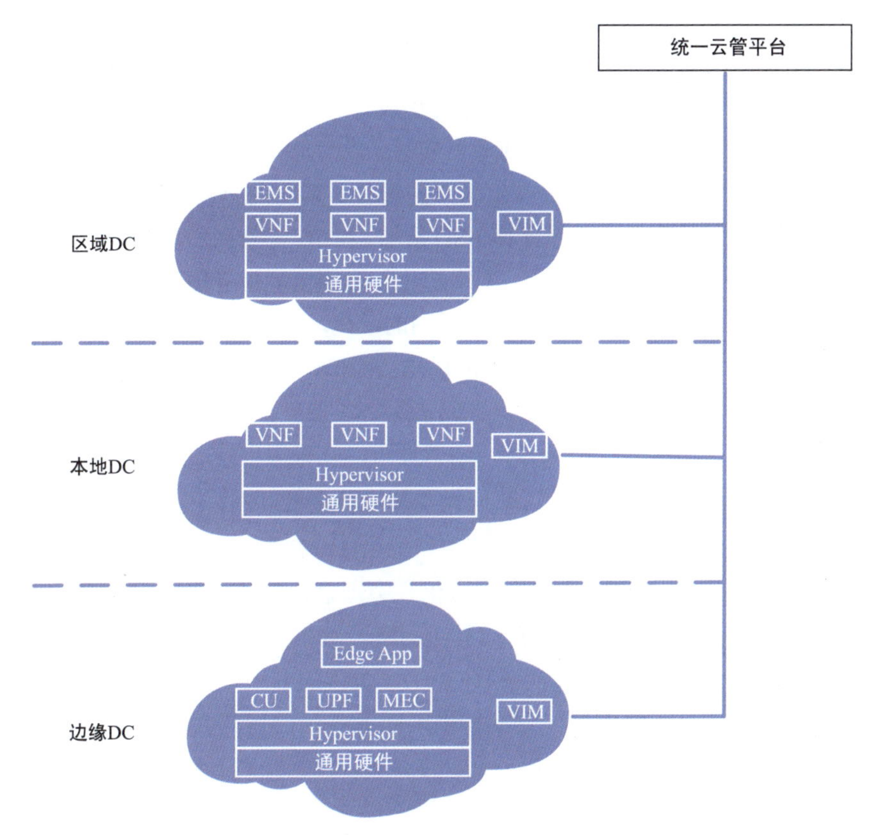

图 2-24 中国联通 Edge-Cloud 云管与 MANO 架构图

除了支持 VNF，中国联通特别强调支持和编排管理第三方的边缘应用（Edge-App），包含应用程序包的软件镜像、格式、应用描述、签名所需的最小计算资源，虚拟存储资源、虚拟网络资源等需求。

自 2017 年 9 月起，中国联通启动 Edge-Cloud 规模试点工作，实现 COTS 和 Cloud OS 软硬解耦，Cloud OS 与 MEP（Multi-access Edge Platform）同厂家部署。2018 年，Edge-Cloud 平台已经实现 COTS、Cloud OS、MEP、Edge-App 四层解耦，并以共 COTS 异 Cloud OS 的方式实现通信网元功能的虚拟化。2019 年，启动边缘 DC 云资源池的规模建设，努力实现 5G 网络试商用。从 2021 年到 2025 年，加快 5G 和规模商用节点建设，同期，中国联通通信网络云化架构也将基本成型，预计 2025 年将实现 100% 云化部署和 Edge-Cloud 的彻底四层解耦。

2.4.5 小 结

目前，国内运营商面临话音低值化的困境，各种新型的视频直播、社交、在线零售和导航等服务催生了新的行业巨头，但由此产生的高速增长的数据流量并未给运营商带来可观的收益，反而对其原有基础网络设施造成了额外的挑战。传统通信运营商网络基础设施主要基于专用的硬件设备，软件和硬件紧耦合，控制面和数据面集成。随着日益新增的各种高清视频直播、虚拟现实、AI 等业务需求的兴起，5G 定义的等大带宽、低时延和高可靠性等业务场景的支持，物联网引入的海量设备和传统固网宽带大带宽的飞速增长，运营商急需借助 SDN、NFV、处理能力，以及快速提高的通用处理器、边缘计算、SD-WAN 和 5G 等新兴网络技术，对现有网络基础设施和架构升级，支持 CU/DU 分离设计、网络切片和虚拟化等新特性，构造软硬解耦、数控分离的自动智能网络，推动接入网、承载网和核心网的云化，优化基础设施投入，降低运营成本，满足多样的业务需求。同时，借助数以千计的优质边缘 DC 和海量用户资源，在加强管道能力的基础上，打造统一的边缘业务平台，提供开放式的 API 接口。例如，在边缘 DC，由于空间和成本的限制，每家云厂商很难自建边缘 DC。运营商可以在机房自建边缘服务器和存储，租用给云运营商来提供除管道之外的增值业务，从而提升整体的竞争力。

中国移动是 C-RAN 方案的领导者，主导了 CU/DU 分离的设计方案，并积极联合芯片厂商和设备厂商推进接入边缘网络的云化和虚拟化。中国电信三朵云的远景主要是基于 SDN 和 NFV 技术理念，完美地实现数控分离的自动灵活网络。但在实际部署中，前期采取经济务实的分步式改造策略，基于 eMMB 的需求，采取 CU/DU 合体的专用硬件方案部署，后续根据业务需求进一步引入 CU/DU 分离的虚拟化方案。中国联通基于已有的大量边缘 DC 优势资源，基于异厂商共平台的策略，稳步推动 Edge-Cloud 的发展，特别是对 Edge-App 的支持，打造四层解耦的开放基础服务平台。

传统运营商希望借助 SDN、NFV 和 5G 等新技术拓展管道之上的新增业务，而新兴的云服务商希望凭借已有的应用业务优势，通过应用来定义网络和计算的底层基础架构，只希望传统通信运营商提供最基础的通道业务，甚至只是租用运营商的机房来放置自己的计算、存储和网络等设备。已经有云服务商通过租用传统通信运营商的内部网络接入点，构建基于自身云的虚拟网络，来提升云服务体验。另外，ODM 热切拥抱软硬分离的设备方案，并已经从白盒服务器和网络设备分得一杯羹。但是，传统通信设备商出于自身利益考虑，对软硬解耦的态度模糊，而且专用硬件加速模块的性能和成本在某些特定应用上高于通用处理器，所以处于领导地位的设备商仍然提供软硬耦合的方案。另外一些设备商倾向于提供基于“通用处理器 + 专用硬件”加速的软耦合方案，同时传统通信运营商也在考虑针对硬件加速模块的标准化方案以适应新技术的渐进演化。

下一代新型网络的发展需要通信运营商、云服务商、设备商、芯片商和 ODM 等全行业的共同参与和努力。在新技术演进的滚滚洪流中，是已有的行业巨头借东风更上一层楼，还是会涌现出新的行业弄潮儿，大家拭目以待。

2.5　边缘存储架构

2.5.1　什么是边缘存储

边缘存储就是把数据直接存储在数据采集点或者靠近的边缘计算节点中，例如 MEC 服务器或 CDN 服务器，而不需要将数据通过网络即时传输到中心服务器（或云存储）的数据存储方式。边缘存储一般采用分布式存储，也称为去中心化存储。下面通过几个案例来说明：

1）在安防监控领域，智能摄像头或网络视频录像机（NVR）直接保存数据，即时处理，不需要将所有数据传输至中心机房再处理。

2）家庭网络存储服务器，用户更偏向将私人数据存储在自己家中，而不是通过网络上传到提供存储服务的第三方公司，这样第三方公司不会接触到敏感数据，保证隐私保护和安全性。

3）自动驾驶采集的数据往往可以在车载单元或路侧单元中进行预处理，再将处理后的少量数据传输给后台服务中心或云。

为什么目前主要使用的还是中心存储，而不是边缘存储呢？一个很重要的原因是数据处理在中心，边缘设备的处理能力还不够。另外一个原因是缺乏成熟可行的技术方案连接和同步边缘节点，无法使得边缘端更多地承担数据采集、处理和存储的任务。

随着芯片技术的发展，边缘端设备的运算能力和处理速度都得到大幅度提升，使得设备成本大大降低，在靠近数据的边缘端已经可以进行较好的数据处理。同时，随着去中心化存储技术的飞速发展，例如 IPFS 采用的 Libp2p，能够很好地解决端设备的局部互联问题，可以在边缘进行连接和处理。以车联网为例，在自动驾驶车辆中传感器和摄像头采集的数据完全可以存放在本地和路侧单元中，由于在同一个街道或区域运行的汽车很多，它们会采集大量重复的数据，但也有一些数据可以相互补充。当把数据存储在本地时，同一个街道上的汽车能够相互连接，并对数据进行即时聚合，这样需要上传的数据就大大减少了。

边缘存储的主要特点包括：

- 低时延。通常小于 5ms。
- 分布式查看，隔离操作。同一个网络操作不应该影响其他的网络。
- 本地保存和转发能力。能够降低和优化节点间的带宽占用。

- 能够聚合并传送给中心节点。从而减少网络中冗余数据的传输。
- 数据移动性。允许边缘设备在不同的边缘网络中移动，而不影响数据同步和完整性。

2.5.2 边缘存储的优势

1. 网络带宽和资源优化

对于以云为核心的存储架构，所有的数据都需要传输到云数据中心，带宽的需求是极大的。同时，并不是所有数据都需要长期保存。例如，对于电子监控的视频数据仅保存数天、数周或数月。而对于智能工厂中机器采集的原始数据，特点是数据频率高、规模大，但有价值的数据相对较少。如果将这些数据存储在云上，会带来网络带宽资源浪费、访问瓶颈以及成本上升等一系列问题。

在某些情况下，由于带宽限制或不一致，数据传输质量会受到影响，出现丢包或超时等问题。针对这种情况，可以利用边缘存储来缓存数据，直到网络状况改善后再回传信息。此外，还可以利用边缘存储动态优化带宽和传输内容质量。例如，在边缘录制高质量的视频，而在远程查看标准质量的视频，甚至可以在网络带宽不受限制时将录制的高质量视频同步到后端系统或云存储中。

通过边缘存储和云存储的有机结合，可以将一部分数据的存储需求从中心转移到边缘，更加合理有效地利用宝贵的网络带宽，并根据网络带宽的情况灵活优化资源的传输，使得现有网络可以支撑更多边缘计算节点的接入并降低总体拥有成本（TCO）。

2. 分布式网络分发

由于边缘节点分布式的特点，可以利用边缘存储建立分发网络，分发加速的效果将好于当前站点有限的 CDN 网络。例如分享一部分存储用于分发，那么观看的热门电视剧就可以被邻居直接下载使用，极大地节省网络带宽；另一方面，也可以通过分享存储资源获取部分收益。

当边缘存储进入实用阶段时，去中心化的应用也更容易建立。基于地域的社区将可以不通过中心服务器或服务商进行交互，也更容易建立基于社区的私有网络。

同样，由于基于边缘存储的点对点网络的建立，应用或服务商之间的数据共享变得更加容易和便捷。在理想情况下，服务商或应用提供商完全可以不拥有数据，而数据本身属于数据的生产者。这样一来，数据的拥有者就完全可以把这部分数据分享给不同的应用或服务，用于产生超额价值。例如，远程医疗可以让病人把自己的检查结果存储在本地，而病人可以支配自己的检查报告，用于提供给不同的医生或医院进行诊断。同时，如果病人愿意，也可以匿名地分享给研究机构作为科研数据。

3. 可靠性更强

当数据存储和处理完全是中心化的时候，任何的网络问题或数据中心本身的问题都会导致服务中断，影响巨大。当边缘计算节点具备一定的处理能力，且数据存储在端或边缘之后，对网络的要求大大降低，一部分的网络中断只会影响小部分功能，因为很多处理运算同样可以在本地进行。同时，当边缘的点对点网络建立起来后，网络的冗余性会进一步解决部分网络中断的问题，容错性得到极大的加强。

而对于需要具备高可信度的企业级应用（例如银行、政府和城市监控系统），利用边缘存储可以降低数据丢失的风险。如果主网络中的存储发生问题，边缘存储可以保留数据的备用副本，并在需要的时候同步到后台，从而提高整个系统的可靠性。

为了进一步提高边缘存储的可靠性，边缘存储介质的选型也非常重要。由于边缘节点需要长期全天候运行，工作环境多样，传统的针对消费内的存储介质已经不能满足边缘存储高可靠性的要求。典型的如 IP 摄像头或 NVR 中使用的消费级 MicroSD，这种卡的固件并未针对全天候录制需求进行优化，因此会丢帧，在许多情况下，帧捕捉率下降 20% ～ 30% 后，会导致大量数据丢失。因此需要选择工业级的专用存储卡，提高平均无故障时间（MTTF）、降低年度故障率（AFR），并提供可监控运行状况的智能工具，减少系统停机时间，降低维护成本。

4. 安全与隐私兼顾

目前，虽然云计算极大地方便了我们的生活，能够让我们随时随地访问我们的私人数据，但也出现了一些关于数据安全和隐私的隐忧。这也是家庭安防、智能家居发展缓慢的原因之一。边缘存储结合点对点网络技术可以帮助解决这个问题。在新的解决方案里，用户不需要把数据存储到网上，而是保存在家庭的 NAS 中，所有数据都是可以加密存储的。通过 P2P 网络，也可以建立端设备和家庭数据服务器的点到点连接，让数据私密传送，同时兼顾安全与隐私。

除此之外，边缘存储还有一个优势是与边缘计算相结合。考虑家庭安防的情况，用户可以对家庭的摄像报警系统进行配置，设置报警的条件，多数情况下采集的视频数据是不需要上传的，只有在出现异常情况时才需要占用网络带宽和外部资源；另一方面，边缘存储和网络传输可以使用不同格式的视频流，例如本地存储高清晰、高解析度的视频流，而在网络上传输的可以是低码率、低清晰度、占用有限带宽的数据，既可以解决实时监控的问题，如果有需要也可以进一步的分析。

2.5.3　边缘数据和存储类型

1. 边缘数据类型

根据数据的访问频率，可以将数据分为三类：热数据、温数据和冷数据。这三类数据与总数据量的比例分别约为 5%、15% 和 80%。同时数据的存储和访问策略也迅速分化，数据分层加剧：热数据一般放在内存或基于 3D XPoint 的持久化内存中；温数据放在基于 PCIe NVMe 或者 SATA 接口的 SSD 中；而冷数据则被放在低转速 HDD 硬盘中。

根据数据格式的不同，数据也可以分为三类：

（1）结构化数据。结构化数据是表现为二维形式的数据，可以通过固有键值获取相应信息。其数据是以行为单位，一行数据表示一个实体的信息，每一行数据的属性是相同的。结构化数据的存储和排列是很有规律的，这对查询和修改等操作很有帮助，一般可以使用关系数据库表示和存储。主要应用的关系数据库有 Oracle、SQL Server、MySQL 和 MariaDB 等。

（2）半结构化数据。严格来说，结构化数据与半结构化数据都是有基本固定结构模式的数据，半结构化数据可以通过灵活的键值调整获取相应的信息，且数据的格式不固定。同一键值下存储的信息可能是数值型的，也可能是文本型的，或是字典列表型的。半结构化数据属于同一类实体，可以有不同的属性，即使它们被组合在一起，这些属性的顺序也并不重要。常见的半结构化数据有日志文件、XML 文档、JSON 文档、电子邮箱等。

（3）非结构化数据。非结构化数据简单来说就是没有固定结构的数据，是应用最广的数据结构，也是最常见的数据结构。例如，办公文档、文本、图片、XML、HTML、报表、图像、音频和视频信息等。这类数据一般直接整体进行存储，而且一般存储为二进制的数据格式。

随着边缘端基于视觉的 AI 应用越来越多，对于图片和视频等非结构化数据进行分析和存储的需求也越来越强：在智能工厂内，边缘计算节点需要对工业摄像头采集的图像进行实时分析并反馈结果；在智能物流的物流仓储中心中，需要对传送带上的包裹标签进行实时识别和确认；在安防中，NVR 对于摄像头传送的视频流进行实时的基于深度学习算法推理，并将原视频内容（包括元数据）和分析结果存储起来。根据 Gartner 的预测，到 2020 年，全球非结构化数据量将达到 35ZB，等于 80 亿块 4TB 硬盘，非结构化数据在存储系统中所占据的比例已接近 80%，数据结构变化给存储系统带来新的挑战。

此外，时序数据是边缘计算节点中保存和处理最多的数据类型。智能制造、交通、能源、智慧城市、自动驾驶、人工智能等行业都产生巨量的时序数据。例如，无人驾驶汽车在运行时需要监控各种状态：包括坐标、速度、方向、温度、湿度等，每辆车每天就会采集将近 8TB 的时序数据。这些数据在边缘计算节点中不仅要进行快速的保存，同时也需要实现实时的分析和多维度的查询操作，以揭示其趋势性、规律性、异常性等，甚至需要通过大数据分析、机器学习等实现预测和预警。

在这种情况下，使用传统数据库进行时序数据保存和查询的效率非常低，而时序数据库能够实现时序数据的快速写入，持久化、多纬度的聚合查询等基本功能。例如，开源的 InfluxDB 能够手动或使用脚本函数创建标签，并使用标签进行数据的索引，优化分析过程中的查询操作。

由于时序数据库面向的是海量数据的写入、存储和读取，单机很难解决，一般需要采用多机分布式存储。边缘节点处理时序数据的特点包括：

- 普遍都是写操作，占比为 95% ～ 99%。

- 写操作基本都是顺序添加数据。
- 很少更新。
- 块擦除。

由于边缘端对于时序数据有实时处理的需求，时序数据库也面临一些挑战，包括：

- 如何支持每秒上千万甚至上亿数据点的写入。
- 如何支持对上亿数据的秒级分组聚合运算。
- 如何进行数据压缩并以更低的成本存储这些数据。

2. 边缘存储类型

从存储介质角度来看，边缘存储分为机械硬盘和固态硬盘。机械硬盘泛指采用磁头寻址的磁盘设备，包括 SATA 硬盘和 SAS 硬盘。由于采用磁头寻址，机械硬盘性能一般，随机 IOPS 一般在 200 左右，顺序带宽在 150Mb/s 左右。固态硬盘是指采用“Flash/DRAM 芯片 + 控制器”组成的设备，根据协议的不同，又分为 SATA SSD、SAS SSD、PCIe SSD 和 NVMe SSD。

边缘计算节点数据存储包括持久性和非持久性数据存储。对于非持久性数据存储，考虑到高级分析功能的需求，至少需要 32GB 的 DRAM，以保证在分析过程中不会将内存页面调度到持久性存储介质中。而对于持久性存储，需要考虑不同应用环境的需求。例如，基于 3D XPoint 的 SSD 不能部署在有宽温需求的环境中；对于靠近设备部署的边缘计算节点，由于尺寸限制且不支持热插拔，一般选择使用 M.2 SSD；而对于边缘服务器或部署在中心机房的机架服务器，一般可以选择基于 PCIe NVMe 协议的 U.2 SSD 或 EDSFF SSD，以保证 IOPS、吞吐率等读写性能，并增加存储密度。

随着 NVMe-SSD 的出现，使用 Linux 文件系统，I/O 栈已经无法发挥出 NVMe 的性能。为了更好地发挥 SSD 固态硬盘的性能，英特尔开发了一套基于 NVMe-SSD 的开发套件 SPDK（Storage Performance Development Kit），它的目标是将固态存储介质的功效发挥到极致。相对于传统 I/O 方式，SPDK 采用用户态驱动和轮询方式来避免内核上下文切换和中断，这将会节省大量的处理开销，提高吞吐量，降低时延，减少抖动。相对于 Linux 内核，SPDK 对于 NVMe-SSD 的 IOPS/core 可以提升大约 8 倍，在虚机存储情况下，提升大约 3 倍。

从流程上来看，如图 2-25 所示，SPDK 主要包括网络前端、处理框架和存储后端。网络前端由 DPDK、网卡驱动、用户态网络服务构件等组成。DPDK 给网卡提供一个高性能的包处理框架，提供一个从网卡到用户态空间的数据快速通道。用户态网络服务则解析 TCP/IP 包并生成 i-SCSI 命令。处理框架得到包的内容，并将 i-SCSI 命令翻译为 SCSI 块级命令，不过在将这些命令送给后端驱动之前，SPDK 需要提供一个 API 框架以加入用户指定的功能，例如缓存、去冗、数据压缩、加密、RAID 和纠删码计算等，这些功能都包含在 SPDK 中。数据到达后端驱动，在这一层中与物理块设备发生交互，即读与写等。

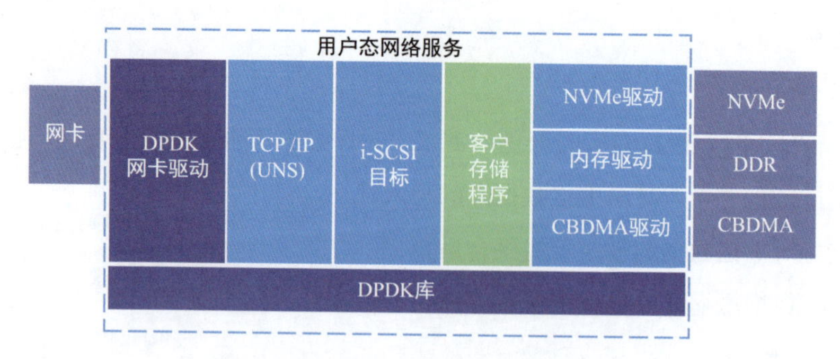

图 2-25 基于 SPDK 的存储网络架构

从产品定义角度来讲，存储分为本地存储（DAS）、网络存储（NAS）和存储局域网（SAN）。

- 本地存储就是本地盘，直接插到服务器上。
- 网络存储是指提供 NFS 协议的网络存储设备，通常采用“磁盘阵列 + 协议网关”的方式。
- 存储局域网跟网络存储类似，提供 SCSI/i-SCSI 协议，后端是磁盘阵列。

在计算和存储一体化存储架构中，一般设置四层数据存储，基于分布式存储软件引擎完全水平拉通，且支持基于强一致的跨服务器数据可靠性。

1）第一层存储：内存，时延 100ns，作为缓存，通过缓存算法管理。

2）第二层存储：PCIe SSD，时延 10μs（本地）～ 300μs（远地），作为缓存或最终存储。

3）第三层存储：本地存储，时延 5ms（本地）～ 10ms（远地），作为第四层存储的补充或替代。

4）第四层存储：存储局域网，时延 5ms（本地）～ 10ms（远地）。

将上述各层存储的热点数据读写推至更上一层存储，实现数据 I/O 吞吐及整个系统性能的大幅提升。

从应用场景角度来讲，存储分为文件存储、块存储和对象存储三大类。

2.5.4 边缘分布式存储

1. 集中式存储

集中式存储也就是整个存储是集中在一个系统中的。但集中式存储并不是一个单独的设备，而是集中在一套系统当中的多个设备。目前，企业级的存储设备大都是集中式存储。在这个存储系统中包含很多组件，除了核心的机头（控制器）、磁盘阵列（JBOD）和交换机等设备，还有管理设备等辅助设备。如图 2-26 所示为集中式存储基本逻辑图。

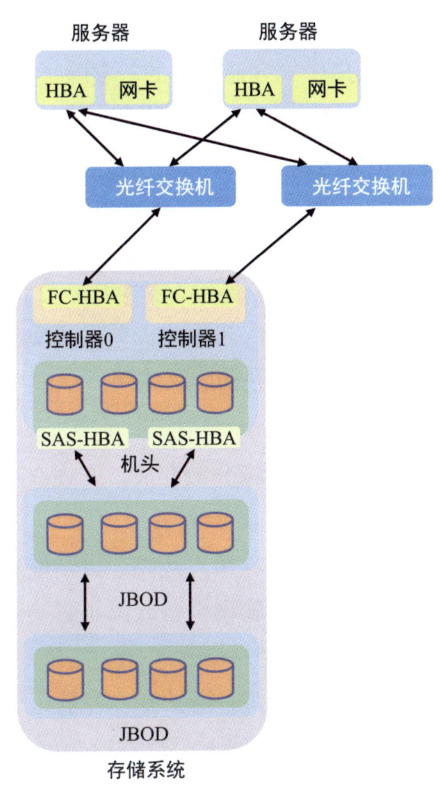

图 2-26　集中式存储基本逻辑图

在集中式存储中通常包含一个机头，这是存储系统中最核心的部件。通常，在机头中包含两个控制器，这两个控制器实现互备的作用，以避免硬件故障导致整个存储系统不可用。在该机头中通常包含前端端口和后端端口，前端端口用户为服务器提供存储服务，而后端端口用于扩充存储系统的容量。通过后端端口，机头可以连接更多的存储设备，从而形成一个非常大的存储资源池。可以看出，集中式存储最大的特点是有一个统一的入口，所有数据都要经过这个入口，也就是存储系统的机头。

在集中式存储中，机头可能成为制约系统扩展性的单点瓶颈和单点故障风险点。在虚拟化服务器整合环境中，成百上千个 VM 共享同一个存储资源池。一旦磁盘阵列控制器发生故障，将导致整体存储资源池不可用。尽管 SAN 控制机头自身有主备机制，但依然存在异常条件下主备同时出现故障的可能性。另外，在集群组网环境下，各计算节点的内存、SSD 作为分层存储的缓存彼此孤立，只能依赖集中存储机头内的缓存实现 I/O 加速；共享存储的集群内各节点缓存容量有限，但不同节点缓存无法协同，且存在可靠性问题，导致本可作为集群共享缓存资源的容量白白浪费。

2. 分布式存储

分布式存储（HDFS）是相对于集中式存储来说的。它除了传统意义上的分布式文件系统、分布式块存储和分布式对象存储，还包括分布式数据库和分布式缓存等。

分布式存储最早是由谷歌公司提出的，其目的是通过廉价的服务器解决大规模、高并发场景下的 Web 访问问题。面对信息化程度不断提高带来的 PB 级海量数据存储需求，以及非结构数据的快速增长，传统的存储系统在容量和性能的扩展上出现瓶颈。SAN 存储成本高，不适合 PB 级大规模存储系统。数据共享性不好，无法支持多用户文件共享。NAS 存储共享网络带宽，并发性能差。随着系统扩展，性能会进一步下降。分布式文件系统和分布式存储以其扩展性强、性价比高、容错性好等优势得到了业界的广泛认同。

分布式存储系统具有以下几个特点：

（1）高性能。分布式散列数据路由，数据分散存放，实现全局负载均衡，不存在集中的数据热点和大容量分布式缓存。

（2）高可靠。采用集群管理方式，不存在单点故障，灵活配置多数据副本，不同数据副本存放在不同的集群、服务器和硬盘上，单个物理设备故障不影响业务的使用，系统检测到设备出现故障后可以自动重建数据副本。

（3）高可扩展性。没有集中式机头，支持平滑扩容，容量几乎不受限制。

（4）易管理。存储软件直接部署在服务器上，没有单独的存储专用硬件设备，通过 Web UI 的方式进行软件管理，配置简单。

如图 2-27 所示，是分布式存储的简化架构图。在该系统的整个架构中，将服务器分为两种类型：一种名为 namenode，这种类型的节点负责管理数据（元数据）的管理；另外一种名为 datanode，这种类型的服务器负责实际数据的管理。

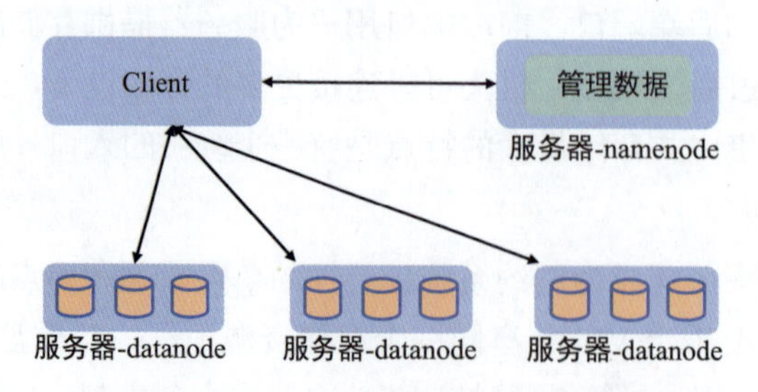

图 2-27　分布式存储的简化架构图

在图 2-27 中，如果客户端需要从某个文件读取数据，首先从 namenode 获取该文件的位置（具体在哪个 datanode），然后从该位置获取具体的数据。在该架构中，namenode 通常采用主备部署方式，而 datanode 则是由大量节点构成一个集群。由于元数据的访问频度和访问量相对数据都要小很多，因此 namenode 通常不会成为性能瓶颈，而 datanode 集群可以分散客户端的请求。因此，通过这种分布式存储架构可以通过横向扩展 datanode 的数量来增加承载能力，也即实现了动态横向扩展的能力。

（5）完全无中心架构——计算模式（Ceph）。如图 2-28 所示为 Ceph 无中心架构，该架构与 HDFS 不同的地方在于没有中心节点，客户端通过一个设备映射关系计算其写入数据的位置。这样客户端可以直接与存储节点通信，从而避免中心节点出现性能瓶颈。

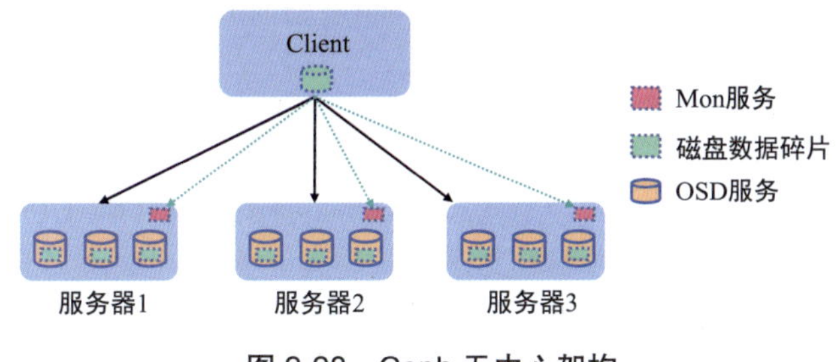

图 2-28　Ceph 无中心架构

在 Ceph 存储系统架构中，核心组件有 Mon 服务、OSD 服务和 MDS 服务等。对于块存储类型，只需要 Mon 服务、OSD 服务和客户端的软件即可。其中，Mon 服务用于维护存储系统的硬件逻辑关系，主要是服务器和硬盘等在线信息，Mon 服务通过集群的方式保证其服务的可用性。OSD 服务用于实现对磁盘的管理，实现真正的数据读写，通常一个磁盘对应一个 OSD 服务。

客户端访问存储的大致流程是，客户端在启动后首先从 Mon 服务拉取存储资源布局信息，然后根据该布局信息和写入数据的名称等信息计算出期望数据的位置（包含具体的物理服务器信息和磁盘信息），然后与该位置信息直接通信，读取或者写入数据。

（6）完全无中心架构——一致性散列（Swift）。与 Ceph 通过计算获得数据位置的方式不同，另外一种方式是通过一致性散列获得数据位置。例如，对于 Swift 的 ring 是将设备做成一个散列环，然后根据数据名称计算出的散列值映射到散列环的某个位置，从而实现数据的定位。

数据分布算法是分布式存储的核心技术之一，不仅要考虑数据分布的均匀性、寻址的效率，还要考虑扩充和减少容量时数据迁移的开销，兼顾副本的一致性和可用性。一致性散列算法因其不需要查表或通信即可定位数据，计算复杂度不随数据量增长而改变，且效率高、均匀性好、增加或减少节点时数据迁移量小等特性受到开发者的喜爱。但具体到实际应用中，这种算法也因其自身局限性遇到了诸多挑战，如在“存储区块链”场景下，几乎不可能获取全局视图，甚至没有一刻是稳定的；在企业级 IT 场景下，存在多副本可靠存储问题，数据迁移开销巨大。

参考文献

[1] 中国移动. 迈向 5G-C-RAN_ 需求 _ 架构与挑战. 2017.

[2] 中国联通. 中国联通 Edge-Cloud 边缘业务平台架构及产业生态白皮书. 2018.

[3] 中国电信. 中国电信 5G 技术白皮书. 2018.

[4] ITU-R M. 2083-0：IMT Vision – Framework and overall objectives of the future development of IMT for 2020 and beyond. 2015.

[5] ICT-317669-METIS/D1.5：Mobile and wireless communications Enablers for the Twenty-twenty Information Society（METIS）. 2015.

[6] IMT-2020（5G）推进组. 5G 愿景与需求. 2014.

[7] 胡飞瞳. 边缘存储将大行其道. https：//www.jianshu.com/p/585935132321.

[8] 深入浅出分布式存储的设计与优化之道——UCloud_TShare. https：//blog.csdn.net/Ucloud_TShare/article/details/84581488.

[9] Syed Noorulhassan Shirazi，Antonios Gouglidis，Arsham Farshad，et al. The Extended Cloud：Review and Analysis of Mobile Edge Computing and Fog From a Security and Resilience Perspective［C］// IEEE Journal on Selected Areas in Communications. 2017，35，11.

[10] Adi Shamir. Identity-based cryptosystems and signature schemes［C］// Advances in Cryptology. Springer. 1984，196：47-53.

[11] 边缘计算产业联盟，工业互联网产业联盟. 边缘计算参考架构 3.0 [R/OL]，（2018-11）[2019-4-15]. http：//www.ecconsortium.org.

[12] WANG C，CAO N，REN K，et al. Enabling secure and efficient ranked keyword search over outsourced cloud data［C］// IEEE Trans. Parallel Distrib. Syst. 2012，23（8）：1467-1479.

[13] S Kamara，C Papamanthou，T Roeder. Dynamic searchable symmetric encryption［C］//CCS，Raleigh，2012：965-976.

[14] SONG D X，D Wagner，A Perrig. Practical techniques for searches on encrypted data［C］// IEEE Symp. Secur. Privacy，Oakland，CA，2000：44-55.

[15] D Boneh，G Di Crescenzo，R Ostrovsky，et al. Public key encryption with keyword search［C］// Advances in Cryptology（Lecture Notes in Computer Science）. 2004，3027：506-522.

[16] LIN C，SHEN Z，CHEN Q，et al. A data integrity verification scheme in mobile cloud computing［C］// J. Netw. Comput.，2017，77：146-151.

[17] CAO N，WANG C，LI M，et al. Privacy-preserving multikeyword ranked search over encrypted cloud data［C］// IEEE Trans. Parallel Distrib. 2014，25（1）：222-233.

[18] LI J，MA R，GUAN H. TEES：An efficient search scheme over encrypted data on mobile cloud［C］// IEEE Trans. Cloud Comput. 2017，5（1）：126-139.

[19] J-L Tsai，N-W Lo. A privacy-aware authentication scheme for distributed mobile cloud computing services［C］// IEEE Syst. J.，2015，9（3）：805-815.

[20] A N Toosi，R N Calheiros，R Buyya. Interconnected cloud computing environments：Challenges，taxonomy，and survey［C］// ACM Comput. Surv. 2014，47（1）.

[21] D He，S Zeadally，L Wu，et al. Analysis of handover authentication protocols for mobile wireless networks using identity-based public key cryptography［C］// Comput. Netw. 2017，128：154-163.

[22] D S Touceda，J M S CÆmara，S Zeadally，et al. Attributebased authorization for structured peer-to-peer（P2P）networks，［C］// Comput. Standards Interfaces. 2015，42：71-83.

[23] YU S，WANG C，REN K，et al. Achieving secure，scalable，and fine-grained data access control in cloud computing［C］// 29th. IEEE Int. Conf. Comput. Commun.（INFOCOM），San Diego，2010：1-9.

[24] ZHOU L，V Varadharajan，M Hitchens.Achieving secure role-based access control on encrypted data in cloud storage［C］// IEEE Trans. Inf. Forensics Security. 2013，8（12）：1947-1960.

[25] HUANG Q，YANG Y，WANG L. Secure data access control with ciphertext update and computation outsourcing in fog computing for Internet of Things［C］// IEEE Access. 2017，5：12941-12950.

[26] D R Kuhn，E J Coyne，T R Weil. Adding attributes to role-based access control［C］// IEEE Comput. 2010，43（6）：79-81.

[27] NIU B，LI Q，ZHU X，et al. Enhancing privacy through caching in location-based services［C］// 34th IEEE Int. Conf. Comput. Commun.（INFOCOM），Hong Kong，2015：1017-1025.

[28] M Bahrami，M Singhal. A light-weight permutation based method for data privacy in mobile cloud computing［C］// Proc. 3th IEEE Int. Conf. Mobile Cloud Comput.，Services，Eng.（MobileCloud），San Francisco，2015：189-198.

[29] I Park，Y Lee，J Jeong. Improved identity management protocol for secure mobile cloud computing［C］// Proc. 46th Hawaii Int. Conf. Syst. Sci.（HICSS），Maui，2013：4958-4965.

[30] CHEN M，LI W，LI Z，et al. Preserving location privacy based on distributed cache pushing［C］// Proc. IEEE Wireless Commun.Netw. Conf.（WCNC），Istanbul，2014：3456-3461.

[31] F Kassem，F Huan，K G Shin. Anatomization and protection of mobile apps' location privacy threats［C］// Proc. 24th USENIX Conf. Secur. Symp.（USENIX），Washington，2015：753-768.

[32] 辉常观察 . http：//www.sohu.com/a/270050667_390251.

[33] 一篇文章讲透分布式存储 . https：//zhuanlan.zhihu.com/p/55964292.

[34] https：//aws.amazon.com/cn/greengrass/.

[35] https：//azure.microsoft.com/zh-cn/.

[36] https：//cloudplatform.googleblog.com.

[37] ote.baidu.com.

[38] 自动化博览：边缘计算 2018 专辑 . 2018

[39] 人工智能芯片技术白皮书（2018）.

第3章
边缘计算软件架构

在“云－边－端”的系统架构中，针对业务类型和所处边缘位置的不同，边缘计算硬件选型设计往往也会不同。例如，边缘用户端节点设备采用低成本、低功耗的ARM或者英特尔的Atom处理器，并搭载诸如Movidius或者FPGA异构计算硬件进行特定计算加速；以SDWAN为代表的边缘网络设备衍生自传统的路由器网关形态，采用ARM或者英特尔Intel Xeon-D处理器；边缘基站服务器采用英特尔至强系列处理器。相对硬件架构设计，系统软件架构却大同小异，主要包括与设备无关的微服务、容器及虚拟化技术、云端无服务化套件等。

以上技术应用统一了云端和边缘的服务运行环境，减少了因硬件基础设施的差异而带来的部署及运维问题。而在这些技术背后依靠的是云原生软件架构在边缘侧的演化。

典型的边缘系统软件架构如图3-1所示，本章节就其各个重要架构和组件进行介绍。

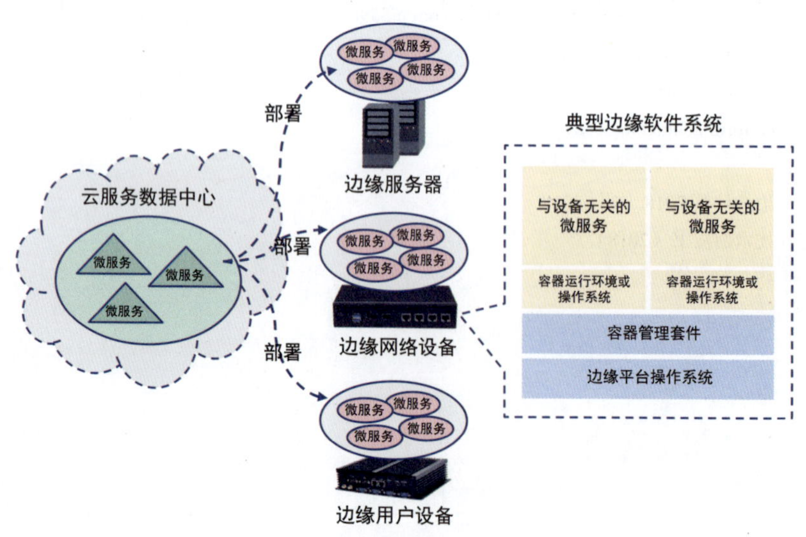

图3-1 典型的边缘系统软件架构

3.1　云原生

3.1.1　云原生的诞生

早期的应用程序运行在单独的一台计算机上完成有限的功能，它的开发是由规模较小的团队以面向需求、过程或者功能为主要的设计方法构建的。随着计算能力的提高和软件需求的复杂化，大型软件的开发需要由不同的软件团队协作完成。为了保证能够满足需求并提高软件的复用性，面向对象的设计模式和统一建模语言（Unified Modeling Language）成了软件架构设计的主流。云计算的诞生给软件开发的架构和方法带来了新的挑战，例如如何使得软件设计符合负载的弹性需求？如何快速使用集群扩展能力解决系统性能的瓶颈以实现水平扩容？如何使用敏捷开发模式快速迭代、开发、部署应用程序以达到高效的交付？如何使得基础设施服务化并按量支付？如何使得故障得到及时隔离并自动恢复？

于是，Matt Stine 提出了云原生概念，它是一套设计思想、管理方法的集合，包括 DevOps、持续交付、微服务、敏捷基础设施、康威定律等，以及根据商业能力对公司进行重组，如图 3-2 所示。

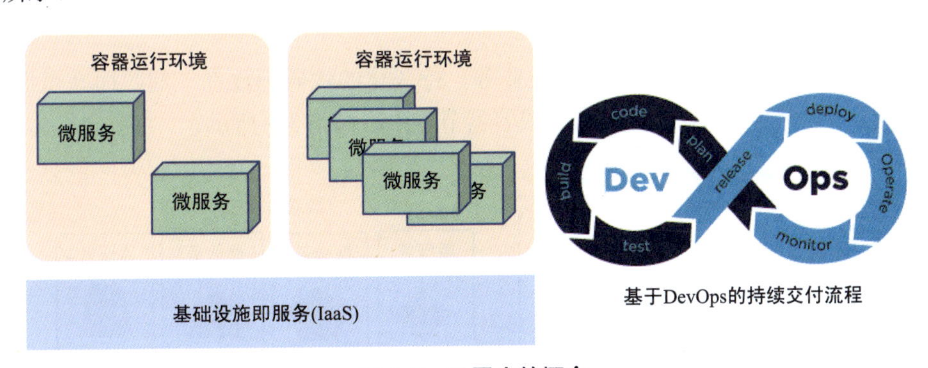

图 3-2　云原生的概念

1. 康威定律

Melvin Conway 在 1968 年发表的论文 *How Do Committees Invent* 指出，系统设计的结构必定复制设计该系统的组织的沟通结构。简单来说，系统设计（产品结构）等同于组织形式。每个设计系统的组织，其产生的设计等同于组织之间的沟通结构。例如，当团队里的所有员工在同一地点工作时，沟通成本较低，开发出来的软件耦合度比较高；若员工分散在不同地点甚至时区，协调沟通成本较高，开发出来的软件则更倾向于模块化，耦合度低。

2. 持续交付

在 DevOps 的方法中，开发人员提交新的代码后，立刻触发自动构建和（单元）测试，并及时地将测试结果反馈给开发团队，这是持续集成。持续交付是在持续集成的基础上，将测试通过的代码自动集成并部署到“类生产环境”中进行严格的自动测试，以确保业务应用和服务符合预期。更进一步，在持续交付的基础上，把部署到生产环境的过程自动化，实现最终的持续部署。

3. 微服务

微服务是一种架构模式，是将传统的单体架构模式的程序拆分为一组小的服务。这些小的服务可以被独立部署，运行于虚拟化或容器环境中。各个服务之间采用轻量级的通信机制相互沟通，是松耦合的。微服务通常完成单一的业务模块，对底层的物理硬件架构依赖较小，与设备无关。

4. 敏捷基础设施

提供弹性、按需计算、存储、网络资源能力。可以通过 OpenStack、KVM、Ceph、OVS 等技术手段实现。2015 年，Linux 基金会还专门成立了云本地化计算基金（Cloud Native Computing Foundation）。

3.1.2 单体架构和基于微服务的云原生架构

传统的单体应用模式是把所有展示、业务、持久化的代码都放在一起，而在微服务模式下，应用则是将子业务分布在不同的进程或容器节点中，如图 3-3 所示。

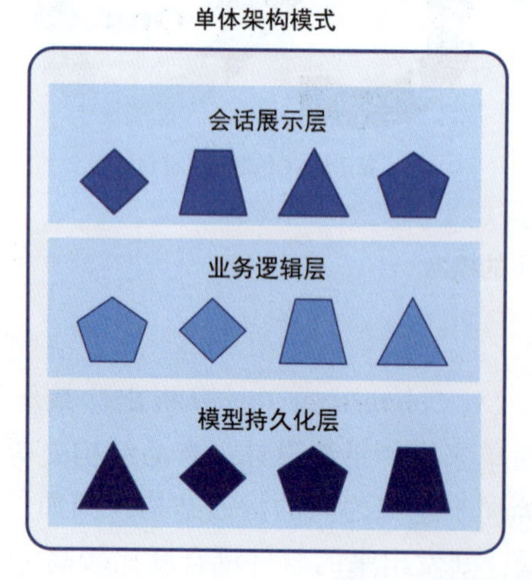

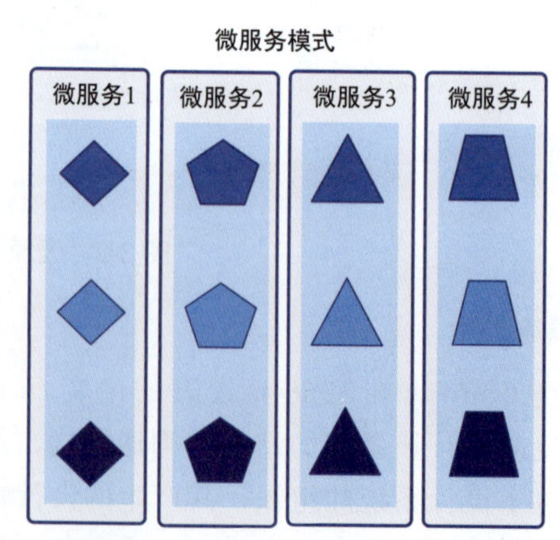

图 3-3 单体架构和微服务架构比较

传统单体架构和云原生架构的比较如表 3-1 所示。

表 3-1　传统单体架构和云原生架构的比较

项目	传统单体架构	云原生架构
系统架构弹性和稳定性	易变，很难预测。传统的应用程序在其体系结构或开发方式上受到需求变化和定制的影响。这些老系统中的许多应用都是单一独立的，需要更长的时间来构建、升级。基于瀑布式批量发布的方法，应用程序的扩展只能逐渐完成。这些系统中的大多数程序不会在开发环境或测试环境中部署，需要高度的人工干预，容易出现单点故障	一致性和可预测性。云原生应用程序开发框架旨在通过可预测的行为，最大限度地提高系统的弹性。例如，可以使用高度自动化、容器驱动的基础设施将传统的应用程序从本地部署移动到云中，利用公共云的基础设施重新对这些较旧的代码进行平台化改造，使用自动化的开发测试和生产环境重新部署到一致性的基础结构上
操作系统耦合度	操作系统的依赖。传统应用程序的体系结构将应用程序、底层操作系统、硬件、存储及后台服务紧密地耦合在一起。这些依赖使应用程序很难在不同的平台或新的基础设施上进行移植和扩展	操作系统的抽象。云原生应用程序体系结构允许开发人员使用抽象的运行平台，从而摆脱对底层基础设施的各种依赖关系。团队关注的不是配置、修补和维护操作系统，而是软件本身
系统设计和资源利用的灵活性	过度设计。传统单体应用程序是基于定制化的基础设施进行设计的，从而延长了应用程序的部署周期。通常基于最坏情况下的容量估计，规模过大	高效的资源利用率。云原生的运行时管理工具优化了应用程序的生命周期，包括基于需求的扩展、提高资源利用率、最小化故障恢复的停机时间
团队协作程度	组织化和流程化的隔阂。传统的 IT 操作是将完成的应用程序代码从开发人员移交给操作人员，然后在生产环境中运行。组织优先权优先于客户价值，导致内部冲突、交付缓慢，以及员工士气低落等问题	促进协同。云原生模式是人、过程和工具的结合，促进了软件开发和管理流程之间的紧密协作，加快了应用程序代码从开发到生产环境的交付和部署速度
软件开发交付方式	瀑布式开发。开发团队定期发布软件，通常间隔几周或几个月。客户想要或需要的功能被延迟，企业将错过竞争、赢得客户的机会	持续交付。开发团队发布独立的微服务软件的更新，获得更紧密的反馈回路，能更有效地响应客户的需求
软件子系统耦合度	紧耦合。单一应用架构将许多不同的服务捆绑到一个部署包中，服务之间有很多不必要的依赖性，导致开发和部署丧失灵活性	松耦合。微服务体系结构将应用程序分解为小的、松散耦合的独立服务。这些服务映射到更小的、独立的开发团队，进行频繁、独立的更新，从而使得扩展、故障转移或重启不会影响其他服务，降低停机成本
运维扩展的复杂度	人工扩展。传统基础设施包括服务器、网络和存储配置。在基础设施扩展中，操作人员很难快速诊断和解决复杂的问题	自动化的扩展性。基础设施自动化的扩展能力消除了人为错误造成的停机事件。在任何规模的部署中始终应用一致性的规则
备份和恢复机制	糟糕的备份和恢复机制。大多数传统单体架构都缺乏自动化备份能力和灾难恢复能力	自动备份和恢复。业务流程被部署到跨虚拟机集群的容器中实现动态管理，以便在应用程序或基础架构发生故障时提供弹性扩展、恢复和重启服务

3.2 微服务

3.2.1 微服务的架构组成

微服务架构如图 3-4 所示，主要由以下几个部分组成。

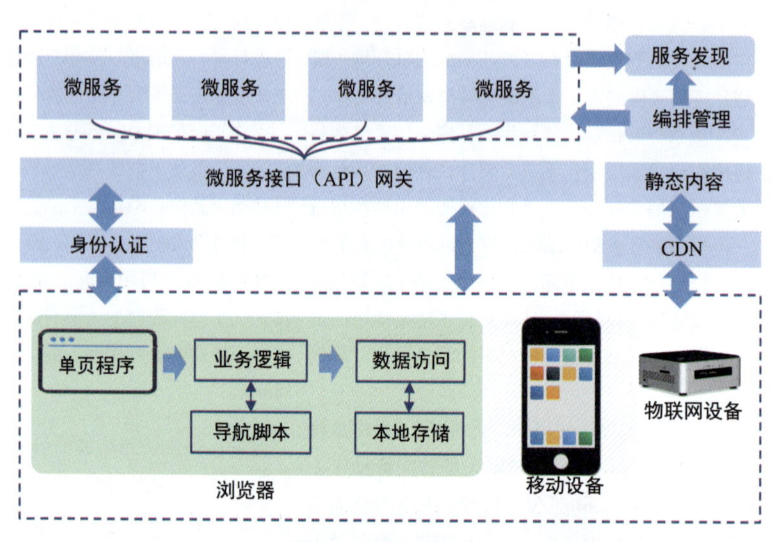

图 3-4 微服务架构

（1）客户端。支持不同类型设备的接入，例如运行在浏览器里面的单页程序、移动设备和物联网设备等。

（2）身份认证。为客户端的请求提供统一的身份认证，然后请求再转发到内部的微服务。

（3）微服务接口（API）网关。作为微服务的入口，提供同步调用和异步消息两种访问方式。同步消息使用 REST（Representational State Transfer），依赖于无状态 HTTP。异步消息使用 AMQP、STOMP、MQTT 等应用。

（4）编排管理。注册、管理、监控所有的微服务，发现和自动恢复故障。

（5）服务发现。维护所有微服务节点列表，提供通信路由查找。

此外，每个微服务都由一个私有数据库来保存数据。微服务的业务功能的生命周期应尽量精简、无状态。

3.2.2 边缘计算中的微服务

云端数据中心根据实时性、安全性和边缘侧异构计算的需求，将微服务灵活地部署到边缘的用户设备、网关设备或小型数据中心。这体现了分布式边缘计算比传统集中式云计算拥有更大优势，而微服务即是算力和 IT 功能部署的载体和最小单位。在边缘设备注册到云服务器提供商以后，这种微服务的部署对于终端用户是非常容易的甚至无感的。

亚马逊、微软 Azure 云服务提供商都给出了使用边缘计算加快机器学习中神经网络推理的案例，如图 3-5 所示。机器学习根据现有数据所学习（该过程称为训练）的统计算法，对新数据做出决策（该过程称为推理）。在训练期间，将识别数据中的模式和关系以建立模型。该模型让系统能够对之前从未遇到过的数据做出明智的决策。在优化模型过程中会压缩模型大小，以便快速运行。训练和优化机器学习模型需要大量的计算资源，因此与云是天然良配。但是，推理需要的计算资源要少得多，并且往往在有新数据可用时实时完成。要想确保物联网应用程序能够快速响应本地事件，必须能够以非常低的时延获得推理结果。

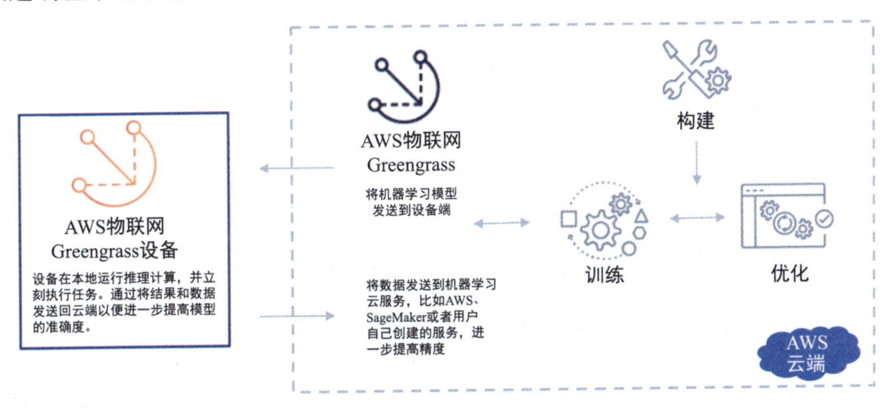

图 3-5 亚马逊将机器学习的推理微服务部署到边缘侧

微软 Azure 的视频流分析系统如图 3-6 所示，提供了运行于物联网设备的容器中的跨平台方案。在云端只需简单配置就可以将机器学习的实时媒体流分析服务部署到靠近用户侧的物联

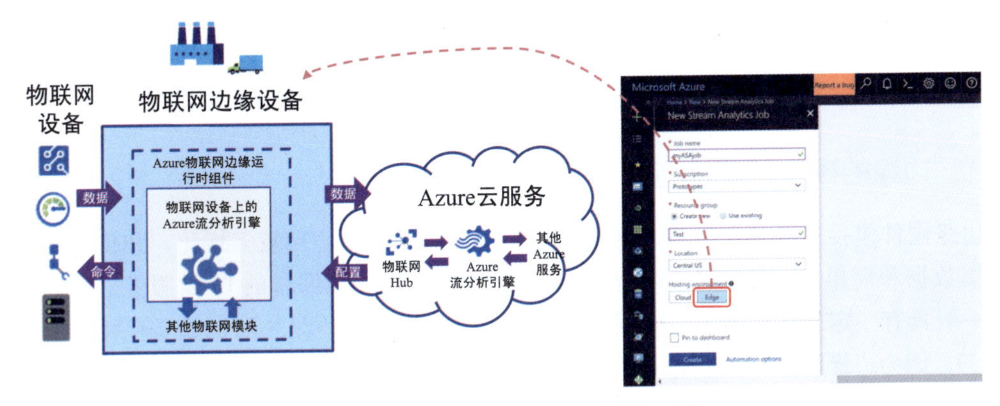

图 3-6 微软 Azure 的视频流分析系统

网设备之上。

在云计算领域，传统 IT 软件的微服务化已经得到了充分的演化，趋于成熟。如前所述，边缘计算是传统的工业领域的 OT（Operational Technology）、通信领域的 CT（Communications Technology）和 IT 的融合，而大部分的 CT 和 OT 的软件是基于整体式架构根据定制的需求开发的。传统 CT 和 OT 软件的微服务化是目前边缘计算产品落地的重要方面之一。

3.3 边缘计算的软件系统

传统云计算是将微服务部署于虚拟机中，OpenStack 提供了云平台的基础设施。边缘计算是云平台的延伸，但缺少云数据中心的高性能服务器物理设施来部署和运行完整的虚拟化环境。于是，轻量级的容器取代了虚拟机成了边缘计算平台的标准技术之一。2017 年，谷歌公司开发的 Kubernetes 成了边缘计算平台标准的容器管理编排平台。

从软件架构角度上来看，一个简化的边缘系统由边缘硬件、边缘平台软件系统和边缘容器系统组成，如图 3-7 所示。

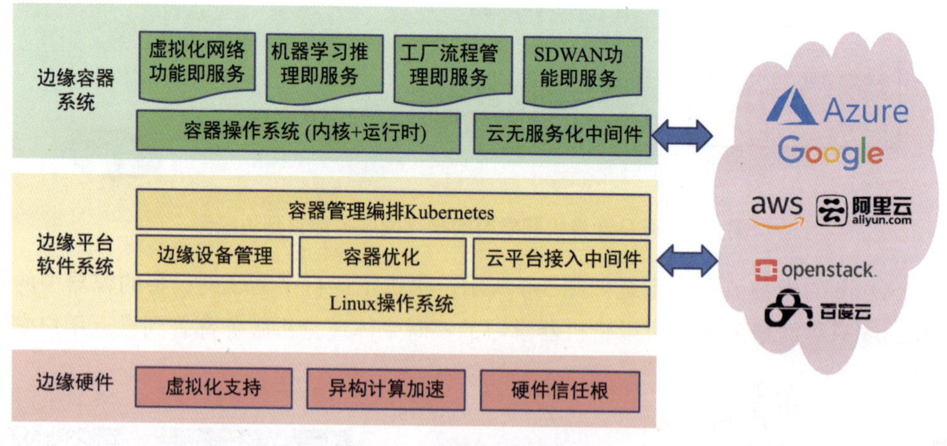

图 3-7 简化的边缘系统

3.3.1 边缘的硬件基础设施

边缘硬件包括边缘节点设备、网络设备和小型数据中心，比较多样化。和传统物联网设备采集数据和简单数据处理不同，边缘硬件需要运行从云端部署的 IT 微服务。所以，边缘硬件一般具有一定的计算能力，使用微处理芯片（MPU）而不是物联网设备使用的微控制器（MCU）。因为边缘计算可以应用到各种领域，如工业、运输、零售、通信、能源等，所以硬件系统也是多种多样的，从低功耗树莓派（Raspberry）系统，到英特尔的酷睿系统，甚至至强系统。微软的Azure物联网云就支持多达1000种设备的认证。

云端的基础设施被抽象成计算节点、网络节点和存储节点，以屏蔽底层基础设施的差异化。而边缘硬件往往使用异构的计算引擎进行加速以满足低功耗、实时性和定制化计算的需求，最常见的是使用FPGA、Movidius、NPU对机器学习神经网络推理的加速。而这些异构计算加速引擎很难在云端进行大规模部署和运维。

边缘设备硬件更加靠近数据源和用户侧，设备和系统的安全相比云数据中心更具有挑战性。和传统物联网设备一样，集成基于硬件的信任根可以极大地保障边缘系统的安全，同时也可以极大地降低网络通信的开销，提高微服务的实时性。如果每次微服务调用都需要通过云做认证，就会带来极高的时延。在芯片方面，ARM的Trustzone、英特尔的TPM/PTT都提供了底层的基于硬件的信任根的支持，同时英特尔的SGX也提供了运行态的安全隔离。

以Docker为主的容器技术是边缘设备上微服务的运行环境，并不需要特殊的虚拟化支持。然而，硬件虚拟化可以为Docker容器提供更加安全的隔离。2017年年底，OpenStack基金会正式发布基于Apache 2.0协议的容器技术Kata Containers项目，主要目标是使用户能同时拥有虚拟机的安全及容器技术的迅速和易管理性。

3.3.2 容器技术

云服务提供商使用虚拟化或者容器来构建平台及服务。如图3-8所示，应用程序和依赖的二进制库被打包运行在独立的容器中。在每个容器中，网络、内存和文件系统是隔离的。容器引擎管理所有的容器。所有的容器共享物理主机上的操作系统内核。

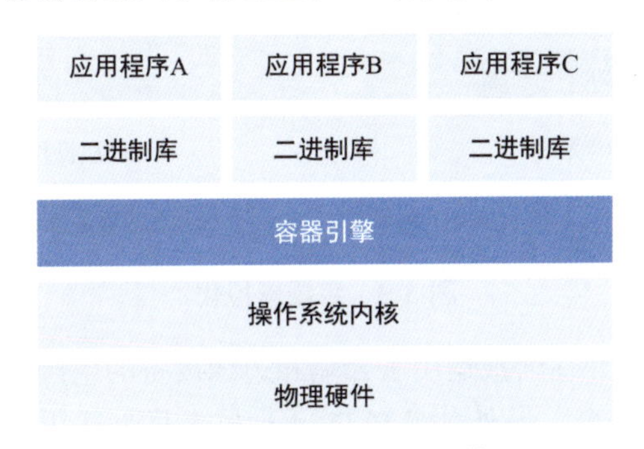

图3-8 典型的容器架构

如上所述，以Docker为主的容器技术逐渐成为边缘计算的技术标准，各大云计算厂商都选择容器技术构建边缘计算平台的底层技术栈。

边缘计算的应用场景非常复杂。从前面的分析可以清晰地看到边缘计算平台并不是传统意义上的只负责数据收集转发的网关。更重要的是，边缘计算平台需要提供智能化的运算能力，而且能产生可操作的决策反馈，用来反向控制设备端。过去，这些运算只能在云端完成。现在需要将

Spark、TensorFlow 等云端的计算框架通过裁剪、合并等简化手段迁移至边缘计算平台，使得能在边缘计算平台上运行云端训练后的智能分析算法。因此，边缘计算平台需要一种技术在单台计算机或者少数几台计算机组成的小规模集群环境中隔离主机资源，实现分布式计算框架的资源调度。

边缘计算所需的开发工具和编程语言具有多样性。目前，计算机编程技术呈百花齐放的趋势，开发人员运用不同的编程语言解决不同场景的问题已经成为常态，所以在边缘计算平台也需要支持多种开发工具和多种编程语言的运行时环境。因此，在边缘计算平台使用一种运行时环境的隔离技术便成为必然的需求。

容器技术和容器编排技术逐渐成熟。容器技术是在主机虚拟化技术后最具颠覆性的计算机资源隔离技术。通过容器技术进行资源的隔离，不仅对 CPU、内存和存储的额外开销非常小，而且容器的生命周期管理也非常快捷，可以在毫秒级的时间内开启和关闭容器。

3.3.3 容器虚拟化

与云计算中使用的主机虚拟机不同，容器技术的初衷是轻量级的、基于 Linux 操作系统的内核命名空间的资源隔离，用于简化 DevOps 的流程。容器的应用程序共享主机操作系统的内核，并不像虚拟机系统那样完全使用虚拟化隔离。容器虚拟化如图 3-9 所示。

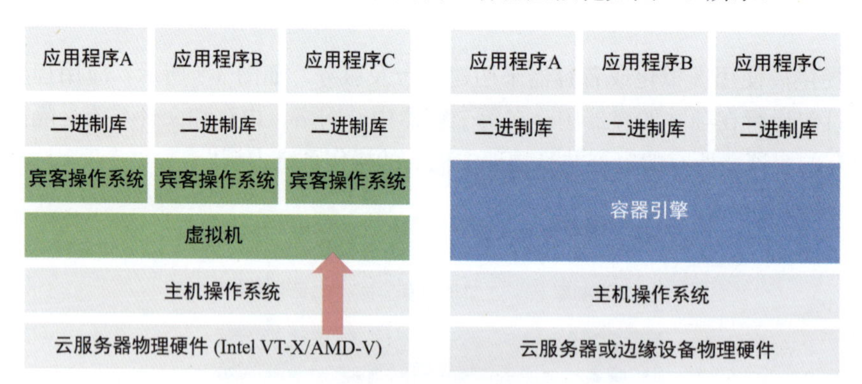

图 3-9　容器虚拟化

随着容器技术的成熟，并逐渐被运用于云端和边缘设备的生产环境中，纯软件的基于内核命名空间的隔离显得不够安全。另外，最初 Docker 技术只是适用于 Linux 系统，而不适用于 Windows 系统，微软公司也在积极推动 Windows Server 的容器化以及跨操作系统的容器化。于是，结合使用英特尔的 VT-X 和 AMD 的 AMD-V 虚拟化技术和容器管理技术，容器虚拟化技术诞生了。

2015 年，微软和 Docker 公司联合发布了 Windows Server 的 Docker 支持，包括 Hyper-V 容器、NanoServer、最小化的 Windows Server 的 footprint 安装包，针对云环境高度优化，是容器运行的理想环境。

微软全新的容器解决方案实现了资源的隔离，同时通过跨平台的 Docker 集成来提供持续的敏捷性和高效性，这个领域之前被物理机方案或者虚拟机方案垄断。微软公司的 Windows Server 包括两种容器方式，如图 3-10 所示。

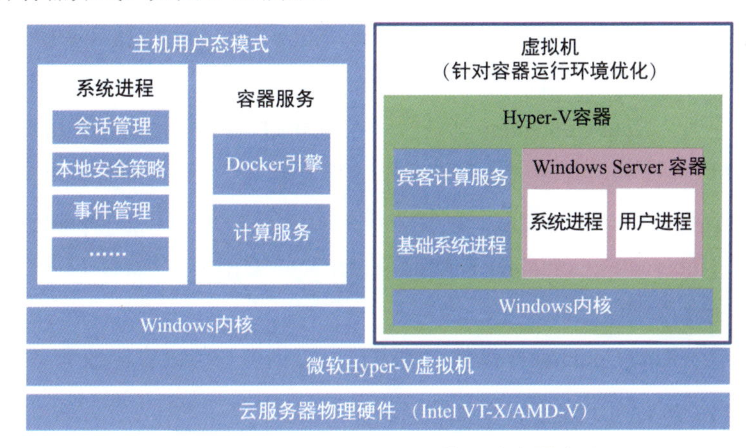

图 3-10　Windows Server 的两种容器方式

共用系统核心资源的 Windows Server 容器，更像 Linux 系统中的 Docker 容器。拥有独立系统核心资源的 Hyper-V 容器，更像包装了虚拟机能力的容器。

如图 3-11 所示，OpenStack 基金会发布了开源项目 Kata Containers，该项目立足于英特尔

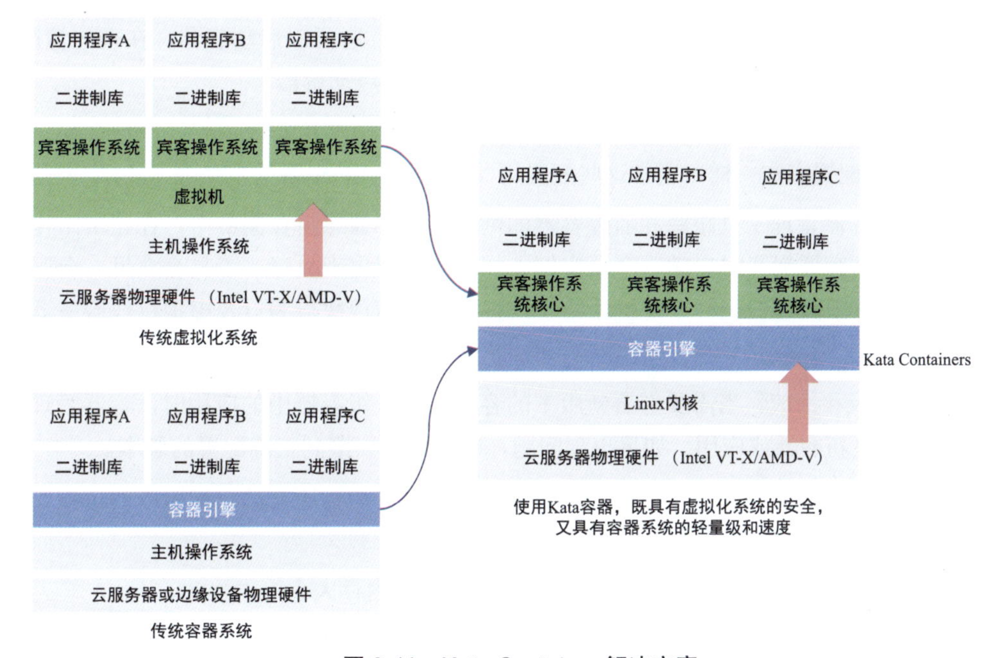

图 3-11　Kata Container 解决方案

贡献的 Intel Clear Containers 技术以及 Hyper 提供的 runV 技术，其目标是将虚拟机（VM）的安全优势与容器的高速及可管理性等特点结合起来，为用户带来最出色的容器解决方案，同时提供强大的虚拟机机制。

Kata Containers 项目最初包括 Agent、Runtime、Shim、Proxy、内核和 QEMU 2.9 六个组件，能够运行在多个虚拟机管理程序上。其优势包括：

- 强大的安全性。Kata Containers 运行在一个优化过的内核上，基于 Intel VT 技术能够提供针对网络、I/O 和内存等资源硬件级别的安全隔离。
- 良好的兼容性。Kata Containers 兼容主流的容器接口规范，如 Open Container Initiative（OCI）和 Kubernetes Container Runtime Interface（CRI），也兼容不同架构的硬件平台和虚拟化环境。
- 高效的性能。Kata Containers 优化过的内核可以提供与传统容器技术一样的速度。

3.3.4 容器管理编排和 Kubernetes

1. 容器编排工具的功能

运行一个容器，就像一个乐器单独播放它的交响乐乐谱。容器编排允许指挥家通过管理和塑造整个乐团的声音来统一管弦乐队，提供了有用且功能强大的解决方案，用于跨多个主机协调创建、管理和更新多个容器，具体包括：

（1）部署。这些工具在容器集群中提供或者调度容器，还可以启动容器。在理想情况下，它们会根据用户的需求，例如资源和部署位置，在虚拟机中启动容器。

（2）配置脚本。脚本保证把指定的配置加载到容器中，和 Juju Charms、Puppet Manifests 或 Chef recipes 的配置方式一样，通常这些配置用 YAML 或 JSON 编写。

（3）监控。容器管理工具跟踪和监控容器的健康，将容器维持在集群中。在正常工作情况下，监视工具会在容器崩溃时启动一个新实例。如果服务器出现故障，工具会在另一台服务器上重启容器。这些工具还会运行系统健康检查，报告容器不规律行为以及虚拟机或服务器的不正常情况。

（4）滚动升级和回滚。当需要部署新版本的容器或者升级容器中的应用时，容器管理工具会自动在集群中更新容器或应用。如果出现问题，它们允许回滚到正确配置的版本。

（5）服务发现。在旧式应用程序中，需要明确指出软件运行所需的每项服务的位置。而容器使用服务发现来找到它们的资源位置。

（6）策略管理。指定容器的运行资源，如 CPU 个数、内存大小等。

（7）互操作。容器管理编排工具需要和容器以及容器运行时相兼容。

2. 容器管理编排工具

（1）Docker Swarm。由 Docker 开发人员设计，是内置的编排功能，适合小规模集群部署。

（2）Kubernetes。谷歌公司开发的开源容器管理工具，提供高度的互操作性、自我修复、自动升级回滚以及存储编排等功能，已经成为边缘计算的技术标准。

（3）Mesosphere Marathon。Marathon 是为 Mesosphere DC/OS 和 Apache Mesos 设计的容器编排平台。DC/OS 是基于 Mesos 分布式系统内核开发的分布式操作系统。Mesos 是一款开源的集群管理系统。Marathon 提供有状态应用程序和基于容器的无状态应用程序之间的管理集成。

3. Kubernetes

2018 年，Linux 基金会和 Eclipse 基金会合作，把在超大规模云计算环境中已被普遍使用的 Kubernetes 带入物联网边缘计算场景中。新成立的 Kubernetes 物联网边缘工作组将采用运行容器的理念并扩展到边缘，促进 Kubernetes 在边缘环境中的使用。该工作组将推动 Kubernetes 的演进以适应物联网边缘应用的需求，工作内容包括：

- 支持将工业物联网的连接设备数量扩展到百万量级，既可支持 IP 设备以直连方式接入 Kubernetes 云平台，又可支持非 IP 设备通过物联网网关接入。
- 利用边缘节点，让计算更贴近设备侧，以便降低时延、减小带宽需求和提高可靠性，满足用户实时、智能、数据聚合和安全需求。将流数据应用部署到边缘节点，降低设备和云平台之间通信的带宽。部署无服务器应用框架，使得边缘侧无须与云端通信，便可对某些紧急情况做出快速响应。
- 在混合云和边缘环境中提供通用控制平台，以简化管理和操作。Kubernetes 的主要组成部分如图 3-12 所示。
- 节点：一个节点是一台运行于 Kubernetes 中的主机。
- 容器组：一个 Pod 对应由若干容器组成的一个容器组，同一个组内的容器共享一个存储卷。
- 容器组生命周期：包含所有容器状态集合，包括容器组状态类型、容器组生命周期、事件、重启策略以及 Replication controller。
- 副本控制：主要负责指定数量的 Pod 在同一时间一起运行。
- 服务：一个 Kubernetes 服务是容器组逻辑的高级抽象，同时也对外提供访问容器组的策略。
- 卷：一个卷就是一个目录，容器对其有访问权限。
- 标签：标签是用来连接一组对象的，如容器组。标签可以被用来组织和选择子对象。
- 接口权限：端口、IP 地址和代理的防火墙规则。
- Web 界面：用户可以通过 Web 界面操作 Kubernetes。
- 命令行操作：kubecfg 命令。

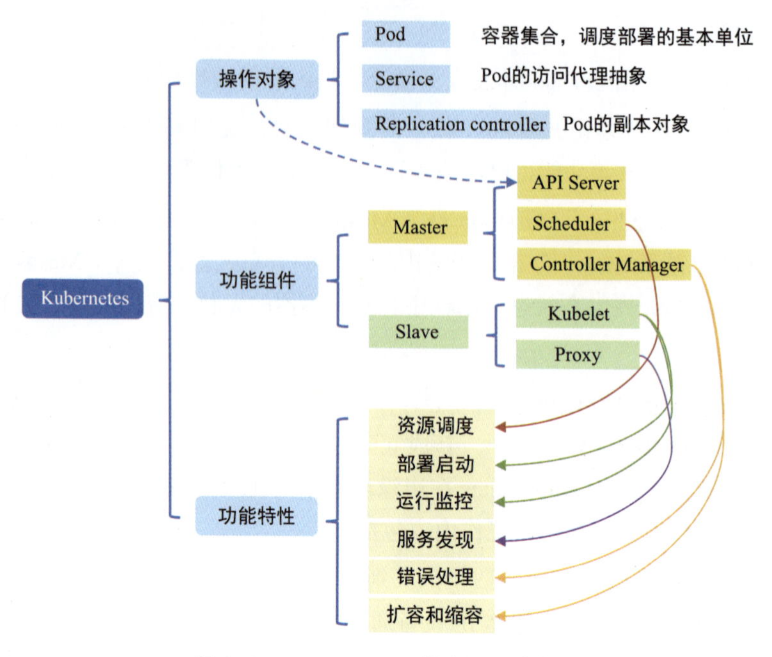

图 3-12 Kubernetes 的主要组成部分

3.3.5 边缘平台操作系统

1. 边缘软件系统组成

以 Docker 技术为标准的边缘软件系统主要包含如图 3-13 所示的操作系统。

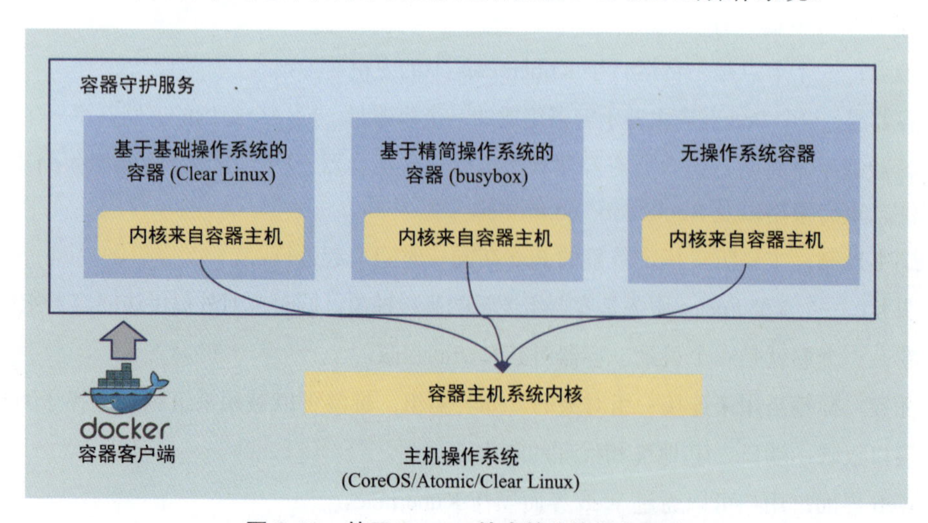

图 3-13 基于 Docker 技术的边缘操作系统

（1）容器主机操作系统。运行在物理主机或者虚拟机之上。Docker 的客户端和守护进程运行在主机操作系统中，启动和管理 Docker 容器。比较有代表性的有 CoreOS、Atomic、RancherOS、Clear Linux。

（2）容器基础操作系统。运行在单独的 Docker 容器内，云端根据业务可以定制容器基础操作系统的镜像，然后部署在边缘侧。如果容器的主机操作系统是基于 Linux 系统的，那么容器基础操作系统不是必需的。根据业务和应用场景，基础操作系统的选择比较广泛，例如 OpenWrt 着重提供网络工具的依赖，Clear Linux 提供英特尔指令集的性能优化等。

容器中运行的可以是一个完整的基础操作系统，也可以是精简的或者更加轻量级的操作系统，甚至可以只包含应用程序和必要的依赖库而没有完整的操作系统。若没有硬件 VT-X 和容器虚拟化的支持，容器中的内核共享主机系统的内核。出于对安全性的考虑，越来越多的方案会考虑使用具有硬件虚拟化隔离能力的 Kata 容器。

主流的主机操作系统及对比如表 3-2 所示。

表 3-2 主流的主机操作系统及对比

项 目	CoreOS	RancherOS	Atomic	Clear Linux
上市时间	2013 年 8 月	2015 年 2 月	2015 年 3 月	2015 年 5 月
开发商	CoreOS，获得谷歌公司投资	Rancher Lab，原 Cloud Stack 团队	红帽公司	英特尔公司
支持的容器	Docker，Rocket	Docker	Docker，Rocket	Docker，Kata
调度编排工具	基于 Kubernetes 的 Tectonic	RKE（Rancher Kubernetes Engine）	Kubernetes，Cockpit UI	Kubernetes
镜像尺寸	161MB	22MB	大于 300MB	小于 200MB
安全加强	镜像和应用签名，自动化软件更新	隔离的系统和用户容器	SELinux	Kata 容器的虚拟化隔离，实时 CVE 补丁更新，快速滚动升级

2. Clear Linux 系统及其特点

这里值得一提的是 Clear Linux，它是英特尔公司开发的开源 Linux 发行版，具有滚动升级、性能的指令级别优化、自动化的 DevOps 工具等功能，主要应用于云计算和边缘计算场景。具体的特点有：

（1）支持 AutoFDO 技术。编译程序时进行自动优化。

（2）集成了编译器的 FMV（函数多版本）技术。GCC4.8 提供的自动使用硬件体系架构的优化指令集，针对一个函数编译出多个版本，运行时会根据当前的硬件体系架构执行不同的版本，同一个操作系统的镜像将自动适配不同的硬件体系架构。

（3）集成了 Kata 容器，提供硬件虚拟化的安全隔离。

（4）性能。基于编译时优化和函数多版本技术，Clear Linux 提供的二进制在默认情况下就包含了硬件架构提供的指令集优化。

（5）无状态设计。Clear Linux 将操作系统和用户配置完全地隔离开来。

（6）模块化的设计。Clear Linux 提出了 Bundle 的概念，将模块化的功能和所依赖的库包装在一个 Bundle 中，解决了传统 Linux 发行版中复杂的包依赖问题。

（7）Mixer 工具。Clear Linux 提供了镜像定制工具，可以很方便地为云计算、边缘设备等各种应用场景定制镜像。

（8）先进的软件更新能力。Clear Linux 提供基于操作系统的整体更新和差异化更新方式。

（9）安全。Clear Linux 发行版自身的 DevOps 提供了自动跟踪、更新上游软件的能力，及时为多达 4000 个上游软件包集成安全补丁。

目前，微软的 Azure、亚马逊的 AWS、阿里巴巴的 AliCloud 等云服务提供商都在云宾客操作系统市场中为用户给出了基于 Clear Linux 镜像。

当使用 Clear Linux 作为主机操作系统时，安装 Kubernetes 和 Kata 容器非常简单，只需要使用 swupd 安装 cloud-native-basic，进行几步配置即可。具体步骤请参考 Clear Linux 官方网站。

不仅如此，使用 Clear Linux 作为容器基础操作系统，会有如下的好处：

- Clear Linux 的镜像在编译时就使用不同的硬件架构指令进行了优化，当微服务被部署到多样复杂的边缘硬件基础设施上时，只需要使用相同的基于 Clear Linux 的镜像。
- Clear Linux 提供的 Bundle、Mixer 工具可以用来为不同的边缘业务对容器的镜像进行定制。
- 当 Clear Linux 为云服务器虚拟机部署宾客操作系统时，在边缘端使用 Clear Linux 可使得云端和边缘侧保持一致，更加容易部署。

3.3.6 基于 StarlingX 的边缘云平台

StarlingX 是由 OpenStack Foundation 于 2018 年推出的独立项目，为分布式边缘云提供软件架构支撑。从定位上来说，StarlingX 是一个高可用、高可靠、可扩展的边缘云软件堆栈，整合了 OpenStack、Kubernetes、Ceph 等开源项目组件，可为边缘端提供计算、存储、网络、虚拟化等基础设施资源。

1. StarlingX 设计原则

在不同边缘服务场景下，对边缘软件平台的核心能力的要求也有所不同。以智能车联网为例，用户和计算设备数量呈动态性增加，因此需要支持边缘基础架构的快速部署和扩展。而在智慧城市场景下的视频监控方面，核心需求则是提升边缘侧对视频流的分析和处理能力。相应地，边缘软件平台需要支持对加速硬件、AI 芯片等边缘硬件设备的管理和应用。而在一些小型的边缘应用场景中，边缘软件平台只需要提供最基础的云计算服务支撑即可。

因此，边缘软件平台在部署架构上的灵活性至关重要。针对以上灵活多变的需求，OpenStack Foundation 在提出 StarlingX 软件架构时，定义了一个核心目标：StarlingX 需要成为“可快速落地”的边缘软件架构平台。因此，在部署方式、规模和服务组件数量上，StarlingX 都是灵活且可配置的。可根据用户业务需求，选择单节点、双节点或者标准化的大规模部署。并可以结合边缘服务的不同特性，选择是否开启裸机高级管理服务、加速硬件管理服务等。

概括来说，StarlingX 将体现灵活、高可用、安全性、可维护性好等特点，All-in-One Simplex 部署模式如图 3-14 所示。

1）灵活小巧的架构：在单台服务器上就可使用虚拟机，无须硬件冗余。

2）高可用：控制节点 HA，物理节点故障自动恢复。

3）安全性：平台和用户安全性管理。

4）可维护性：从硬件到虚拟资源的全方面监控，实时定位故障。

All-in-One Duplex 部署模式如图 3-15 所示。

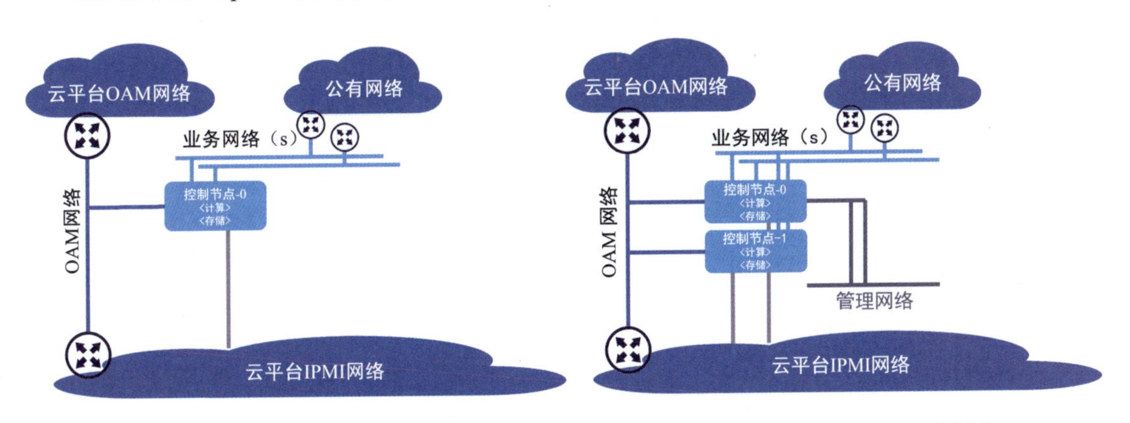

图 3-14 All-in-One Simplex 部署模式　　图 3-15 All-in-One Duplex 部署模式

2. StarlingX 架构层次和核心功能

StarlingX 从两个层次定义了边缘软件架构，如图 3-16 所示。第一个层次是基础设施服务，以 OpenStack 为核心，同时包含其他 UpSteam 项目，比如 Kubernetes、Ceph、Centos 等，主要提供基础设施资源支撑。第二个层次是边缘平台管理服务，即 StarlingX 的六大核心组件，强化边缘平台在基础资源管理、安全管理、高可用方面的能力。

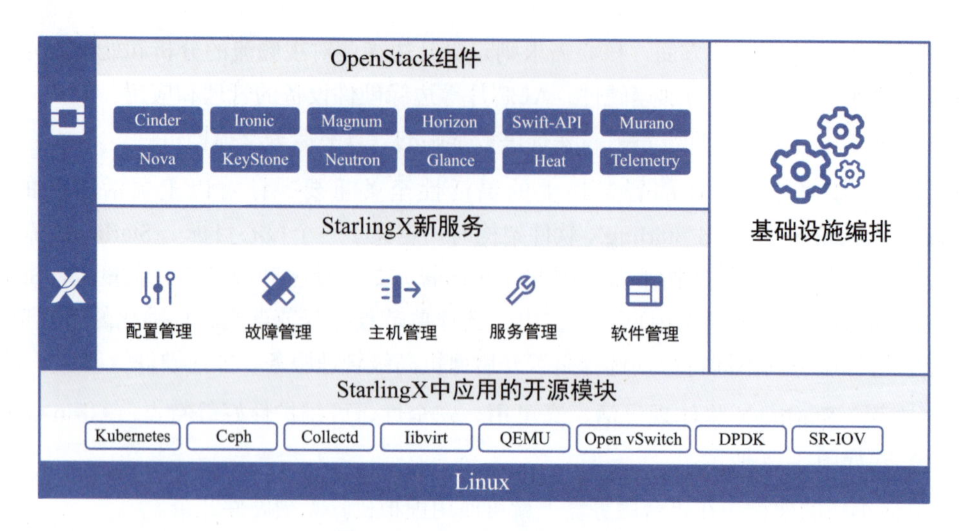

图 3-16　StarlingX 软件架构

（1）基础设施服务。StarlingX 的基础层核心为 OpenStack Kernel，包括计算服务（Nova）、网络服务（Neutron）、存储服务（Cinder）、认证服务（KeyStone）、镜像服务（Glance）等基础核心组件。同时也囊括了裸机服务（Ironic）、容器服务（Magnum）、对象存储（Swift-API）、编排服务（Heat）。

（2）边缘平台管理服务。StarlingX 包含六大核心组件：主机管理（Host Management）、配置管理（Configuration Mgmt）、服务管理（Service Management）、缺陷管理（Fault Management）、软件管理（Software Management）、基础设施编排（Infrastructure Orchestration），下面详细介绍这六大核心组件。

1）主机管理——stx-metal。该模块是 StarlingX 重要的核心部分，整个平台的有机结合都是靠此模块实现的。

- 使用 rmon 对资源进行监控，比如 CPU 和内存的存量及用量监控等；
- 使用 pmon 对进程进行监控。此模块的监控和 SM 有所区别，SM 主要管理 OpenStack 整个服务及相关资源的监控；pmon 只管理基础进程，比如 SSH 等。StarlingX 中的计算节点和 OpenStack 中的计算节点不同，不安装 SM 服务。所以，Nova-Compute、Cinder-Volume 等服务组件也由 pmon 负责监控；
- hbs 服务，为整个平台提供心跳检测服务；
- hwmond 服务，对服务器 BMC 提供管理服务。
- MTC 服务，总管 MTCE 平台其他服务模块，对外提供接口。

图 3-17 展示了主机管理服务和其他管理服务与监控模块之间的协作关系，主机管理可对

硬件资源进行监控，并从资源编排服务、服务管理、配置管理收集和同步虚拟机告警、关键进程和 H/W 故障。

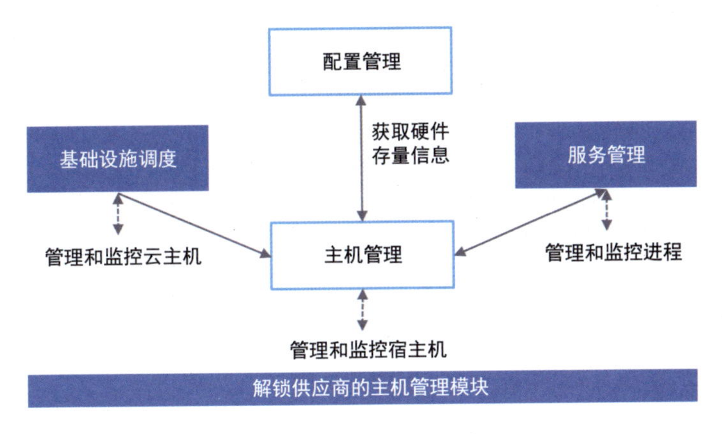

图 3-17　主机管理服务

2）配置管理——stx-config。配置管理服务的原理如图 3-18 所示。该模块负责对 StarlingX 中各组件以及 OpenStack 服务组件进行安装配置。

- sysinv 服务提供整个软件的状态管理、系统配置的修改等；
- controllerconfig/computeconfig 等负责根据物理节点的角色设置系统配置等；
- 每次启动此类服务都会被重新执行，保证系统在重启后能快速恢复到正常配置。

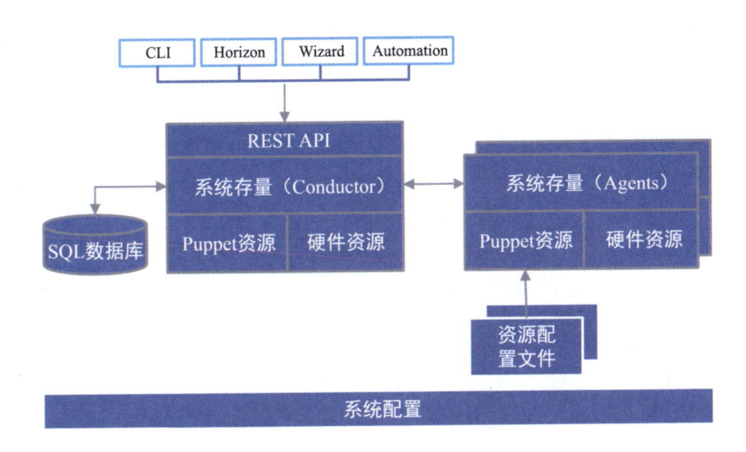

图 3-18　配置管理服务的原理

3）服务管理——stx-ha。服务管理模块负责保证平台服务的高可用并提供服务监控，其模型设计如表 3-3 所示。

表 3-3　服务管理模型设计

组　件	说　明
高可用控制器	冗余模型，可以是 N+M 或 N 个控制节点 当前采用 1+1 高可用控制集群
高可靠消息服务	使用多个消息传递路径以避免脑裂通信问题 最多支持三个独立的通信路径 支持配置 LAG 保护多链路的每条路径 使用 HMAC SHA-512 对消息进行身份验证
服务监控	主动或被动的服务监控 允许对服务故障的影响进行定义

图 3-19 展示了 1+1 高可用双控制节点的工作原理，主控制节点和备控制节点可实现数据库和状态的实时同步，当主控制节点出现故障时，将自动触发 HA 进程，将备控制节点切换为主控制节点。

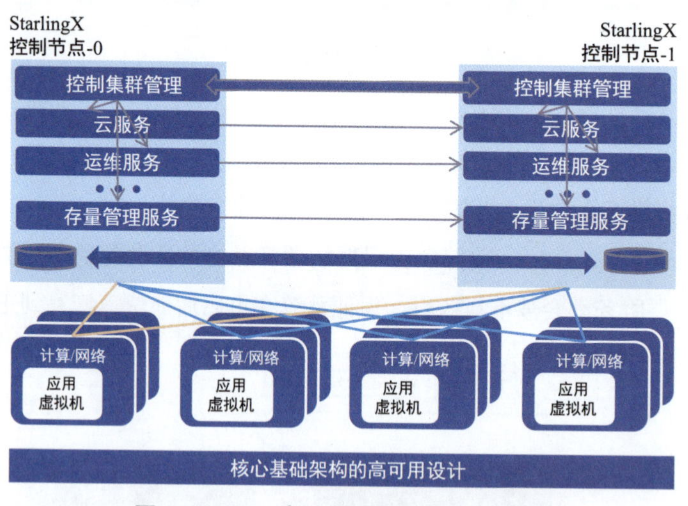

图 3-19　1+1 高可用控制节点的工作原理

4）故障管理——stx-fault。该模块负责事件告警收集，简称 FM，其他模块通过 FM-API 直接给 fm-manager 发送告警或者事件信息。

图 3-20 展示了故障告警和日志系统的信息来源，中心日志系统（Centralized Logging）可收集控制节点、计算节点和 Ceph 存储节点的系统日志，并且告警系统可检测到多个节点角色的告警。

5）软件管理——stx-update。该模块主要提供软件管理服务，并提供 patch 制作工具，同时也提供 patch 的管理服务，可定义升级策略、管理升级或降级等。具体功能包括：

- 自动部署服务组件更新以提升平台安全性和更新功能。
- 集成端到端的滚动升级解决方案，包括自动化、少操作，无须额外硬件设备，跨节点滚动升级。

- 支持热补丁和 reboot required 的补丁，更换内核的补丁需要重启节点。

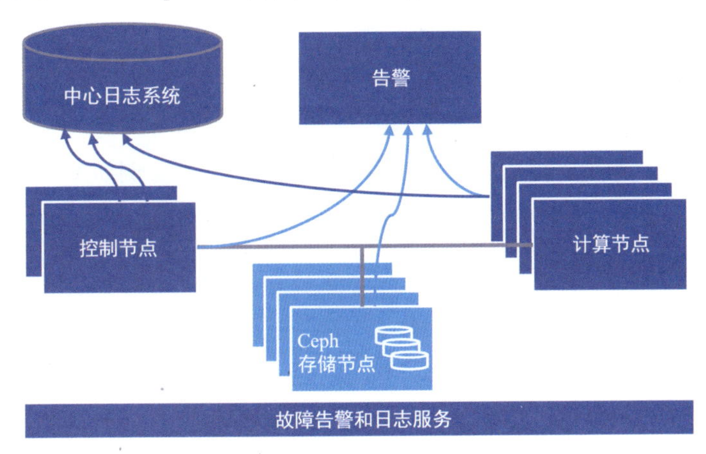

图 3-20　故障告警和日志系统的信息来源

- 可通过虚拟机实时迁移服务，在管理节点安装 reboot 补丁时保障业务不中断。
- 管理所有软件升级，包括虚拟主机操作系统更改、新的或升级的 StarlingX 服务软件、新的或升级的 OpenStack 服务软件。

图 3-21 展示了软件升级和补丁升级过程，当新版本发布后，平台上控制、存储、计算服务

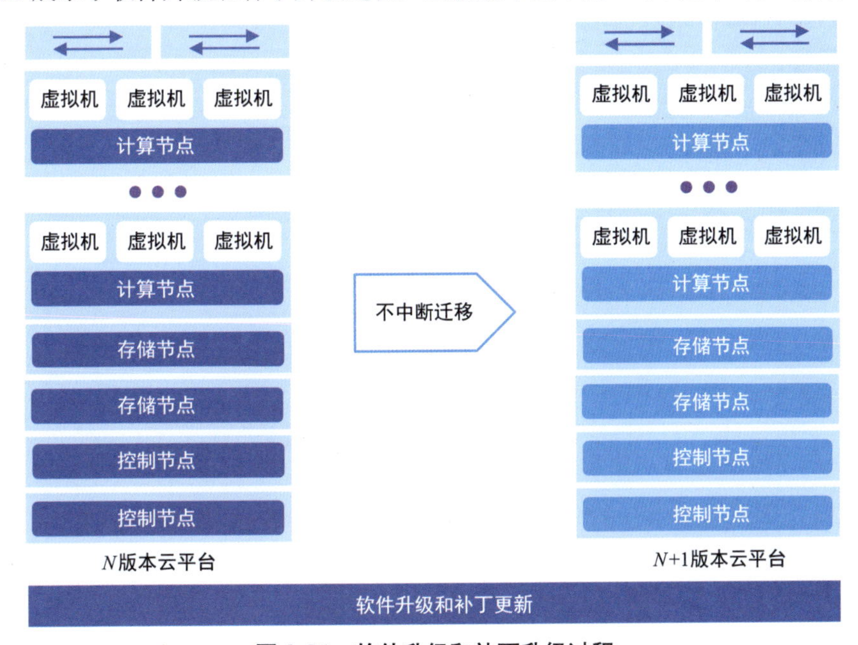

图 3-21　软件升级和补丁升级过程

以及虚拟机上的应用服务都可实现自动化平滑升级。

6）基础设施编排——stx-nfv。这个模块是在 NFV 场景下丰富 OpenStack 功能的组件，功能包括：

- 提供了 Nova-API-Proxy 的模块，可直接监听 Nova 的 8774 端口以过滤 Nova 的请求，将一些需要处理的请求发送给 VIM 模块，其他请求直接透传给 Nova。
- NFV-vim 模块，用来支撑在 NFV 场景下的逻辑处理功能，例如 VM 的 HA 功能。
- Guest-Server 模块，主要提供了一套 API 及机制，通过在虚拟机中安装代理，实现从平台侧获取虚拟机心跳的功能。

参考文献

[1] Getting to know StarlingX：The High-Performance Edge Cloud Software Stack.https：//superuser. openstack.org/articles/starlingx-overview/.

[2] Installation guide stx. 2019.05.https：//docs.starlingx.io/installation_guide/latest/index.html.

[3] StarlingX Project Overview Learn，Try，Get Involved!. https：//www.starlingx.io/collateral/StarlingX-Onboarding-Deck-for-Web-February-2019.pdf.

[4] A fully featured cloud for the distributed edge. https：//www.starlingx.i o/collateral/StarlingX_OnePager_Web-102318.pdf.

[5] CNCF Cloud Native Interactive Landscape.https：//landscape. cncf. io/.

[6] Clear Linux Features.https：//clearlinux.org.

[7] What are microservicse?. https：//microservices.io.

[8] AWS IoT Greengrass 解决方案 . https：//aws.amazon.com/cn/greengrass/.

[9] Azure 运行于物联网边缘设备上的流式分析框架 . https：//azure.microsoft.com/zh-cn/.

第 4 章 边缘计算安全管理

随着边缘计算的普及，越来越多的计算机以机器人、IoT 设备和用在用户环境或远程设施的本地化系统的形式被部署在企业边缘，企业的安全防护工作不断面临新的挑战。随着万物互联发展的演进，基于中央集中架构的云计算在多源异构数据处理、大网络带宽、重远程负载需求以及资源能效问题方面，其可扩展性和整体收益已经趋于瓶颈。在 5G 网络架构变革满足三大应用场景的大背景下，各大互联网厂商纷纷开始发力边缘计算。由于边缘计算的服务模式存在实时性、复杂性、感知性、数据的多源异构性等特性，传统云计算架构中的隐私保护和数据安全机制无法适用。边缘计算中数据的计算、存储、共享、传播、管控安全以及隐私保护等问题变得越来越突出。作为一种新型计算模型，边缘计算有着信息系统存在的典型安全共性问题，同时新型架构也引入了新的安全课题。本章首先对信息系统安全进行综述，接着阐述边缘计算面临的安全挑战，同时介绍业界应对边缘计算数据安全和隐私保护问题的前沿技术，然后介绍基于区块链技术的边缘计算安全解决方案，最后对近年来业界边缘计算安全实例进行总结。

4.1 信息系统安全概述

中国公安部计算机管理监察司对信息系统安全的定义为“计算机安全是指计算机资产安全，即计算机信息系统资源和信息资源不受自然和人为有害因素的威胁和危害。”国际标准化委员会的定义是“为数据处理系统建立和采用的技术和管理的安全保护，保护信息系统硬件、软件、数据不因偶然的或恶意的原因而遭到破坏、更改、显露。”无论哪种定义，其安全目标一致：能够满足一个组织或个人的所有安全需求。安全需求要素通常使用完整性、可用性、机密性三个词概括。随着云计算技术的演进，安全要素又加入可控性、不可否认性、可追溯性，合并称为安全需求目标六要素。典型的信息系统安全框架如图 4-1 所示。根据安全框架，信息系统安全可从技术角度描述为“对信息与信息系统的固有属性的攻击与保护的过程”。它围绕着信息系统、信息自身及信息利用的安全六要素，以密码理论和应用安全技术为理论基础，具体反映在物理安全、运行安全、数据安全、网络安全四个方面。同时，在安全框架的各个技术层面上都需要安全管理，包括相关人员管理、制度和原则方面的安全措施，以及企业应对行业要求、外部合规要求等所需要采取的管理方法和手段等。

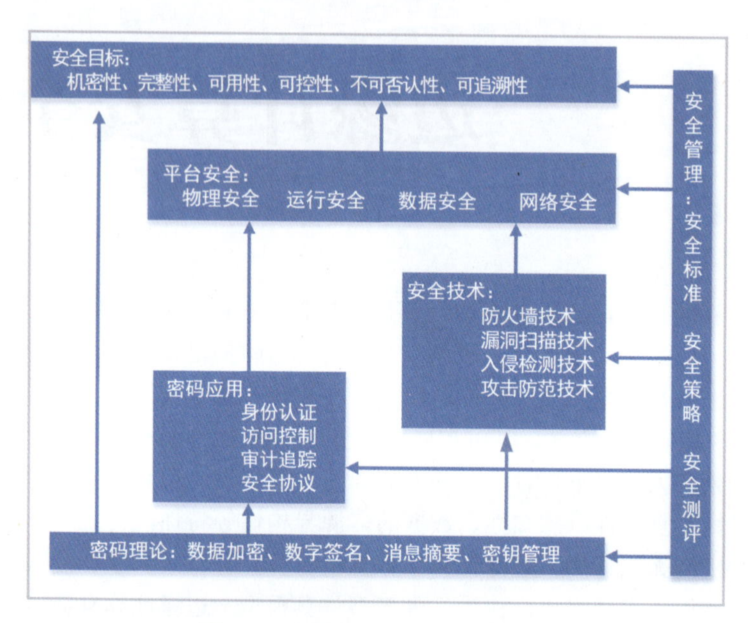

图 4-1　典型的信息系统安全框架

4.1.1　安全目标

安全目标六要素通常要求相互不能蕴涵，其中机密性反映了信息与信息系统不可被非授权者利用；完整性反映了信息与信息系统的行为不可被伪造、篡改、冒充；可用性反映了信息与信息系统可被授权者正常使用；可控性反映了信息的流动与信息系统可被控制者监控。不可否认性和可追溯性则属于上述四个基本属性的某个侧面的突出反映和延展，强调对信息资源的保护以及对信息及信息系统行为的审计能力。六要素反映出了信息安全的核心属性，各要素具体描述如下。

1. 机密性

机密性是指阻止非授权者阅读信息，它是信息安全主要的研究内容之一，也是信息安全一诞生就具有的特性。通俗地讲，就是未授权的用户不能获取保密信息。对传统的纸质文档信息进行保密相对比较容易，只需要保管好原始文件，避免被非授权者窃取即可。而对于计算机及网络环境中的信息，不仅要防止非授权者对信息的接触，也要阻止授权者将敏感信息传递给非授权者，以致泄漏信息。常用的机密技术包括：防辐射（防止有用信息以各种途径辐射出去）、防侦收（使对手接触不到有用的信息）、信息加密（使用加密算法对信息进行加密处理。即使非授权者得到了加密后的信息也会因为没有密钥而无法翻译出有效信息）、物理保密（利用物理方法保护信息不被泄露，如限制、隔离、掩蔽、控制等措施）。

2. 完整性

完整性是指防止信息被未经授权者篡改，它是指信息保持原始状态，使信息保有其真实性。信息如果被蓄意地编辑、删除、伪造等，形成了虚假信息，将带来严重的后果。完整性是一种面向信息的安全性，它要求信息在生成、存储和传输过程中的正确性。完整性与机密性不同，机密性针对信息不被泄露给未授权的人，而完整性则要求信息不被各种原因破坏。造成信息被破坏、影响信息完整性的主要因素有：设备故障、误码（传输、处理和存储过程中产生的误码，各种干扰源造成的误码，定时的稳定度和精度降低造成的误码）、计算机病毒、人为攻击等。

3. 可用性

可用性是指授权主体在需要访问信息时获得服务的能力。可用性是在信息安全保护阶段对信息安全提出的新要求，也是网络化信息中必须满足的一项信息安全要求。在网络信息系统中，向用户提供服务是最基本的功能，然而用户的需求是多样的、随机的，有时还伴随时间要求。可用性的度量方式一般为系统正常使用时间和整个工作时间之比，表示用户的需求在一定时间范围内获得响应。可用性还应该满足以下要求：身份管理访问控制，即对用户访问权限的管理，访问控制为经过身份认证后的合法用户提供所需的、权限内的服务，同时拒绝用户的越权服务请求；业务流控制，采取均分负荷方式，避免业务流量过度集中从而引发网络阻塞；路由选择控制，选择那些稳定可靠的子网、链路或中继线等；审计跟踪，把网络信息系统中发生的所有安全事件存储在安全审计跟踪之中，便于分析原因，分清责任，及时采取相应的措施，主要包括事件类型、事件时间、事件信息、被管客体等级、事件回答以及事件统计等方面的信息。

4. 可控性

可控性是指可以控制或限制授权范围内的信息流向及行为方法，是对网络信息内容及传播控制能力的描述。为了确保可控性，首先，系统要可以控制哪些用户以及以何种方法和权限来访问系统或网络上的数据，通常是通过制定访问控制列表等方法来实现的；其次，需要对网络上的用户进行权限验证，可以通过握手协议等认证机制对用户进行验证；最后，要把该用户的所有事件记录下来，便于进行审计查询。

5. 不可否认性

不可否认性也称作不可抵赖性，通过建立有效的责任机制，在网络信息系统的信息交互过程中，确保参与者的真实同一性，即所有参与者都无法否认或抵赖曾经完成的承诺和操作。利用信息源证据可以防止发信方否认已发送信息，利用递交接收证据可以防止收信方事后否认已经接收的信息。一般通过数字签名原理可以实现。

6. 可追溯性

确保实体的行动可被跟踪。可追溯性通常也被称作可审查性，它是指对各种信息安全事件做好检查和记录，以便出现网络安全问题时能提供调查依据和手段。审查的结果通常可以用作责任追究和系统改进的参考。

4.1.2 平台安全

从信息安全的平台层面来看，安全可以分为几大类。首先是计算、储存与网络等设备实体硬件的安全，称为“物理安全”，它反映了信息系统硬件的稳定运行状态。其次是“运行安全”，指信息系统软件的稳定性运行状态，是计算机与网络设备运行过程中的系统安全。再次，当讨论信息自身的安全问题时，涉及的是狭义的“信息安全”问题，包括对信息系统中存储、加工和传递的数据的泄露、伪造、篡改以及抵赖过程所涉及的安全问题，称为“数据安全”。最后，“网络安全”的表现形式是对信息传递的选择控制能力，换句话说，表现出来的是对数据流动的攻击特性。

1. 物理安全

物理安全是指对计算机与网络设备的物理保护，会涉及网络与信息系统的机密性、可用性、完整性、生存性、稳定性、可靠性等基本属性。面对的威胁主要包括自然灾害、设备损耗与故障、能源供应、电磁泄漏、通信干扰、信号注入、人为破坏等；主要的保护方式有电磁屏蔽、加扰处理、数据校验、冗余、容错、系统备份等。

2. 运行安全

运行安全是指对计算机与网络设备中的信息系统的运行过程和运行状态的保护。主要涉及网络与信息系统的可用性、真实性、可控性、唯一性、合法性、可追溯性、生存性、占有性、稳定性、可靠性等；面对的威胁包括系统安全漏洞利用、非法使用资源、越权访问、网络阻塞、网络病毒、黑客攻击、非法控制系统、拒绝服务攻击、软件质量差、系统崩溃等；主要的保护方式有防火墙、物理隔离、入侵检测、病毒防治、应急响应、风险分析与漏洞扫描、访问控制、安全审计、降级使用、源路由过滤、数据备份等。

3. 数据安全

数据安全是指对信息在数据收集、存储、处理、传输、检索、交换、显示、扩散等过程中的保护，使得在数据处理层面保障信息并依据授权使用，不被非法冒充、泄露、篡改、抵赖。主要涉及信息的机密性、实用性、真实性、完整性、唯一性、生存性、不可否认性等；面对的威胁包括窃取、伪造、篡改、密钥截获、抵赖、攻击密钥等；主要的保护方式有加密、认证、鉴别、完整性验证、数字签名、非对称密钥、秘密共享等。

4. 网络安全

网络安全是指对信息在网络内流动中的选择性阻断，以保证信息流动的可控能力。被阻断的对象是可对系统造成威胁的脚本病毒、无限制扩散消耗用户资源的垃圾类邮件、导致社会不稳定的有害信息等。主要涉及信息的机密性、可用性、真实性、完整性、可控性、可靠性等；所面对的难题包括信息不可识别（因加密）、信息不可阻断、信息不可更改、信息不可替换、系统不可控、信息不可选择等；主要的保护手段是形态解析或密文解析、信息的阻断、流动信息的裁剪、信息的过滤、信息的替换、系统的控制等。

4.2　边缘计算安全

云越来越受欢迎的主要原因在于其支持的业务模式，最终将使得成本降低，并提供更大的可扩展性及按需供应资源的服务。云的特性，如支持无处不在的连接、弹性、可扩展资源和易于部署等也使得这些计算配置适用于诸如物联网——传感器、移动设备等领域。随着一系列限于地理分布相关、低时延、位置感知和移动性支持等新业务的涌现，将云服务延伸到边缘已经成为现今技术的趋势和热点。由于万物互联是以感知为背景的应用程序运行和海量数据处理，单纯依靠云计算这种集中式的计算处理方式，将不足以支持这样的业务模式，而且云计算模型已经无法有效解决云中心传输宽带、负载、数据隐私保护等问题。由此，边缘计算应运而生，与现有的云计算集中式处理模型相结合，能有效解决云中心和边缘的海量数据处理问题。与此同时，边缘计算作为一个新生事物，面临着许多新的挑战，既要考虑信息安全六大要素，也要根据边缘计算的特点因地制宜，采取有针对性的安全策略，尤其在数据安全和隐私保护方面。

由于边缘计算存在分布式架构、异构多域网络、实时性要求、数据的多源异构性、感知性以及终端的资源受限等特点，传统云计算环境下的数据安全和隐私保护机制无法适用于边缘设备产生的海量数据防护。数据的计算安全、存储安全、共享安全、传播和管控以及隐私保护等问题变得越来越突出。此外，边缘计算的另一个优势在于利用了终端硬件资源，使移动终端等设备也可以参与到服务计算中来，实现了移动数据存取、低管理成本和智能负载均衡。但这也极大地增加了接入设备的复杂性，而且由于移动终端的资源受限，其所能承载的安全算法执行能力和数据存储计算能力也有相应的局限性。

相比于云计算的集中式存储计算架构，边缘计算的安全性有其特定的优势。主要原因有：其一，数据是在离数据源最近的边缘节点上暂时存储和分析，这种本地处理方式使得网络攻击者难以接近数据；其二，数据源端设备和云之间没有实时信息交换，窃听攻击者难以感知任何用户的个人数据。但是，边缘计算的安全性仍然面对以下诸多挑战：核心设施安全、边缘服务器安全、边缘网络安全和边缘设备安全。要创建一个安全可用的边缘计算生态系统，实施各种类型的安全保护机制至关重要。

4.2.1 核心设施安全

所有的边缘计算场景都需要核心基础设施，例如云服务器和管理系统。这些核心设施可能是同一个第三方管理的，比如移动网络运营商。这样就可能带来隐私泄露、数据篡改、拒绝服务攻击、服务操纵等风险，因为该核心设施可能不是完全可信的。首先，用户的个人敏感信息可能被没有授权的个体获得并窃取，这样会导致隐私泄露和数据篡改。其次，由于边缘计算允许不经核心设施而只在边缘服务器和边缘设备之间进行信息交换，当服务被劫持时，核心设施有可能提供错误的信息从而导致拒绝服务。另外，信息流可以被具有足够访问权限的内部个体操纵，并向其他实体提供虚假信息和虚假服务。由于边缘计算的分散和分布式性质，这种类型的安全性问题可能不会影响整个生态系统，但这仍然是不容忽视的安全挑战。

4.2.2 边缘服务器安全

边缘服务器通过在特定地理区域部署边缘数据中心来提供虚拟化服务和各种管理服务。在这种情况下，内部攻击者和外部攻击者可能访问边缘服务器并窃取或篡改敏感信息。一旦获得了足够的控制权限，他们可以滥用其特权作为合法的管理员操纵服务。攻击者可以执行几种类型的攻击，例如中间人攻击和拒绝服务。还有一种极端的情况，攻击者可以控制整个边缘服务器或者伪造虚假的核心设施，完全控制所有的服务，并将信息流引导到流氓服务器。另一个安全挑战是对边缘服务器的物理攻击，这种攻击的主要原因是相对于核心设施，对边缘服务器的物理保护可能是薄弱或者被忽视的。

4.2.3 边缘网络安全

通过对例如移动核心网、无线网、互联网等多种通信方式的集成，边缘计算实现了物联网设备和传感器之间的互连。与此同时，带来了这些通信设施间的网络安全挑战。在边缘计算架构中，由于服务器部署在网络边缘，传统的网络攻击可以很好地被遏制，如拒绝服务和分布式拒绝服务（DDoS）攻击等。如果这种攻击发生在边缘网络，则对核心网络影响不大；如果发生在核心基础设施中，也不会严重干扰边缘网络的安全性。然而，恶意攻击者通过诸如窃听、流量注入攻击等手段控制通信网络，会对边缘网络产生较大的威胁。其中，中间人攻击非常可能影响到所有边缘网络的功能元素，比如信息、网络数据流和虚拟机。另外，恶意攻击者部署的流氓网关也是另一个边缘网络的安全挑战。

4.2.4 边缘设备安全

在边缘计算中，边缘设备在分布式边缘环境中的不同层充当活动参与者，因此即使是小部分受损的边缘设备，也可以对整个边缘生态系统造成有害结果。例如，被操纵的任何设备都可以尝试通过注入虚假信息破坏服务或者通过某些恶意活动侵入系统。在一些特定场景下，一旦攻击者获得了一个边缘设备的管理权限，其可能操纵该场景的服务，比如在一个被信任的域中，一台边缘设备可以充当其他设备的边缘数据中心。

边缘计算的边缘侧应用生态可能存在一些不受信任的终端及移动边缘应用开发者的非法接入问题。因此，需要在用户、边缘节点、边缘计算服务之间建立新的访问控制机制和安全通信机制，以保证数据的机密性和完整性、用户的隐私性。在设计边缘计算安全架构及其实现中应首先考虑以下几点：

- 安全功能适配边缘计算特定架构。
- 安全功能能够灵活部署与扩展。
- 能够在一定时间内持续抵抗攻击。
- 能够容忍一定程度和范围的功能失效，但基础功能始终保持运行。
- 整个系统能够从失败中快速恢复。

同时，由于边缘计算的资源有限性和海量异构设备接入的特点，需要针对这样的应用场景做安全管理的优化。同时，还需要有统一的安全态势感知、安全管理和编排、身份认证和管理以及安全运维体系，以最大限度地保障整个架构的安全与可靠，边缘计算平台安全框架如图 4-2 所示。在本章中，由于篇幅有限，侧重介绍边缘计算数据安全以及轻量级可信计算硬件发展方向。

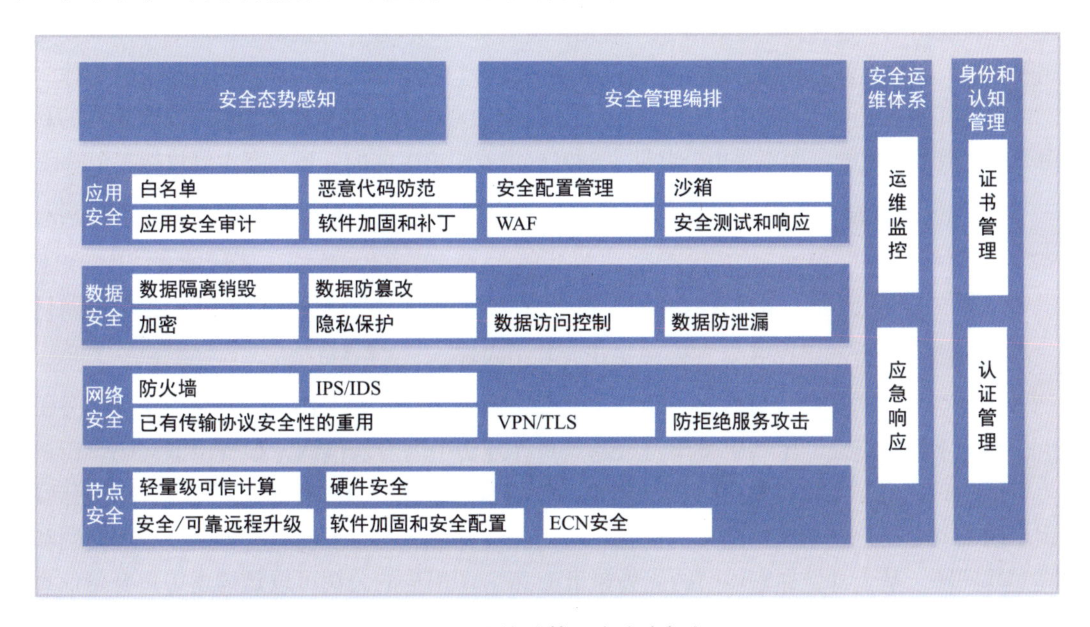

图 4-2　边缘计算平台安全框架

4.3 边缘计算安全技术分析

为了创建一个安全可用的边缘计算生态系统，实施各种类型的安全保护机制至关重要。本小节介绍现有的一些安全机制。

4.3.1 数据保密

在边缘计算中，用户私有数据被外包到边缘服务器，因此数据的所有权和控制权是分开的，这样便导致用户失去了对外包出去的数据的物理控制。此外，存储在外部的敏感数据面临着数据丢失、数据泄露、非法操作等风险。为了解决这些威胁，必须采用适当的数据加密机制。边缘设备上的用户敏感数据必须在外包出去之前进行加密。典型的加密过程是数据生成者对数据进行加密后上传到数据中心的，然后由用户对其进行解密后使用。传统的加密算法包括对称加密算法（例如 AES、DES 和 ADES）和非对称加密算法（例如 RSA、DiffieHellman 和 ECC）。但是传统的加密算法得到的密文通常可操作性不高，会对后续的数据处理造成一定障碍。近年来，诸如基于身份加密、基于属性加密、代理重加密、同态加密、可搜索加密等技术被结合起来用于保护数据存储系统的安全，并允许用户在不受信任的边缘服务器上将私有数据作为密文使用。

1. 基于身份加密

基于身份加密（Identity-Based Encryption，IBE）最早是在电子邮件系统中作为简化的证书管理方案被提出的。这种方案允许任意一对用户进行安全的沟通，验证双方的签名而不需要交换私钥和公钥，不需要保留关键目录，不使用第三方服务。该方案允许用户选择任意字符串作为公钥，以此向其他方证明己方身份。相比于传统的公钥加密技术，基于身份加密方案中用户的私钥是由私钥生成器生成的，而不是由公共证书颁发机构或用户生成的。该方案主要包括三个阶段：

第一阶段：加密，当用户 A 向用户 B 发送邮件时，用户 B 的邮件地址会被作为公钥对邮件进行加密。

第二阶段：身份验证，用户 B 收到加密邮件后，需要验证自身身份，从私钥生成器获取私钥。

第三阶段：解密，用户 B 对邮件解密获取其中内容。

基于身份的加密体制可以看作一种特殊的公钥加密，它有如下特点。系统中用户的公钥可以由任意的字符串组成。这些字符串可以是用户在现实中的身份信息，如身份证号码、用户姓名、电话号码、电子邮箱地址等。因为用户的公钥是通过用户现实中的相关信息计算得到的，公钥本质上就是用户在系统中的身份信息，所以基于身份加密的系统解决了证书管理问题和公钥真实性问题。基于身份加密体制的优势在于：第一，用户的公钥可以是描述用户身份信息的字符串，也可以是通过这些字符串计算得到的相关信息；第二，不需要存储公钥字典和处理公钥证书；第三，加密消息只需要知道解密者的身份信息就可以进行加密，而验证签名也只需要知道签名者的身份就可以进行验证。

2. 基于属性加密

Sahai 和 Waters 两位密码学家为了改善基于生物信息的身份加密系统的容错性能，在 2005 年欧洲密码年会上发表了《模糊基于身份加密方案》，在这篇文章中首次公开提出了基于属性加密（Attribute-Based Encryption，ABE）的概念。基于属性加密的系统采取用户的属性集合来表示用户的身份，这是与基于身份加密根本的区别。在基于身份加密系统中，只能用唯一的标识符表示用户的身份。而在基于属性加密系统中，属性集合可以由一个或多个属性构成。从用户身份的表达方式来看，基于属性加密的属性集合比基于身份加密的唯一标识符具有更强、更丰富的表达能力。

基于属性加密可以看作是基于身份加密的一种拓展，是把原本基于身份加密中表示用户身份的唯一标识扩展成为可以由多个属性组成的属性集合。从基于身份加密体制发展到基于属性加密体制，这不仅使用户身份的表达形式从唯一标识符扩展到多个属性，同时还将访问结构融入属性集合中。换句话说，可以通过密文策略和密钥策略决定拥有哪些属性的人能够访问这份密文，使公钥密码体制具备了细粒度访问控制的能力。

从唯一标识符扩展成属性集合，不仅改变了用户身份信息的表示方式，而且属性集合能够非常方便地和访问结构相结合，实现对密文和密钥的访问控制。属性集合同时还可以方便地表示某些用户组的身份，即实现了一对多通信，这也是基于属性加密方案具备的优势。

在密文和密钥中引入访问结构是基于属性加密体制的一大特征，也是其与基于身份加密体制的本质区别之处。访问结构嵌入密钥和密文中的好处在于：系统可以根据访问结构生成密钥策略或者密文策略，只有密文的属性集合满足了密钥策略，或者用户的属性集合满足了密文策略，用户才能解密。这样一方面限制了用户的解密能力，另一方面也保护了密文。在基于属性加密系统中，密钥生成中心（负责生成用户的密钥）采用用户的身份信息通过属性集合表示，而用户组也具备一些相同属性，同样可以用属性集合表示。因此，在基于属性加密方案中，属性集合既可以表示单独的用户，也可以表示具备某些相同属性的用户组。密文和密钥也是根据属性集合生成的，密文的解密者和密钥的接收者既可以是单独的用户也可以是用户组。在基于属性加密方案中，为了调整属性集合代表单独用户还是某个用户组，可以灵活改变用户身份信息的具体或概括描述。

Sahai 和 Waters 在方案中引入了秘密共享的门限访问结构，一个用户能够解密一个密文，当且仅当用户密钥的属性集与密文的属性集中交集的元素达到一定的阈值要求。在基于属性加密方案中，加密密文需要在属性集合参与下才能进行，参与加密的属性集合所表示的身份信息就是解密者的身份，也是解密密文需要满足的条件。在上述过程中，由于用户的私钥和密文都是根据各自属性集合生成的，因此在基于属性加密方案中，一方面密文是在属性集合参与下生成的，这个属性集合隐含地限定了解密者所要满足的条件；另一方面，一个用户私钥也是根据属性集合生成的，这个属性集合也隐含地确定了用户可以解密的范围，如果密文是以这个属性集合生成的，那么用户就可以解密密文。

通过一个实例，简单说明一下基于属性的加密体制中的一些细节。假设系统中门限为3的门限结构，只有用户的属性集合中有3个或以上与密文属性集合相同时，用户才能解密。设属性集合 a，b，…，h 表示系统中的属性，若系统中有三个用户分别为：A（a，b，c，d，e）、B（b，c，e，f）、C（a，d，g），他们从认证中心获取各自的私钥。现有一个密文，其属性集合为（b，c，d，f）。此时与密文属性集有三个及以上属性交集的用户只有 A 和 B，因此用户 A 和 B 满足解密条件可以解密密文。而用户 C 由于不满足门限要求无法解密。

通过上面的例子可以看出，基于属性加密方案中加密和解密具有灵活、动态的特性，能够根据相关用户实体属性的变化，适时更新访问控制策略，从而实现对系统中用户解密能力和密文保护的细粒度的访问控制，因此属性加密方案有着广阔的应用前景。

目前，基于属性加密体制取得了很多具有应用价值的方案，根据策略的部署方式不同，这些方案可以分成三种类型：

（1）基于属性的密钥策略加密方案（KP-ABE）。2006年，Goyal等人提出了基于属性的密钥策略加密方案。一般来说，基于属性的密钥策略加密系统包含以下四个过程：

① 系统初始化。系统初始化只需要输入一个隐藏的安全参数，不需要其他输入参数。输出系统公开参数PK和一个系统主密钥MK。

② 消息的加密。以消息 M、系统的公共参数PK和一个属性集合 S 为输入参数。输出消息 M 加密后的密文 M'。

③ 密钥的生成。以一个访问结构 A、系统的公共参数PK和系统的主密钥MK为输入的参数。生成一个解密密钥 D。

④ 密文的解密。以密文 M'、解密密钥 D 和系统的公共参数PK为输入参数，其中密文 E 是在属性集合 S 参与下生成的，D 是访问结构 A 的解密密钥。如果 $S \in A$，则解密并输出明文 M。

在基于属性的密钥策略加密的方案中，通过引入访问树结构，将密钥策略表示成一个访问树，并且把访问树结构部署在密钥中。密文仍然是在一个简单的属性集合参与下生成的，所以一个用户当且仅当该密文的属性集合满足用户密钥中的密钥策略时能解密密文。该方案通过访问树的引入，非常方便地实现了属性之间的逻辑与和逻辑或操作，增强了密钥策略的逻辑表达能力，更好地实现了细粒度的访问控制。

2007年，Ostrovsky等人提出了一个可以实现逻辑非的基于属性加密方案（属性之间的逻辑关系可以表达逻辑非)，丰富了保护策略的逻辑表达能力，完善了文献不能表示逻辑非的空白。该方案不但构成一个完整的逻辑表达系统，而且也将基于属性加密方案中的访问结构从单调的扩展成非单调的。

在该方案中，访问结构的功能相当于一个线性秘密共享方案的访问结构。另外，该方案的安全性证明是在选择属性集合的攻击模型和基于判定双线性困难问题下完成的。

基于属性的密钥策略加密方案可以应用在服务器的审计日志的权限控制方面。服务器的审计日志是电子取证分析中的一个重要环节。它通过基于属性的密钥策略加密的方法，使取证分析师只能接触与目标相关的日志内容，从而避免泄露日志中其他的内容。基于属性的密钥策略加密方案的另一个应用是在一些收费的电视节目中，通过采用基于属性的密钥策略的广播加密，用户可以根据个人喜好制订接收的节目。

（2）基于属性的密文策略加密方案（CP-ABE）。2007 年，基于属性的密文策略加密方案的概念也由 Goyal 等人提出，Bethencourt 则完成了具体的方案构造。在该方案中，用户的私钥仍然是根据用户的属性集合生成的，密文策略表示成一个访问树并部署在密文中。这种方案的策略部署方式和基于属性的密钥策略加密方案是一种对偶结构。当且仅当用户的属性集合满足访问结构时，用户才能解密密文。

基于属性的密文策略加密方案如图 4-3 所示。

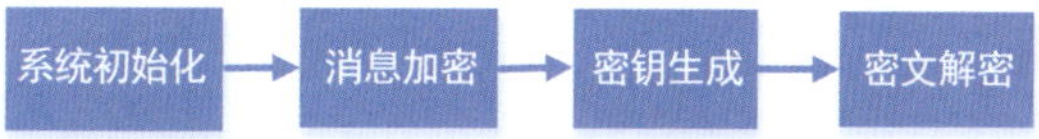

图 4-3　基于属性的密文策略加密方案

① 系统初始化。以一个隐藏的安全参数为输入，而不需要其他输入参数。输出系统公共参数 PK 和一个系统主密钥 MK。

② 消息加密。以一个消息 M、访问结构 A 和系统的公共参数 PK 为随机算法的输入参数，其中 A 是在全局属性集合上构建的。该算法的输出是将 A 加密后的密文 M'。

③ 密钥生成。以一个属性集合 S、系统的公共参数 PK 和系统的主密钥 MK 作为随机算法的输入参数。该算法输出私钥 SK。

④ 密文解密。以密文 M'、解密密钥 SK 和系统的公共参数 PK 作为随机算法的输入参数，其中 SK 是 S 的解密密钥，密文 M' 中包含访问结构 A。如果属性集合 S 满足访问结构 A，则解密密文。

根据以上描述，可以看出基于属性的密文策略加密和广播加密非常相似。该方案还支持密切代理机制，即如果用户 A 的访问结构要包含用户 B 的访问结构，那么 A 可以为 B 生成私钥。另外，该方案中通过 CP-ABE 程序包，对方案的性能和效率进行了实验分析。但方案的缺陷在于：方案的安全性证明是在通用群模型和随机预言模型下完成的。

（3）基于属性的双策略加密方案。2009 年，基于属性的双策略加密方案由 Attrapapdung 等人首先提出，该方案是基于属性的密钥策略加密方案和基于属性的密文策略加密方案的组合。即方案中的加密消息同时具备两种访问控制策略，在密钥和密文中同时部署两种策略。在密文的两种访问控制策略中，一个表示加密数据自身客观性质的属性，另一个表示对解密者需要满足条件的主观性质属性。在密钥的两种访问策略中，一个表示用户凭证的主观属性，另一个表示用户解密能力的客观属性。只有当用户的主观属性和客观属性满足了密文的主观属性和客观属性时，用户才能解密密文。

一般情况下，基于属性的双策略加密方案如表 4-1 所示。

表 4-1 基于属性的双策略加密方案

加密方案	说明
系统初始化	以一个隐含的安全参数作为输入，而不需要其他输入参数。输出系统公共参数 PK 和系统主密钥 MK
消息加密	以输入消息 M、系统的公共参数 PK、一个主观的访问结构 S 和一个客观的属性集合为输入参数。输出密文 M'
密钥生成	这是一个随机化算法，以系统的公共参数 PK、系统的主密钥 MK、一个访问结构 O 和一个主观的属性集合为输入参数。输出一个解密密钥 D
密文解密	以系统的公共参数 PK、解密密钥 D、密钥对应的访问结构 O 和属性集合、密文 M'、密文对应的访问结构 S 和属性集合作为输入参数。如果密钥的属性集合满足密文的访问结构 S，同时密文的属性集合满足密钥的访问结构，则解密密文，输出消息 M

因为基于属性的双策略加密方案可以看作是基于属性的密钥策略加密方案和基于属性的密文策略加密方案的结合，所以基于属性的双策略加密方案可以根据实际需要转换成单个策略的基于属性加密方案（KP-ABE 或 CP-ABE）。另外，该方案的安全性证明是基于判定双线性 Diffie-Hellman 指数困难问题完成的。

3. 代理重加密

代理重加密（PRE）是云计算环境下开发的加密方法。通常，用户出于对数据私密性的考虑，存放在云端的数据都是以加密形式存在的。并且，云环境中也有大量数据共享的需求。但是由于数据拥有者对云服务提供商存在半信任问题，不能将密文解密的密钥发送给云端，由此云端无法解密密文并完成数据共享。数据拥有者需要自己下载密文并解密后，再用数据接收方的公钥加密并分享。这样数据共享的方式并没有充分利用云环境，也会给数据拥有者带来大量的麻烦。代理重加密技术可以帮助用户解决这些数据分享的不便利问题。在不泄露解密密钥的情况下，实现云端密文数据共享，云服务商也无法获取数据的明文信息。由于云平台有强大的存储能力，数据拥有者可以将数据利用对称密钥加密，把生成密文 C_1 存储在云端。随后，数据拥有者利用公钥对对称密钥加密，把得到的密文 C_2 也上传存储到云端。假设数据拥有者 A 需要把数据共享给数据接收者 B，数据拥有者 A 可以申请获取 B 的加密密钥，并结合自己的解密密钥生成一个重加密密钥，并发送到云端。由于云服务器特有的强大计算能力，可以使用重加密密钥对数据拥有者 A 的对称密钥密文 C_2 进行重加密，并把得到的新密文 C_3 也存储在云端。然后，数据接收者 B 从云端服务器上下载密文 C_3，并利用自己的私钥解密得到数据拥有者 A 的对称密钥，最后使用该对称密钥解密密文 C_1 就得到了原始的明文。由此可以达到密文共享的目的，而且在这整个过程中并不泄露 A 的私钥。

4. 同态加密

在通常的加密方案中，用户无法对密文进行除存储和传输之外的操作，否则会导致错误的解密，甚至解密失败。同时，用户也无法在没有解密的情况下，从加密数据中获取任何明文数据的任何信息。

与传统加密技术不同，同态加密在没有对数据解密的情况下就能对数据进行一定操作。同态加密允许对密文进行特定的代数运算得到仍是加密的结果。也就是说，同态加密技术的特定操作不需要对数据进行解密。从而用户可以在加密的情况下进行简单的检索和比较，并且可以获得正确的结果。因此云计算运用同态加密技术可以运行计算而无须访问原始未加密的数据。

如果有一个加密函数 f，把明文 A 变成密文 A'，把明文 B 变成密文 B'，也就是说 $f(A)=A'$，$f(B)=B'$。另外，还有一个解密函数 f^{-1} 能够将 f 加密后的密文解密成明文。

对于一般的加密函数，如果将 A' 和 B' 相加得到 C'，我们用 f^{-1} 对 C' 进行解密得到的结果一般是毫无意义的乱码。

但是，如果 f 是一个可以进行同态加密的加密函数，对 C' 使用 f^{-1} 进行解密可以得到结果 C，这时 $C=A+B$。这样，可以分离数据所有权与数据处理权。企业既利用了云服务的算力，也防止了自身数据泄露。

同态分类如表 4-2 所示。如果加密函数 f 只是加法同态，那么密文就只能进行加减法运算；如果加密函数 f 只满足乘法同态，那么密文就只能进行乘除法运算。

表 4-2　同态分类

名　称	条　件
加法同态	满足 $f(A)+f(B)=f(A+B)$
乘法同态	满足 $f(A)\times f(B)=f(A\times B)$
全同态	同时满足 $f(A)+f(B)=f(A+B)$ 和 $f(A)\times f(B)=f(A\times B)$

5. 可搜索加密

可搜索加密来源于这样一个问题：用户 A 把所有的文件都存放在服务器或云端，但是为了保证文件的隐私性，采用了某种加密方法，把文件加密过后再存储在服务器或云端。只有用户 A 才有密钥解密这些文件。当 A 需要在执行基于关键词的检索操作时，需要先把大量的文件下载解密再进行检索。这样的操作方式不仅占用本地和网络的大量资源，而且耗费大量的时间，效率低下。

可搜索加密技术为了解决这个难题提出了基于密文进行搜索查询的方案，在这种模式下，密码学的基本技术用来保证用户的隐私信息和人身安全。

可搜索加密过程可以分为 4 个步骤。

- 文件加密。要求用户在本地使用密钥把所有的明文文件进行加密，发送并存储在服务器端或云端。
- 生成陷门。具备检索能力的用户，把待查询的关键字加密生成陷门，并发送到云端。其他用户或云服务商无法从陷门中获取关键词的任何信息。
- 检索过程。服务器或云端使用关键词陷门作为输入，执行检索操作，并把执行结果返回给用户。在这个过程中，云服务商除了能知道哪些文件包含有检索的关键字，无法获得更多信息。
- 下载解密。用户从云端下载文件并通过密钥解密密文，生成包含关键词的明文。

可搜索加密策略分类如表 4-3 所示。

表 4-3　可搜索加密策略分类

策略名称	特　点	适用模型
对称可搜索加密	开销小、算法简单、速度快	适用于单用户模型
非对称可搜索加密	算法通常较为复杂，加解密速度较慢，公私钥相互分离	适用于多对一模型

对称可搜索加密在加解密过程中均采用相同的密钥进行包括关键词陷门的生成，所以具有计算开销小、速度快、算法简单的特点，适用于解决单用户模型的搜索加密问题。用户使用密钥加密个人文件并上传至服务器。检索时，用户通过密钥生成待检索关键词陷门，服务器根据陷门执行检索过程后返回目标密文。

非对称可搜索加密和对称可搜索加密不同，其在加解密过程中将使用两种密钥：公钥用于明文信息的加密和目标密文的检索，私钥用于生成关键词陷门和解密密文信息。由此非对称可搜索加密算法比对称加密算法更复杂，加解密速度较慢。然而，其公私密钥的非对称加密方式非常适用于多对一模式的可搜索加密问题：数据发送者使用数据接收者的公钥对明文信息以及关键词索引进行加密，当需要检索时，接受者使用私钥生成待检索关键词陷门。服务器或云端通过陷门执行检索算法后，返回包含关键词的密文。该过程可以避免发送者和接收者之间的直接数据通道和安全问题，具有较高的实用性。

4.3.2　数据完整性

数据完整性是边缘安全性的重要问题，因为用户数据被外包到边缘服务器，而数据完整性可能会受到这个流程的影响。它是指数据所有者检查外包数据的完整性和可用性，以确保没有被任何未经授权的用户或系统修改。

由于数据存储和处理都依赖边缘服务器，这将引入类似云计算中的一些问题。例如，外包数据可能丢失或被未授权方错误修改。数据完整性需要确保用户数据的准确性和一致性。

目前，关于数据完整性的研究主要集中在以下四个方面：

（1）动态审计。数据完整性审计方案应该具有动态审计功能，因为数据通常在外包服务器中动态更新。

（2）批量审计。数据完整性审计方案应当支持大量用户在多个边缘数据中心同时发送审计请求或数据的批处理操作。

（3）隐私保护。通常是完整性审计由第三方审计平台实施，因为数据存储服务器和数据所有者不能提供公正和诚实的审计结果。在这种情况下，当第三方审计平台是半可信或不可信时，就很难确保数据隐私。

（4）低复杂度。低复杂度是数据完整性设计中的重要性能标准，它包括低存储开销、低通信成本和低计算。

4.3.3　安全数据计算

安全数据计算也是边缘计算中的一个关键问题。来自终端用户的敏感数据通常以密文形式外包到边缘服务器。在这种情况下，用户必须在加密数据文件中进行关键字搜索。在研究人员的努力下，有几种可搜索加密方法已经被提出，它们支持通过关键字在加密数据中进行安全搜索而不需要执行解密操作。例如，安全排名的关键字搜索方案可以通过一定的相关标准和索引获得正确的搜索结果。排名关键字搜索是指系统返回根据某些相关性得到的搜索结果，比如关键字出现频率等标准。这样既提高了系统的适用性，也符合边缘计算中隐私数据保护的实际需求环境。

此外，在安全数据搜索的基础上进一步实现各种功能是一个严峻的挑战，例如基于属性的关键词搜索方案可以支持细粒度数据共享。动态搜索方法能够实现动态更新，支持密文数据的不同操作并且可以返回正确的搜索结果而无须重建搜索索引。使用关键字搜索方法的代理重加密可以实现对搜索权限的控制。

4.3.4　身份认证

如果没有任何身份验证机制，外部攻击者很可能访问服务基础架构的敏感资源，内部攻击者可以通过其合法访问权限来擦除恶意访问记录。在这种情况下，有必要探索边缘计算中的身份验证实施方法，保护用户免受现有安全和隐私问题的影响并尽量减少内部威胁和外部威胁。此外，边缘计算环境不仅需要验证一个信任域中每个实体的身份，也需要在不同的信任域之间进行实体相互认证。目前，合适的认证方法包括单域认证、跨域认证和切换认证。

（1）单域认证。单个信任域中的身份验证主要用于解决每个实体的身份分配问题。边缘计算的实体必须在他们获得服务之前从授权中心进行身份验证。2015 年，Tsai 和 Lo 提出了一个分布式移动设备的匿名身份验证方案，以提高移动用户访问多个移动云的安全性和便利性。来自多个服务提供商的服务仅使用一个私钥。该方案还支持相互认证、密钥交换、用户匿名和用户不可追踪性，并且安全强度基于双线性配对密码系统和动态随机数生成。最近，Mahmood 等人提出了一种基于椭圆曲线密码系统 ECC 的轻量级认证方案，可以提供相互身份验证并且防止所有已知的安全攻击。

（2）跨域认证。目前，关于边缘服务器的不同信任域实体之间的认证机制尚未形成完整的理论方法。在这种情况下，一个可行的研究思路是从其他相关领域中寻找这个问题的解决方案，例如多个云服务之间的身份验证。云计算中的提供者可以看作是边缘计算中跨域认证的一种形式，所以多云中的认证标准（如 SAML，OpenID）可以用于参考。

（3）切换认证。在边缘计算中，移动用户的地理位置经常会发生变化，传统的集中认证协议不适合这种情况。切换认证是一种为了解决高移动性用户认证问题而研究的认证传输技术。2016 年，YANG 等人提出了一种新的用于移动云网络的切换认证，允许移动客户端从一个区域匿名迁移到另一个区域。该方案使用椭圆曲线算法的认证协议，在身份验证中加密以保持客户端的身份和位置在身份验证传输过程中始终隐藏。

4.3.5 访问控制

由于边缘计算的外包特征，如果没有有效的认证机制，没有授权身份的恶意用户将滥用边缘或核心基础架构中的服务资源。这为安全访问控制系统带来了巨大的安全挑战。例如，如果边缘设备具有一定权限，就可以访问、滥用、修改边缘服务器上的虚拟化资源。此外，在分布式边缘计算中，有多种不同基础设施的信任域共存于同一个边缘生态系统，因此每个信任域中的访问控制系统都是十分必要的。但是，大多数传统的访问控制机制通常是在一个信任域中寻址，并且不适用于边缘计算中的多个信任域。几种基于加密的解决方案，例如基于属性的加密和基于角色的加密方法，可以用来实现灵活和细粒度的访问控制。此外，还有一些其他安全机制，如基于 TPM 的访问控制可能适合某些边缘计算架构。

（1）基于属性访问控制。2010 年，YU 等人首先提出了一个安全、可扩展的细粒度数据访问控制方案，采用了基于属性的加密（ABE）、代理重加密（PRE）。这种访问控制方案一方面实现了细粒度的访问策略，同时基于数据属性的控制对半信任的第三方不会公开数据内容和用户访问的任何信息。2015 年，JIN 等人设计了安全和轻量级基于属性的密文数据访问控制方案，可以保护外包数据的机密性并提供移动计算中的细粒度数据访问控制，大大减少加密和解密操作的计算开销，同时提高整体系统性能。

（2）基于角色访问控制。基于角色访问控制的基本思想是：对系统操作的各种权限不是直接授予具体的用户，而是在用户集合与权限集合之间建立一个角色集合。每一种角色对应一组相应的权限。一旦用户被分配了适当的角色后，该用户就拥有此角色的所有操作权限。这样做的好处是，不必在每次创建用户时都进行分配权限的操作，只要分配用户相应的角色即可，而且角色的权限变更比用户的权限变更要少得多，这样将简化用户的权限管理，减少系统的开销。

4.3.6　隐私保护

在边缘计算中，隐私保护问题尤为突出。因为有很多潜在的窥探者，比如边缘数据中心、基础设施提供商、服务提供商，甚至某些用户，这些攻击者通常是授权实体，为了各自的利益可能获取用户敏感信息。在这种情况下，很难在拥有多个信任域的开放生态系统中去判断某个服务提供商是否值得信赖。例如，在智能电网中，很多家庭隐私信息可以从智能电表和其他物联网设备中获取。这意味着无论房子是否空置，如果智能电表被攻击者操控了，用户的隐私毫无疑问就泄露了。特别是私人信息的泄露，如数据、身份和位置，可能导致非常严重的后果。

首先，边缘服务器和传感器设备可以从终端设备收集敏感数据，例如基于同态加密的数据聚合可以提供隐私保护数据分析而无须解密。

其次，在动态和分布式计算环境中，对用户来说，在身份验证和管理期间保护其身份信息是必要的。

最后，用户的位置信息是可以预测的，因为他们通常有相对固定的兴趣点，这意味着用户可能会重复使用相同的边缘服务器。在这种情况下，我们应该更加注意保护位置隐私。

1. 数据隐私

数据隐私是用户面临的主要挑战之一，因为私有数据会在边缘设备上被处理并转移到分布式边缘数据服务器。2015 年，WEN 等人提出了实用的混合数据应用架构，包括公共云和基于概率公钥加密方法的私有云。建议架构的主要目的是实现细粒度的访问控制和关键字搜索且防止任何私人数据泄露。在这里，私有云作为代理或访问接口引入以支持私有数据在公共云中的处理。2016 年，Pasupuleti 等人提出了一个高效和适用于移动设备的安全隐私保护方法（ESPPA），基于概率公钥加密技术和排序关键词搜索，提议 ESPPA 包括四个阶段：首先，数据所有者构建来自文件集合的多个关键字的索引，然后加密数据和索引以确保隐私性；接下来，在检索阶段，数据所有者为关键字生成陷门并发送到云端服务器，当云接收陷门时，服务器开始搜索匹配的文件及其对应的文件的相关性分数；之后，服务器对匹配的文件进行排名，并根据相关性分数将该文件发送给用户；最后，用户可以检索明文，通过使用私钥解密文件。

2. 身份隐私

2013 年，Khan 等人提出了轻量级的针对云环境中移动用户的身份保护方案，基于动态凭证生成而不是数字凭证方法。该方案让受信任的第三方来分担频繁动态凭证生成操作，以此降低移动设备的计算开销。在此基础上生成的动态凭证信息可以更频繁地更新，所以可以更好地防止凭证被伪造和窃取。同年，Park 等人提出了一个基于公钥基础设施的改进身份管理协议，可以通过负载平衡来降低网络成本，允许相互依赖的交流方进行简单的身份管理。

3. 位置隐私

近年来，基于位置的服务（LBS）越来越多，用户可以向基于位置的服务提供商（LBSP）提交他们的请求和位置信息以获得不同的服务。但是，因为用户无法知道 LBSP 是否可以信任，所以这也带来了一系列的隐私问题。2012 年，WEI 等人提出了一个灵活的位置共享系统，称为 MobiShare。这个系统支持特定范围内的查询位置和用户定义的访问控制。在 MobiShare 系统中，用户身份和匿名位置信息分别存储在两个实体中，即使一个实体受到攻击，另一个也不受影响。2015 年，Kassem 等人提出了细粒度位置访问控制工具，名为 LP-doctor，以防止移动应用程序带来的位置隐私威胁。LP-doctor 是一款基于 Android 系统的移动设备工具，可以实现基于操作系统的用户级位置访问控制，无须对应用程序进行任何修改。LP-docter 包括应用程序会话管理器、策略管理器、位置检测器、移动管理器、直方图管理器、威胁分析器和匿名化执行器。应用程序会话管理器负责监视应用程序启动和将事件退出到匿名位置。当基于位置的应用程序运行时，策略管理器为当前访问的位置和已启动的应用程序提供隐私策略，例如阻止、允许和保护。位置检测器监视用户的真实位置，移动管理器更新位置信息。直方图管理器维护每个人观察到的访问地点。威胁分析器根据当前制定的政策分析保护对象。如果威胁分析器决定了保护位置信息，那么匿名化执行器通过添加拉普拉斯噪声来生成假位置以确保位置匿名。

4.4 边缘计算安全威胁现状与发展

云越来越受欢迎的主要原因在于其支持的业务模式，最终将使得成本降低，并提供更大的可扩展性及按需供应资源的服务。支持无处不在的连接、弹性、可扩展资源和易于部署等云的特性也使得这些计算配置适用于诸如物联网（IoT）——传感器、移动设备等领域。物联网部署的新趋势是引入现有云设置不能充分满足的新需求。这些要求包括但不限于地理分布、低时延性、位置感知和移动性支持等。

为了满足以上要求，研究人员提出了基于边缘和雾的新技术。这些共同标记为扩展的云的技术允许计算发生在更接近数据源的地方。这将最终提高服务的质量，因为它将降低在终端节点和云之间传输数据的时延。这些技术支持新的应用程序和服务，例如 Google Now2 和

Foursquare3，它们都是移动平台的位置感知应用程序。进一步支持的应用类型包括自动驾驶车辆的交通控制管理、机器人、公共安全和增强现实等。

尽管边缘和雾有其优点，但是扩展云面临着挑战。在云环境中，用户对硬件、软件和数据的控制较少。失去对数据的控制以及缺乏透明度引起了许多安全问题，这给那些想要“云化”IT 基础设施的组织带来了不确定性。Vision 发布的报告强调，由于安全问题，公司越来越不愿意将基础设施迁移到云中。由于云基础设施广泛用于关键托管服务，云中任何潜在的破坏都将对公民的健康、安全、经济福祉或政府的有效运作等产生重大影响。虽然可以使用现有机制解决一些问题，但是边缘和雾的其他威胁也会给云带来风险。

边缘和雾不是云的简单扩展，相反，它们需要重新审视其实现栈的层数，考查其逻辑或物理变化，以及它们可能会引入的额外安全影响。例如，为了支持包含边缘节点，以及管理层中支持在数据中心和网络边缘之间跨越节点的操作，可能需要对虚拟化层进行更改。关于这些扩展的技术细节尚未建立，但是考虑到现有云，可以预见边缘和雾将会经历的安全性和快速恢复性问题。下文列出了其面临的关键挑战及其描述。

1. 基础设施威胁

边缘网络基础设施是“最后一千米网络”的一部分，不同的运营商利用不同的技术来构建网络。这使得边缘基础设施容易受到多种类型的攻击。例如，分布式拒绝服务攻击和无线干扰可以很容易地消耗带宽、频带和边缘处的计算资源。

以分布式拒绝服务攻击为例，常见的针对边缘计算网络的 DDoS 攻击有：

（1）针对边缘数据中心的攻击。此种攻击类似于针对云计算数据中心的攻击。但由于边缘设备中心数量多，边缘计算设备计算资源有限，云计算环境下已有的抵御 DDoS 网络攻击的方法并不适用于边缘计算模式。因而针对边缘计算网络的实际需求，需要设计新的安全机制。

（2）针对终端的攻击。在通常情况下，终端设备将数据发送给边缘数据中心进行处理。当短时间内有大量数据被各终端设备发送而导致边缘中心的时延升高时，终端设备可以将计算任务卸载到对等具有空闲资源的设备上。攻击者会利用这种机制形成对终端设备的攻击。

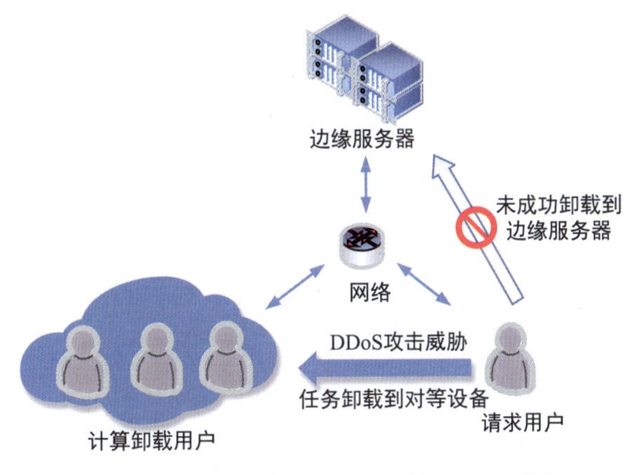

图 4-4　边缘计算中针对终端的 DDoS 攻击

边缘计算中针对终端的 DDoS 攻击如图 4-4 所示。当具有空闲资源的终端充当边缘设备时，攻击者可以修改包含计算卸载任务的数据包，使得设备收到的工作任务负载数据中包含恶意代码或者病毒，导致其无法提供计算服务。用户会将计算请求发送给其他设备，间接成为新的攻击源，最终导致整个网络的瘫痪。

2. 隐私泄露

相对于核心网络中的云计算数据中心，边缘计算设备由于更靠近终端设备，因而可以收集到更多敏感的、高价值的用户信息。例如，智能电网中的智能电表读数将会透露家中何时无人、什么时候开启电器等信息，这些信息的泄露会对家庭安全造成极大威胁。

终端通常将其任务卸载或者将数据上传到附近的边缘设备上。攻击者通过其对应的边缘节点就可以推断出终端和其他节点的大致位置，而盗取其位置隐私。位置感知要求服务获取终端用户的位置。扩展云中涉及的通信流不会将用户的身份与它们的位置隔离。因此，攻击者可以使用现有网络漏洞，将包含该信息的业务链路作为攻击目标。

3. 虚拟机的分布式图像

由于应用程序之间交互的复杂性，而它们的工作负载又使用相同的物理基础设施，因而使得需求难以预测。当涉及虚拟资源的供给时，云虚拟化必须延伸到数据中心之外，以到达边缘和雾节点。边缘和雾依赖于虚拟机图像的分布，以单一逻辑层的形式跨越平台。这些图像通过公共链接传输，这样的扩展进一步减少了对底层物理硬件的控制。攻击者可以接管这些链接并策划地理上的协同拒绝服务攻击，这将导致链路中出现时延。并且由于边缘计算的节点相较于数据中心中托管的节点容量有限，而最终将导致其不可用。

4. 干扰攻击

使用无线通信来互连节点（参见图 4-5）可能导致系统易受干扰、嗅探器等各种攻击。这些问题已经在点对点网络和无线传感器网络（WSN）中得到广泛研究，其解决方案包括使用加密通信或基于信道的认证。然而，在雾计算中，重要的是大量数据的准确交换。基于它对能耗的需求，传统的网络级安全不可能被充分执行。这将增大攻击者在数据和任务迁移期间进行所针对事件的中间攻击的可能性。例如，可能存在被感染的或伪装的雾节点，这些雾节点试图在用户外包的数据和任务中过滤有价值的信息，或在基础设施内注入虚假数据。

还有一种极端的情况，攻击者可以控制整个边缘服务器或者伪造虚假的核心设施，完全控制所有的服务，并将信息流引导到流氓服务器。例如，GSM（Global System for Mobile Comm-unication） 网络协议中的漏洞（GSM 标准不要求设备认证

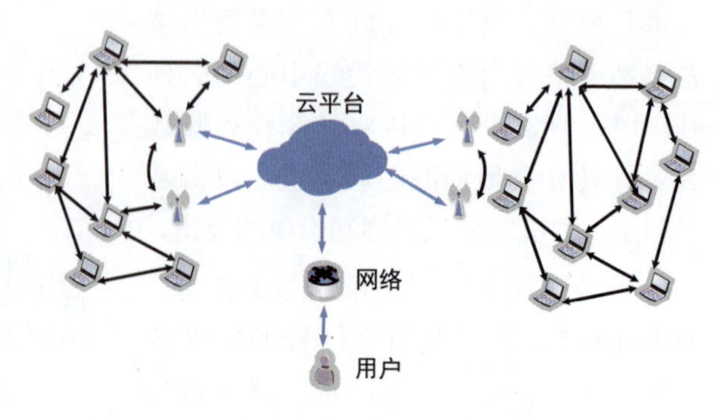

图 4-5 无线通信互连

BS）被攻击者用来创建没有被网络运营商认证及授权的伪基站（FBS）。典型的蜂窝设备支持 2G、3G 和 4G 网络，并在多个可使用网络的情况下，优先选择具有最高信号强度的网络。如果未经授权的第三方建立了自己的高信号强度 2G 伪基站，附近的客户可能会被连接到伪基站上。而攻击者将可通过伪基站向用户发送包含垃圾邮件广告、网络钓鱼链接和高收费优惠等虚假信息的短消息。

5. 弱认证

已有的应用于云数据中心的认证技术由于扩展云的开放性而具有极大的漏洞。边缘节点可能属于各种管理域。因此，攻击者可以利用这个优势来模拟真实节点并获得对后端进程的访问。

4.5 边缘计算轻量级可信计算硬件发展

随着万物互联的出现和发展，无处不在的计算设备都可以通过网络进行数据的采集、处理和交换。在边缘计算中，最基础的数据采集者是那些带有传感器、计算模块和网络互连功能的边缘设备。它们普遍具有超低功耗和价格低的特点，甚至在某些特殊情况下，这些设备需要在电池供电的情况下持续工作长达数年，例如植入和可穿戴医疗设备、环境采集设备和工控设备。因此，如何在超低功耗边缘计算设备上部署安全系统，保证信息的安全性和私密性就成了边缘计算最重要的问题之一。

由于功耗的限制，在边缘设备中，很多的安全防护和加密系统会由底层的安全芯片实现。采用这些安全加密芯片可以达到高效率、低功耗的需求。本节主要介绍轻量级硬件安全设计的现状和发展方向。

4.5.1 基于加密体制的身份认证硬件设计

在采用加密体制和密钥的用户身份认证过程中，主要有对称加密和非对称加密两种方式。然而无论采用哪种方式都会涉及几个方面：随机数生成器、加解密计算和密钥存储。在边缘设备中，需要有新颖的、低功耗的硬件设计，以保证这些设备能负担安全算法所需要的资源，从而保证设备信息安全。

1. 安全加密硬件

加密体制在信息安全中被广泛地应用，因为边缘设备的资源限制，无法采取软件方式对信息加密，所以能够降低功耗和提高运行效率的硬件加速方法成了边缘设备的主要发展方向。加密硬件加速方案在服务器和云计算领域被广泛使用，然而由于功耗和尺寸的限制，服务器的加密硬件方案并不适用于边缘环境。目前，适用于边缘环境的安全加密硬件的发展方向是开发轻量级、低功耗的安全加密硬件。以轻量化高级加密标准（Advanced Encryption Standard，AES）

引擎为例，Mathew 等人发表的基于 22nm 工艺的高级加密标准引擎方案，其仅需要 1947 个门电路。结果显示，最差多项式选择仅比最佳多项式选择多 30% 的资源开销。

2. 随机数生成器

对于密码加密系统而言，随机数生成是阻止重复攻击和密钥破解的关键部分。目前被广泛应用的随机数发生器主要有两种类型：伪随机数发生器和真随机数发生器。伪随机数发生器是采用了一个数列去模仿一个随机数发生器。而真随机数发生器是从物理噪声中获取熵值从而取代初始数列，可以避免随机数的周期性重复。尽管很多的伪随机数发生器在不知道初值的情况下与真随机数发生器很难区别，但是由于其有限的随机性和可被接触的物理实体，伪随机数发生器仍旧在物联网设备的应用中被人们顾忌。反之，真随机数发生器主要存在高功耗、高价格问题和潜在被外部因素干扰和攻击的风险。

目前，真随机数发生器的主要发展方向是对亚稳态电路和晶体振荡器中的电阻噪声进行数字实现。基于亚稳态电路的真随机数发生器能实现高速度和高效率，这得益于亚稳态和稳态之间快速转换。但是这种转换也容易受到设备差异和环境变化的影响，从而导致在没有矫正或复杂的后处理的情况下，随机数发生器生成的数字会发生一定量的偏移。

相应地，基于晶体振荡器的真随机数字发生器可以在牺牲速度的条件下实现更高的熵值和更简单的设计。然而，基于晶体振荡器的真随机数发生器也被发现容易受到注入攻击。在被攻击时，真随机数发生器中的晶体振荡器被外部晶体振荡器锁定，从而减弱抖动。目前，基于晶体振荡器的真随机数字发生器的发展方向是提高速度和效率，同时提供高熵值和轻量的质量检查。

3. 密钥存储

在用户认证和加密过程中，都不可避免地需要把密钥存储在实体芯片中。下面主要介绍两种密钥存储媒介技术：非易失存储器和采用弱物理不可克隆技术的密钥生成器。

非易失存储器有掉电数据不丢失的特点。因此，密钥一般存储在芯片或者非易失存储器中，包括只读存储器和非易失随机存储器。然而，一次大范围的入侵攻击可以读取存储在存储器中的数据，存在密钥泄露的风险。针对该风险，半导体公司研发出特别的存储器结构，例如台积电公司的反熔丝技术。该技术仅用两个 FinFET（鳍式场效应晶体管）实现一个存储单元，因此每一个单元都仅占用 0.028μm^2 的面积。另外，每一个数据位都成对存储在两个单元中，在读取数据时不会泄漏密钥信息，从而能有效地防止边信道攻击。

除了非易失存储器，还有另外一种截然不同的密钥存储技术。它利用制造过程中的随机工艺偏差生成密钥。这种技术称为弱物理不可克隆技术。这种技术采用比较一个差分对的物理特性来产生反馈，比如电压、电流和时延等。由于该类数据不存在于非易失存储器例如 EEPROM 或 FLASH 中，具有下电即丢、无法读出的特性，大大提高了芯片的安全性，因此认为这项技术比传统的密钥存储技术更安全。

4.5.2 物理不可克隆的硬件设计

目前，采用密码学的方法是信息安全中常用的方法，例如加密技术、数字认证等。基于这两种方法设计的器件都需要特有的密钥才能使用，因此保护密钥的安全成了研究的重点。由于传统方法中密钥一般存储在非易失存储器中，在存储时攻击者很容易通过攻击窃取密钥，从而使芯片的安全性大大降低。目前，保护密钥的有效方式是采用安全系数较高的密码芯片。然而 1998 年，Kocher 等人针对智能卡进行能量分析攻击，有效地提取了其中的信息，使密码设备的安全性遭受到很大的挑战。之后，针对密码芯片的攻击技术不断被研究者提出，主要分为非侵入式和侵入式攻击两种。非侵入式攻击测试芯片工作时的旁路信息，这些旁路信息与密码算法中间值有一定的相关性，利用这种相关性获取密码设备的内部信息，比较常见的有功耗分析技术、电磁分析技术、时间分析技术等。而侵入式攻击通过接触元器件内部，反向分析芯片的电路设计，从而获取密码信息，这种方式通常会破坏芯片且不可逆。

物理不可克隆函数（PUF）就是在这种形式下被提出来的，芯片在制造过程中一定存在工艺偏差，PUF 正是利用了这种偏差带来的随机性差异制成的。PUF 一般是以激励响应对（CRPs）的方式存在，对 PUF 施加一个激励，由于内部制造工艺偏差就会得到一个不可预测的响应，这种激励与响应的形成类似于一种函数关系，因此称为物理不可克隆函数。PUF 的响应只在产品上电或需要时才会提供，相对于传统密钥的存储方式，其存在时间很短，并且 PUF 对修改敏感，一旦进行篡改攻击将会显著改变 PUF 的响应。这些特性使得 PUF 避免了数字密钥的一些缺点，在身份识别和验证、密码存储和交换、数字版权管理等领域得到关注，成为信息安全领域的一个研究热点。

4.5.3 数据安全硬件设计

数据安全的需求目前只能通过密码体制实现。安全加密硬件、随机数发生器和密钥存储等硬件技术都可以应用到数据安全领域中。除此之外，边缘设备往往可以通过 ASIC（特定用途集成电路）加速硬件获得最优的功耗、性能和尺寸。很多防护边信道攻击电路也可以轻易地集成到 ASIC 芯片中。

在边缘计算设备中，由于存在大量各种不同的通信协议，所以 ASIC 芯片设计需要有灵活的加密算法和协议。这是一个与固定算法优化的 ASIC 不同的优化方向。最近的一些著作提出了两种方式来加速加密算法中计算量最大的部分。它们是内存计算和带有 SIMD（单指令多数据）指令集的灵活位宽 Galois Field（伽罗华域）算法逻辑单元。这两种 ASIC 硬件比软件方式提高了 5 ～ 20 倍的性能。

4.6 边缘计算安全技术应用方案

4.6.1 雾计算中边缘数据中心的安全认证

Deepak Puthal 等人在其论文中，针对边缘计算的弱认证问题，提出了一种新的认证方案。该认证方案是一种基于集中式云数据中心的自适应边缘数据中心（EDC）认证技术。此身份验证由云发起，然后所有的 EDC 通过云凭证相互进行验证身份。具体认证过程如下：

基于雾计算体系结构，所有的数据都存储在云端，并在云端进行处理，其中 EDC 作为中间数据中心工作，以降低用户请求的时延。云总是部署在安全环境中，因此用云来启动身份验证过程。

在 EDC 部署期间，云启动为各个 EDC 分配与密钥（K_i）和共享密钥（K_c）相关联的初始 ID（E_i）。EDC 使用可信模块（例如，可信平台模块、TPM）存储来自云的秘密信息和重新生成密钥。EDC 初始化之后，每个单独的 EDC 开始对该区域中的 EDC 进行身份验证。这有助于将来避免恶意 EDC 参与负载平衡。

1. 安全认证过程

假定 EDC-I 是 EDC 验证过程的开始，它将自己的 ID 与关联密钥相结合，并使用云发起的共享密钥（$E_{Kc}(E_i\|K_i)$）进行加密。EDC-I 通过发送到该区域中的所有 EDC 来广播生成的请求包。当其他 EDC 获得身份验证请求包时，它们使用云共享密钥（$D_{Kc}(E_i\|K_i)$）对其进行解密。由于云共享密钥对于所有 EDC 都是相同的，因此它们可以使用相同的密钥来执行加密和解密过程。共享密钥（K_c）由云向各个 EDC 发起，并且所有 EDC 都用这个共享密钥建立互信。一旦目标 EDC（EDC-J）获得源 ID 及其相关密钥，它就与云一起检查以确认源 EDC 的真实性。一旦云确认了所有内容，它将保存 EDC-I 详细信息的副本，并将其作为经过身份验证的 EDC。然后，EDC-J 将自己的 ID 与关联密钥连接起来，并使用源关联密钥（$E_{Kc}(E_i\|K_j)$）对其进行加密。一旦 EDC-I 接收到加密的包，它将使用自己的密钥对其进行解密，然后将其发送到云以验证 EDC-J。加密包的格式为（$E_{Kc}(E_i\|E_{Ki}(E_j))$），其中 E_j 是用源 EDC-I 相关密钥加密的。这与它自己的 ID 相结合，以使用云共享密钥生成加密包。在云数据中心接收到加密包后，它将使用共享密钥对其进行解密，然后检索 $E_j(E_{j}\_K_j)$ 的相关密钥以验证 EDC-J。一旦被验证，云将 E_j 和相关的密钥连接起来，并用 EDC-I 的关联密钥对其加密，然后将其发送回 EDC-I。在收到加密包之后，EDC-I 对其进行解密以得到密钥（K_j'），并将其与从 EDC-J 接收的相关密钥进行比较。如果发现匹配（$K_j = K_j'$），EDC-I 将 EDC-I 和 EDC-J 的 ID 组合并用目的地关联密钥（K_j）对其进行加密。一旦 EDC-J 接收到这个组合数据包，它就确认 EDC-I 和 EDC-J 现在都相互认证。EDC 认证过程如图 4-6 所示。

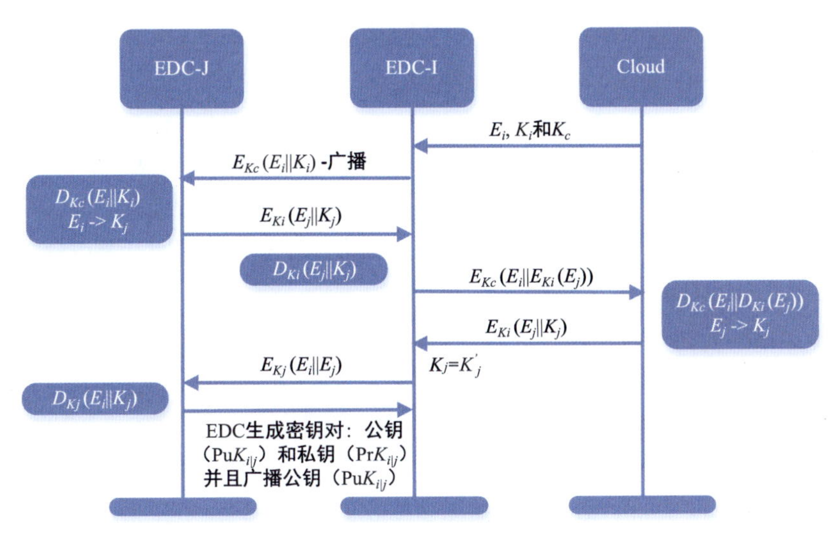

图 4-6　EDC 认证过程

2. 安全评测

（1）定义（认证攻击）。入侵者“Ma”真实攻击，并且能够监视、拦截和将自身伪装成经过身份验证的 EDC，以启动负载平衡过程。

（2）声明。攻击者 Ma 无法读取 EDC 的秘密凭证，以将自己伪装成经过身份验证的 EDC 并参与负载平衡。

（3）证明。根据以上对 TPM 模块（EDC 的安全模块）的真实性和计算强度的攻击定义，我们认为攻击者 Ma 不能获得由云发起的 E_i、K_i 和 K_c 的秘密信息。执行身份验证过程的所有安全信息都是在 EDC 部署期间由云发起的。当 EDC 开始相互认证时，它们使用云共享密钥（K_c）来加密初始认证分组（$E_{Kc}(\mathrm{EDC}_i|K_i)$），然后是 EDC 的各个关联密钥（$K_i/_j$）。在初始身份验证期间，是基于 AES 的对称加密。因此，在此期间交易不能中断。要彻底监视网络并获得身份验证凭证几乎是不可能的。在认证过程中，各个 EDC 使用其安全模块执行加密、解密或保存密钥。因此，几乎不可能使用 TPM 属性从安全模块获得进程或密钥。因此可以得出结论：在 EDC 负载平衡期间，攻击者 Ma 不能攻击认证。

（4）安全验证。利用 Scyther 仿真环境，对所提出的安全认证方案进行了正式验证。Scyther 是一个分析安全协议的正式工具。结果窗口显示了一个协议的总结和验证结果。在结果界面中，人们可以看到一个协议是否正确，并且会解释可能的验证流程结果。最主要的是，如果协议是有漏洞的，那么在协议验证结果中至少会存在一个攻击。

实验在 Scyther 环境中运行了 100 个实例。在整个实验过程中，没有出现任何的认证攻击。

这表明所提出的安全解决方案是安全的，不会受到身份验证攻击。

4.6.2 雾计算系统在无人机安全领域的应用

Nadra Guizani 等人探讨了无人机在机载雾计算系统中作为雾节点时的飞行安全方案，提出了一种基于单目摄像机和 IMU 惯性测量装置的无人机 GPS 欺骗检测方法。

采用边缘或雾部署的无人机由于通信链路的开放性，容易受到窃听和篡改等恶意攻击。被损坏和控制的无人机可能造成严重的损失。

边缘或雾环境中的无人机使用无人机与卫星、无人机与地面站以及无人机与无人机之间的异步通信链路。这些链路通过承载任务负载实现不同类型信息数据的实时共享。无人机和卫星通信使用全球导航卫星系统（GNSS）信号和气象信息。无人机与地面站之间的通信链路用于传输控制指令和视频图像数据。无人机与无人机的通信是为了实现两台无人机之间的数据传输。对于短距离飞行，无人机只需直接与地面站建立通信即可。对于长距离飞行，无人机需要使用中继机（例如，另一个作为中继器的无人机）来实现无人机和地面站的间接连接。典型的无人机通信链路如图 4-7 所示。

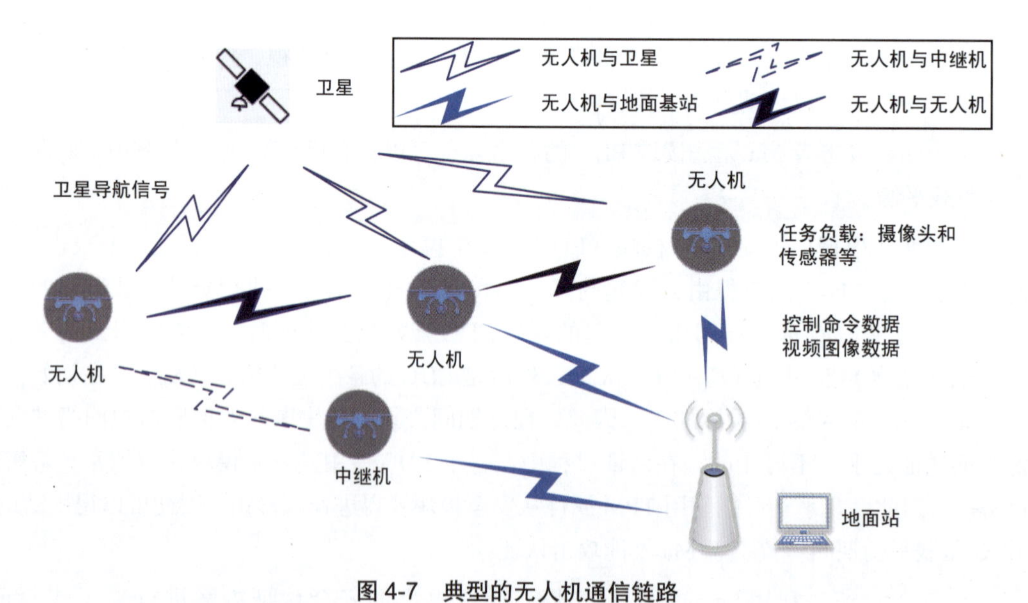

图 4-7 典型的无人机通信链路

1. GNSS 欺骗检测方法

大多数无人机通常装备有 IMU 惯性测量装置和摄像机。然而，目前并没有利用视觉传感器，例如摄像机作为用于 GPS 欺骗检测的应用。而利用 IMU 进行 GPS 欺骗检测是最简单、成本最低且最有效的方法。IMU 用于测量速度时存在累积误差问题。可以引入视觉传感器，并将其与 IMU 结合进行信息融合，以解决 GPS 欺骗问题。这种方法有几个优点：首先，它可以有效地利用无人机自身的传感器，并且不需要额外的辅助设备；其次，信息融合算法负担轻，可以在无人机上实现，实时检测 GPS 欺骗；再次，通过获取无人机的实时速度，该方法能够抵抗复杂的 GPS 欺骗攻击。

如图 4-8 所示为 GNSS 欺骗检测方法的流程图。从 IMU 可以得到无人机的瞬时加速度。无人机的速度和位置可以通过对时间加速度分别进行一次积分运算、两次积分运算来获得。误差在积分过程中积累，累积误差随时间逐渐增加。除了使用 IMU，还可以使用 Lucas-Kanade（LK）方法从无人机上的视觉传感器产生的视频流估计无人机的速度。这是一种基于三个假设的估计方法：亮度恒定、时间持久性和空间相干性。然而，当在 LK 方法中使用大窗口来捕捉大运动时，常常会违反相干运动假设。为了解决这个问题，可以使用金字塔 LK 算法。用 LK 方法求得的无人机速度是瞬时的，没有任何累积误差。然而，在某些情况下（例如，无人机姿态角的突变），没有从视觉传感器产生的视频流中提取足够的特征点，或者从视频流的一些帧中获取的地面信息不是统一的平面。因此，LK 方法测得的速度存在一定的误差。在这种情况下，可以使用 IMU 获得无人机的速度。进一步可以使用信息融合来获得尽可能精确的估计。当 LK 方法测得的速度稳定时，将其值作为无人机的实际速度，然后更新 IMU 的速度。

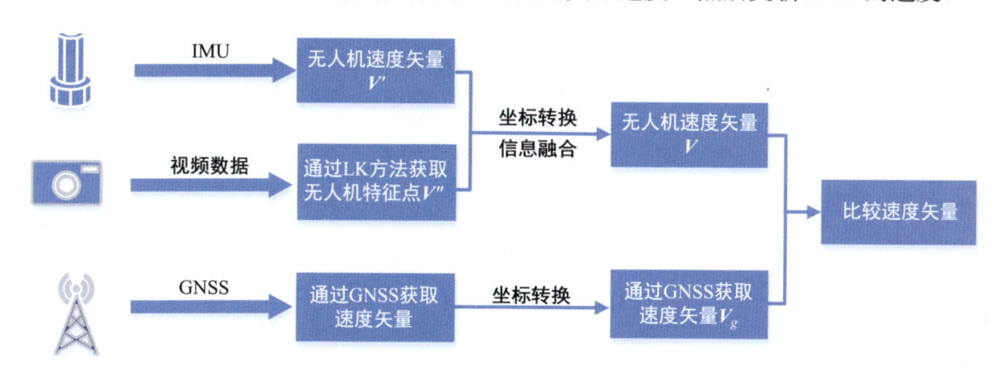

图 4-8　GNSS 欺骗检测方法的流程图

为了简单起见，假设相机直接安装在无人机下面，并且相机运动和无人机运动是一致的。无人机在 NED 坐标系中的速度向量 V' 由机身坐标转换而来。IMU 的速度矢量是通过对机身坐标积分运算获得的。然后通过坐标变换得到 NED 坐标系中的速度矢量 V''。利用卡尔曼滤波器对 V'、V'' 进行信息融合，从而获得无人机的速度矢量 V。此外，直接通过 GNSS 获取的飞行器的位置和速度信息基于世界大地坐标系统 -1984（WGS-84）。NED 坐标系中的 GNSS 获取的速度矢量 V_g 由 WGS-84 到 NED 坐标系的转换产生。最后，将 V 和 V_g 进行比较，如果偏差小于阈值，则表明无人机没有被欺骗，否则无人机被 GPS 欺骗攻击。

通过两种技术（即 LK 方法和 GPS 传感器）测量的 NED 坐标系中的位移之间的差异可用

于判断无人机是否被欺骗。为了减少计算量，提高机载设备的工作效率，对 x 方向设置了两个累计变量，当无人机起飞时，这些变量被初始化为零。累积变量分别表示为 S_{gx} 和 S_{kx}，分别对应于 GPS 传感器和 LK 方法。可以针对每个时间间隔 d_t（例如，每秒或每分钟）计算 S_{gx} 和 S_{kx}。此外，对于每个时间间隔，可以确定 X_g 和 X_k 之间的差异是否超过了用于 GPS 欺骗检测的阈值 X_{th}。否则，无人机没有被欺骗。通过相同的技术，在 y 方向维持两个类似的累积变量。如果 X_g 和 X_k 之间的差异超过 x 或 y 方向的阈值 X_{th}，则可以确定无人机被欺骗。注意，无人机 z 方向的位移是通过另一个传感器设备（如气压计）而不是 GPS 传感器来感测的。

其中，d_t 和 X_{th} 应该根据应用环境来设置，例如安全飞行距离差异（在某些情况下为 1m）。

2. 测试评估

实验环境使用 DJI Phantom 4 作为无人机平台。照相机的焦距为 20mm。视频分辨率和帧速率分别为 1280×720 和 30 f/s。为了保证数据的完整性，采用遥控器控制无人机的飞行轨迹，飞行轨迹为近似矩形。发射的 GPS 信号轨迹的起点与无人机飞行路径的起点相同。模拟的 GPS 信号以 5m/s 的速度移动，轨迹为封闭矩形。由 DJI 提供的移动 SDK 获取飞机的偏航角、俯仰角、滚转角、IMU 数据和高度。

在 Ubuntu Linux 14.04 上用 OpenCV 2.4.10 实现了 LK 方法来处理视频流，因为它提供了许多高效的应用程序编程接口。利用卡尔曼滤波器对单目摄像机和 IMU 进行信息融合。

根据最大安全飞行距离差和测量误差等因素确定阈值 X_{th} 和 d_t。通过对 DJI Phantom 4 进行 100 次试验，可以得出 10m 和 250m 是 X_{th} 和 d_t 的最优选择。可以看到，如果仅考虑 x 轴，则在 2046ms 处检测到 GPS 欺骗。此外，如果仅检测 y 轴，则在 23311ms 处检测到 GPS 欺骗。根据提出的算法，如果在 d_t 中检测 x 轴或 y 轴，则无人机可以成功地检测到 GPS 欺骗攻击。

4.6.3 边缘计算中区块链安全技术在车辆自组织架构中的应用

车辆自组织网络（VANET）的发展给人类带来了很大的便利。然而，车辆自组织网络的主要问题是数据的安全问题，包括数据的安全传输，在数据中心里的数据的安全存储、访问控制和隐私保护。在传统的车辆自组织架构中，这些安全问题还需依赖可信赖的中心实体。然而，中心实体可能导致单点失败问题，而且目前的技术也无法保障中心实体中数据的安全。

区块链是分布式数据存储、点对点传输、共识机制、加密算法等计算机技术的新型应用模式，是一种全新的分布式基础架构。人们可以利用区块链式数据结构来验证与存储数据，利用分布式节点共识算法生成和更新数据，利用密码学的方式保证数据传输和访问的安全，利用由自动化脚本代码组成的智能合约来编程和操作数据。

区块链技术是一系列已有技术的组合体，包括分布式网络、密码技术（数字签名、安全摘要算法）、Merkle 树、工作量证明、拜占庭容错协议等。区块链的分布式技术和先进的密码学和散列函数保证存储在链路里的数据的防篡改性和可追溯性。并且这项技术还采用共识机制保障数据完整性。因此，区块链技术很适合解决车辆自组织网络中的去中心化问题。但其共识机制的处理需要大量的计算力，这在资源有限的车辆上很难实现。

由此需要边缘计算网络提供数据安全服务，帮助移动设备处理并将数据传输到数据中心或云端。因此，在车辆自组织网络中，边缘计算可被应用于实现区块链的共识机制，从而保证数据的防篡改性和可追溯性。

在这个应用中，安全网络主要分为感知层、边缘计算层和服务层，如图 4-9 所示。

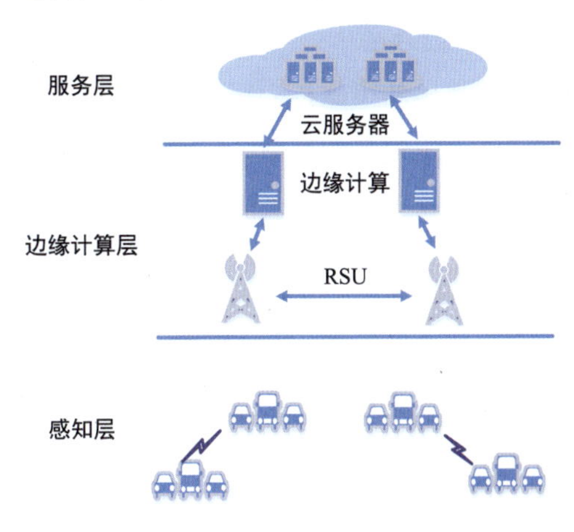

图 4-9　VANET 安全网络层级

1. 感知层

因为主要的安全目标是车辆自组织网络中的数据，所以在整个安全层级的划分中，最前端和边缘的设备是车辆上的感知设备和计算单元。由于车辆符合典型的边缘设备限制，只有有限的计算资源和空间，而且其具有高移动性，因此在传统的车辆自组织网络中无法进行大量数据的加密和处理。在本案例的安全网络中，采用了区块链的安全机制。车辆主要实现的安全功能为钱包（存储地址和密钥）和网络路由（验证和传播区块信息，发现并保持节点之间的链接）。

2. 边缘计算层

边缘计算层处于感知层和服务层中间，承载感知层和服务层之间的加密、认证、数据交换和数据存储，实现 VANET 基于区块链的分布式安全网络架构。基于区块链概念，边缘计算层需要完成区块链的所有功能，包括钱包（存储地址和密钥）、挖矿、完整区块链（存储所有区块链数据）和网络路由（验证和传播区块信息，发现并保持节点之间的链接）。其中又分为路边单元（RSU）和边缘计算单元。

路边单元互相之间由线缆连接，形成稳定的区块网络，以确保唯一的账单。所有的区块链功能都可由路边单元完成。即使在行进过程中，每一辆车都可以直接或通过其他车辆间接地连接到路边单元。

边缘计算网络是协助并卸载路边单元处理区块链计算业务的网络。由于车辆自组织网络自身有大量的信息交易，完全依靠路边单元完成共识机制处理会影响网络性能并提高时延。由此，边缘计算网络可以有效地帮助路边单元处理计算集中的业务，并把结果返回路边单元。除此之外，边缘计算网络还可以负责处理一些比较占用计算资源的业务，比如图像和视频处理。

3. 服务层

服务层的主体是云端或者数据中心。引入服务层的主要目的是负责数据存储。车辆自组织网络会产生大量的数据。由于边缘层存储空间比较受限，无法把所有数据都存储在边缘层中，因此需要云端服务器作为数据存储的扩展空间。在这个安全架构中，为了避免额外的资源开销，数据会被分为两种类型，其中需要防篡改和可追溯的数据可以经由区块链处理，如事故数据、违章数据等。其他不需要防篡改和可追溯的数据则可以选择存储到云端或者边缘计算单元中。此外，服务层中的数据中心节点也避免违反车辆自组织网络的协议。

在这个应用中，通过引入边缘计算层采用区块链技术对车辆自组织架构的数据安全进行了优化和重定义，结合边缘计算的资源和区块链数据防篡改和可追溯的特点实现数据分布式加密。

参考文献

[1] 边缘计算产业联盟，工业互联网产业联盟，边缘计算参考架构 3.0 [R/OL]，（2018-11）[2019-4-15]. http：//www.ecconsortium.org.

[2] ZHANG XiaoDong，LI Ru，CUI Bo.A security architecture of VANET based on blockchain and mobile edge computing［C］. Proceedings of 2018 1st IEEE International Conference on Hot Information-Centric Networking，2018.

[3] YANG Kaiyuan，David Blaauw，Dennis Sylvester. Hardware Design for Security in Ultra-Low-Power IOT Systems：an Overview and Survey［C］. the IEEE Computer Society，2017.

[4] 张佳乐，赵彦超，陈兵，等 . 边缘计算数据安全与隐私保护研究综述［J］. 通信学报，2018，39（3）.

[5] GAO Weichao，William G Hatcher，YU Wei.A Survey of Blockchain：Techniques，Appliations，and Challenges. IEEE，2018.

[6] Syed Noorulhassan Shirazi，Antonios Gouglidis，Arsham Farshad，et al. The Extended Cloud：Review and Analysis of Mobile Edge Computing and Fog From a Security and Resilience Perspective［C］. IEEE Journal On Selected Areas In Communications，2017，35（11）.

[7] A Shamir. Identity-based cryptosystems and signature schemesp［C］. Advances in Cryptology（Lecture Notes in Computer Science）. Santa Barbara：Springer，1984，196：47-53.

[8] WANG S，Zhou J，LIU J K，et al.An Efficient File Hierarchy Attribute-Based Encryption Scheme in Cloud Computing［J］. IEEE Transactions on Information Forensics and Security，2016，11（6）：1265-1277.

[9] R L Rivest，L Adleman，M L Dertouzos. On Data Banks and Privacy Homomorphisms［J］. Foundations of Secure Computation，1978，4（11）：169-180.

[10] WANG C，CAO N，REN K，et al.Enabling Secure and Efficient Ranked Keyword Search over Outsourced Cloud Data［C］. IEEE Transactions on Parallel and Distributed Systems，2012，23（8）：1467-1479.

[11] S Kamara，C Papamanthou，T Roeder. Dynamic Searchable Symmetric Encryption［C］. CCS' 12 Proceedings of the 2012 ACM conference on Computer and communications security，Raleigh，2012：965-976.

[12] LIN C，SHEN Z，CHEN Q，et al. A Data Integrity Verification Scheme in Mobile Cloud Computing［J］. Journal of Net-

work and Computer Applications，2017（77）：146-151.

[13] CAO N，WANG C，LI M，et al. Privacy-preserving Multikeyword Ranked Search over Encrypted Cloud Data［J］. IEEE Transactions on Parallel and Distributed Systems，2014，25（1）：222-233.

[14] LI J，MA R，GUAN H. TEES：An Efficient Search Scheme over Encrypted Data on Mobile Cloud［J］. An Efficient Search Scheme over Encrypted Data on Mobile Cloud，2017，5，（1）：126-139.

[15] J–L Tsai，N-W Lo. A Privacy-Aware Authentication Scheme for Distributed Mobile Cloud Computing Services［J］. IEEE Systems Journal，2015，9（3）：805-815.

[16] D S Touceda，J M S C，M Soriano. Attributebased Authorization for Structured Peer-To-Peer（P2P）Networks［J］. Computer Standards & Interfaces，2015，42：71-83.

[17] YU S，WANG C，REN K，et al. Achieving Secure，Scalable，and fine-Grained Data Access Control in Cloud Computing［C］. INFOCOM，2010 Proceedings IEEE，San Diego，2010：1-9.

[18] HUANG Q，YANG Y，WANG L. Secure Data Access Control with Ciphertext Update and Computation Outsourcing in Fog Computing for Internet of Things［J］. IEEE Access，2017，5：12941-12950.

[19] D R Kuhn，E J Coyne，T R Weil.Adding Attributes to Role-Based Access Control［J］.IEEE Computer，2010，43（6）：79-81.

[20] NIU B，LI Q，ZHU X，et al. Enhancing Privacy Through Caching in Location-Based Services［C］. IEEE Conference on Computer，Hong Kong，2015：1017-1025.

[21] YANG X，HUANG X，LIU J K. Efficient handover authentication with user anonymity and untraceability for mobile cloud computing［C］. Future Generat. Comput. Syst.，2016：190-195.

[22] S Mathew，Sudhir Satpathy，Vikram Suresh，et al. 340mV-1.1V，289 Gbps/W，2090-Gate NanoAES Hardware Accelerator with Area-Optimized Encrypt/Decrypt GF(24)2 Polynomials in 22 nm Tri-Gate CMOS［J］. IEEE J. Solid-State Circuits，2015：1048-1058.

第 5 章

边缘计算应用案例

本章详细介绍来自互联网厂商、工业企业、通信设备企业和运营商的边缘计算典型工程案例，帮助读者从理论学习迈向实战。互联网公司工程应用开发，致力于多通信运营商边缘资源的统一接入，通过虚拟化和智能调度，提高资源利用率，降低使用成本；同时，根据边缘基础设施的参考标准，支撑“云－边－端”算力的全局统一调度，为 AI 提供低时延和最优的边缘算力。工业企业充分发挥自身工业网络连接和工业互联网平台服务的领域优势，加速推进工业物联网网关商业应用进程，规范工业互联网中的数据采集、转换、处理和传输，达到不同厂商品牌工业设备数据、工厂 OT 组网和通信协议的转化、兼容和互联。通信设备企业和通信运营商通过联动互联网厂商的业务服务，开放接入侧网络能力。

边缘计算已经被大量应用在许多实际的商业场景中，目前已知的应用场景包括但不限于表 5-1 中所列出的场景。本章选取了 9 个典型的边缘计算商业应用场景，分别介绍其背景、技术架构和落地点。

表 5-1　边缘计算在商业中的应用场景

场景类型	场景特点	场景举例
边缘 CDN	1. 低时延 2. 缓存控制 3. 同 CDN 功能联动 4. 高并发	1. 页面内容修改 2. 自定义缓存控制 3. URL 重写 4. 动态回源 5. API 网关智能设备联动
边缘安全	1. 安全产品库边缘部署 2. 同节点安全功能联动 3. 丰富的处理动作 4. 容器运行环境安全	1. 黑白名单 2. 访问控制 3. 反爬取 4. 人机识别 5. 安全接入

续表

场景类型	场景特点	场景举例
AI 边缘	1. 边缘部署 AI 模型 2. AI 模型保护 3. AI 硬件加速	1. 图片审计 2. 反恐审计 3. 人脸识别 4. 鉴黄识别 5. 新零售智能管控 6. 智能驾驶 7. 智能家庭
网络和 IoT 设备边缘； 智能工业互联网边缘	1. 支持 IoT 协议 2. 私有化部署 3. 数据脱敏	1. 工业机器管理 2. 无人机视觉分析 3. 人流监控 4. 智能工厂 5. 智能医疗

5.1　智慧城市和无人零售

智慧城市是指利用各种信息技术或创新理念，集成城市的组成系统和服务，以提升资源运用的效率，优化城市管理和服务，改善市民生活质量。智慧城市是把新一代信息技术充分应用在城市的各行各业中，基于支持社会下一代创新的城市信息化高级形态，实现信息化、工业化与城镇化深度融合，有助于缓解“大城市病”，提高城镇化质量，实现精细化和动态管理，并提升城市管理成效和改善市民生活质量。智慧城市体系包括：智慧物流体系、智慧制造体系、智慧贸易体系、智慧能源应用体系、智慧公共服务体系、智慧社会管理体系、智慧交通体系、智慧健康保障体系、智慧安居服务体系、智慧文化服务体系。

5.1.1　智慧城市的边缘云计算应用

此类应用一般属于本地覆盖类应用。智慧城市需要信息的全面感知、智能识别研判、全域整合和高效处置。智慧城市的数据汇集热点包括地区、公安、交警等数据，运营商的通信类数据，互联网的社会群体数据，IoT 设备的感应类数据。智慧城市服务需要通过数据智能识别出各类事件，并根据数据相关性对事态进行预测。基于不同行业的业务规则，对事件风险进行研判。整合公安、交警、城管、公交等社会资源，对重大或者关联性事件进行全域资源联合调度。实现流程自动化和信息一体化，提高事件处置能力。

在智慧城市的建设过程中，边缘云计算的价值同样巨大。如图 5-1 所示，在边缘云计算架构分为采集层、感知层和应用层。

在采集层，海量监控摄像头采集原始视频并传输到就近的本地汇聚节点。在感知层，视频汇聚节点内置来自云端的视觉 AI 推理模型及参数，完成对原始视频流的汇聚和 AI 计算，提取结构化特征信息。在应用层，城市大脑可根据各个汇聚节点上报的特征信息，全面统筹规划形成决策，还可按需实时调取原始视频流。

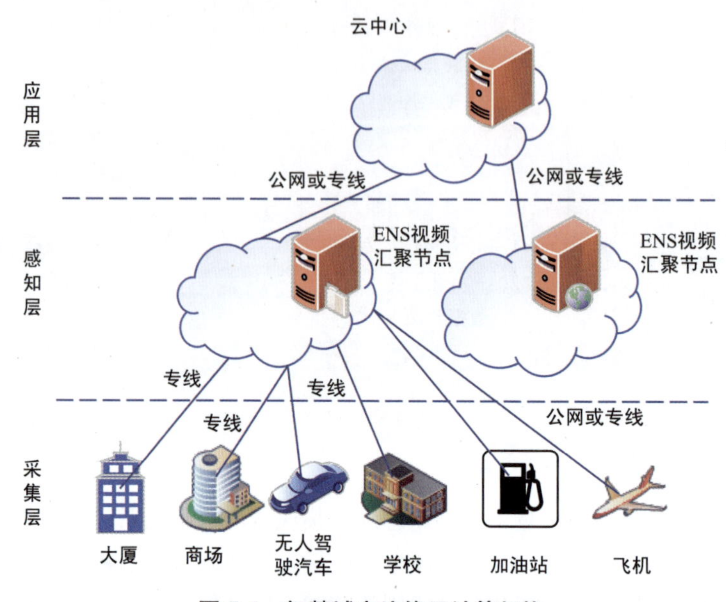

图 5-1 智慧城市边缘云计算架构

这样的“云 - 边 - 端”三层架构的价值在于：

（1）提供 AI 云服务能力。边缘视频汇聚节点对接本地的监控摄像头，可对各种能力不一的存量摄像头提供 AI 云服务能力。云端可以随时定义和调整针对原始视频的 AI 推理模型，可以支持更加丰富、可扩展的视觉 AI 应用。

（2）视频传输稳定可靠。本地的监控摄像头到云中心的距离往往比较远，专网传输成本过高，而公网直接传输难以保证质量。在“先汇聚后传输”的模型下，结合汇聚节点（CDN 网络）的链路优化能力，可以保证结构化数据和原始视频的传输效果。

（3）节省带宽。在各类监控视频上云的应用中，网络链路成本不菲。智慧城市服务对原始视频有高清码率和 7×24h 采集的需求，网络链路成本甚至可占到总成本的 50% 以上。与数据未经计算全量回传云端相比，在视频汇聚点进行 AI 计算可以节省 50% ～ 80% 的回源带宽，极大地降低成本。

与用户自建汇聚节点相比，使用基于边缘云计算技术的边缘节点服务（ENS）作为视频汇聚节点具有以下的优势：

- 交付效率高。ENS 全网建设布局，覆盖 CDN 网络的每个地区及运营商，所提供的视频汇聚服务，各行业视频监控都可以复用，在交付上不需要专门建设，可直接使用本地现有的节点资源。

- 运营成本低。允许客户按需购买、按量付费，提供弹性扩容能力，有助于用户降低首期投入，实现业务的轻资产运营。

5.1.2　新零售中的边缘云计算应用

1. 应用特征

此类应用一般属于本地覆盖类应用。在新零售行业中，线下服务和线上服务相结合，各类视频监控的数据量巨大，具备以下特征：

（1）本地化。各门店视频流的生成、采集、分析、管理等环节主要在本地进行，流量跨区情况少。

（2）多机构。与传统单门店系统不同，客户会在本地有多家分支机构，视频监控流需要统一汇聚、分析和管理。

（3）AI 分析。客户需要对视频监控流内容进行 AI 分析，以满足模式识别、结构化信息提取、事件上报等各种行业需求，有别于传统的视频流推送、回看等单一功能。

采用边缘云计算技术，能够解决新零售客户的上述问题。新零售行业边缘云计算架构如图 5-2 所示。

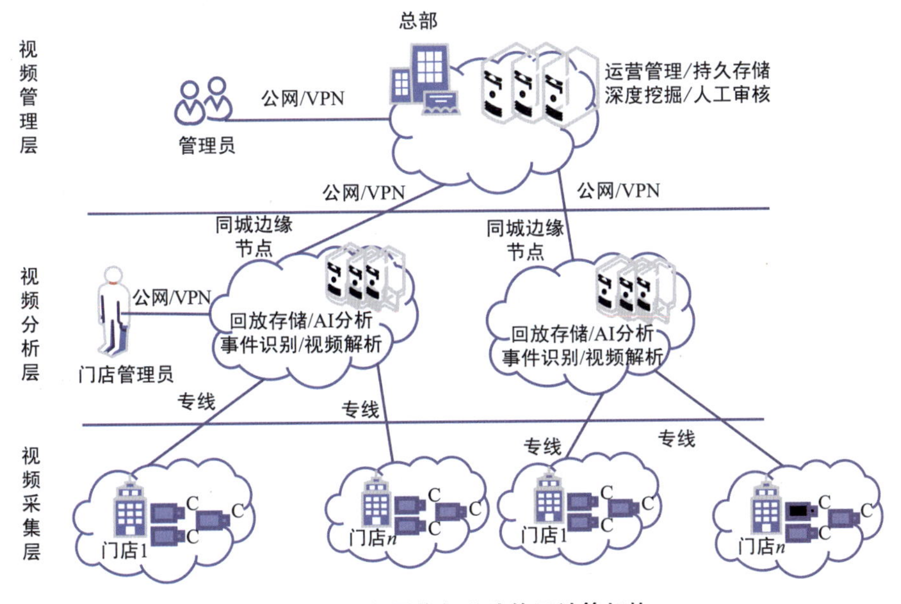

图 5-2　新零售行业边缘云计算架构

2. 边缘云计算系统组成

（1）视频采集层。门店对视频数据进行采集，仅配置监控摄像头及必要的网络设备，不再需要配置大量的计算和存储设备。各门店以专线接入同城边缘节点，实时上传视频监控流。

（2）视频分析层。边缘节点为同城各门店提供基础设施服务以承载 AI 分析、视频结构化解析、回放存储等，替换原本在门店中的物理服务器组。边缘节点以优选公网链路回传至云中心。

（3）视频管理层。中心云的相关平台对接全网上报的数据，统一做运营管理、人工审核、关键数据的持久存储等。

5.1.3 边缘计算在无人零售中的应用

无人零售店不等于完全无人。实际上无人零售店是部分工作无人化：一部分是枯燥繁重的工作，另一部分是人难以特别好地实现、需要很高的人力成本的工作。比如，基础的服务员、收银员的工作，每天都是重复化、机械化的。而导购、库管还有店长（知道在哪儿开店、如何进货、备货）的工作则具有高难度的特点，人员需经过长期培训才能上岗，把这部分工作也无人化是无人店希望达到的第一个目标。第二个目标是通过技术手段，实现线下消费流程的全面、深度的数字化，推动整个零售产业链的智能化升级。把线下的数据和线上的数据融合起来，能够为商家提供更精准的服务，这是零售行业升级的第三个目标。

有人觉得新零售主要就是无人零售，实则不然。如图 5-3 所示，新零售是一个很大的概念，例如阿里巴巴的盒马、阿里和银泰的合作、淘宝心选、阿里巴巴与星巴克的合作。无论是通过技术、商业模式，还是通过渠道，只要在原有零售效能上实现了质变的升级，就可称为新零售。

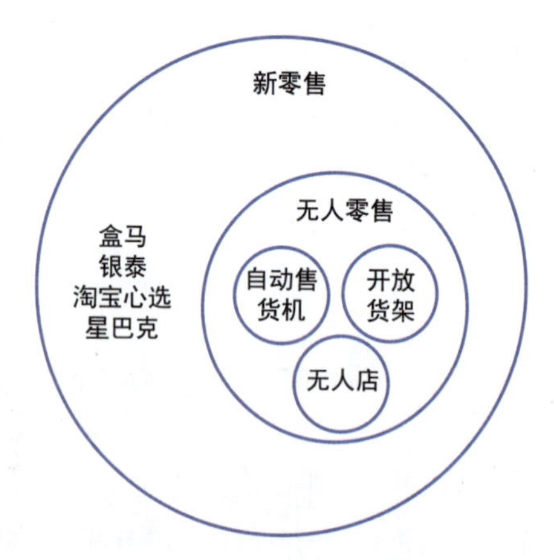

图 5-3 新零售和无人零售

无人零售只是新零售中的一部分，而且无人店也只是无人零售中的一部分。无人零售还包括了自动售货机，以及各个办公楼里面的开放货架。这三种模式其实是针对不同的店、不同的用户群以及不同的时效性来发挥不同作用的，时效性要求比较强的可能是自动售货机，写字楼里面可能是开放货架，而无人店更多的是要针对社区、商区及办公楼下的便利店、垂直行业零售店进行改造和升级。

据统计，无人店产业 2017 年实际有 200 亿元的产值。到 2020 年，会有 650 亿元的市场规模。无人店产业的主要驱动力来自线下的人力成本和其他运营成本的逐渐攀高，以及人们消费需求的升级。另外一个重要的驱动力是智能技术的发展。

有人会说“拿即走”是一个伪需求。但通过艾瑞咨询的数据统计发现，在中国市场，8.5% 的人希望有人工收银，22.7% 的人希望出门一次性统一扫码，29.8% 的人希望有一个智能结算的购物车或者购物篮，但还有 39% 的人希望拿了就走，自动结算。所以“拿即走”这种体验代表了广大消费者对提高生活品质的一部分需求。

阿里无人店开发的宗旨有两点。首先，技术上追求无人的能力，但不迎合无人的体验。其次是赋能商家，更注重提升合作伙伴的线下产业的人效、坪效。开店是否成功，最终要看人效和坪效两个指标，就好比开网店要看 GMV 一样。

无人店改造有两个典型的具体案例。第一个是阿里库，它是在阿里西溪园区旁，阿里授权的专门卖阿里纪念品的店。因为做了无人化的改造和出口自动结算，所有出口的平均时间只有 4.5s，满足每天 2300 人的客流量。第二个案例是志达书店，项目从开始到交付只用了 53 天。阿里将其改造成 3.0 版本，3.0 版本和 2.0 版本相比，日成交额提升了 78.3%。

1. 云栖现场无人店解析

阿里库和志达书店对阿里的无人店体系来说还是 1.0 版本。在 2018 年云栖大会现场，阿里展示了 2.0 版本的无人店。用一句话概括，2.0 版本的无人店就是基于计算机视觉的“天猫未来店”，探索如何通过技术的提升满足大家各种各样的方案和可能。

- C 端：便捷、贴心的体验——拿即走、快速找到所需、直观的详情与评价。
- B 端：降低成本、提供数据服务——自动结算、一键盘货、异常预警、自动补货、人群画像、单店画像、供应链预测、经营状态分析。

比如，用户进店想找某一个东西，能够快速找到。同时，店铺内有大大小小长长短短 100 多个屏幕，都是用来直观和顾客进行交互的，并且显示详情、评价、优惠活动等信息，尽量做到“比你懂你”、“随处随想”和“所见即得”。对于 B 端商家而言，店铺已经具备自动结算、一键盘货、异常预警、自动补货、人群画像、单店画像、供应链预测、经营状态分析等能力。

用户首先进店扫码，进场后唯一识别 ID 在场里面建立起来了。当用户走到一个屏幕前，屏幕会给出信息，指引用户找到想要的商品。当用户拿起商品的时候，系统通过重力感应及货架上的视频识别用户拿了什么，并将这笔订单加入用户的虚拟购物车。在出门的时候，会自动结算虚拟购物车里还没有被放回货架的商品，并且会在用户的手淘或者支付宝里生成虚拟账单。用户可以回头看买了什么。如果用户买了的商品在线上有货的话，直接跳转到线上店进行线上复购。这就是逛天猫未来店的一个基本流程。

阿里巴巴无人店技术架构如图 5-4 所示。现场的传感端把采集到的信息和数据反馈给算法端，由算法端进行解析，并通知现场的执行端和客户端，分别执行闸机开关、屏幕投放、促销推荐等操作。这 5 端是通过本地的网关来进行串联的，五个处理端加上一个本地网关是 6 个组件。在一个云端上还有一整套原来已经很完备的交易、处理、经营、数据存储的组件，这是天猫未来店的整体技术架构“6+1”。

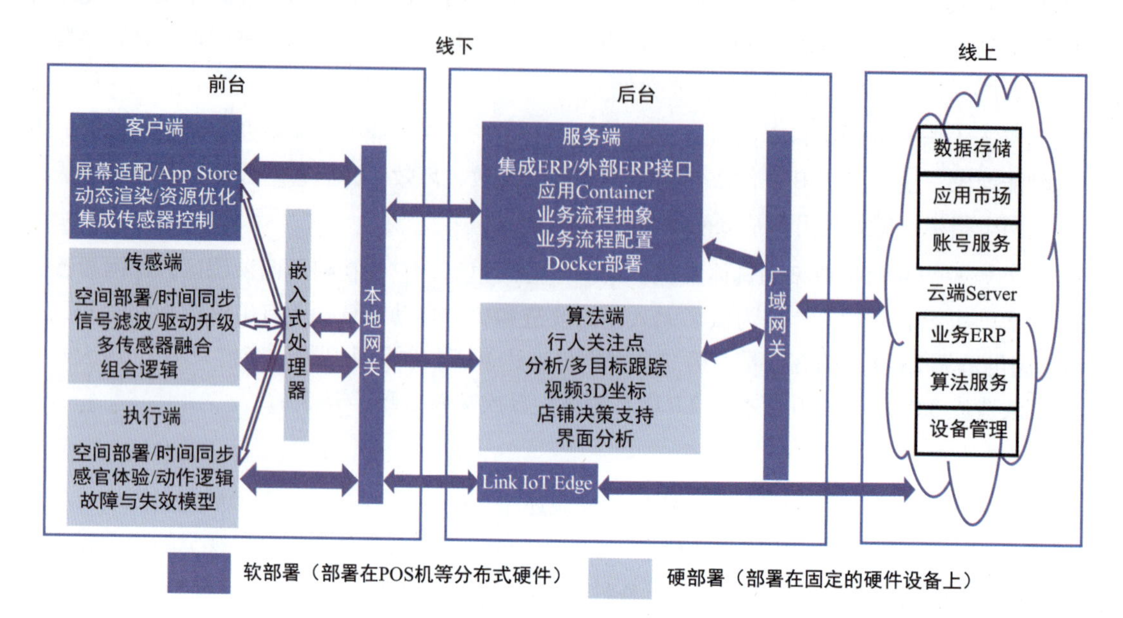

图 5-4　阿里巴巴无人店技术架构

尽管天猫未来店涉及的技术有很多，但是核心能力其实只有三个：第一个能力是全域追踪能力；第二个能力是商品识别，即通过货架的重力感应器和货架上的摄像头感知到用户手里拿了什么商品；第三个能力是人货匹配，商户知道了人是谁、货是什么，最后结算的时候要做人货匹配。人货匹配目前是无人店体系里最关键的一项技术。在现实场景中会出现多人并排站一起交叉拿货、拿了货以后又互相传、一个人拿了货给另外一个人再放回来等情况，这些都对算法的能力提出了很大的挑战。

无论是对人的识别、商品的识别，还是人货绑定的识别，最后都是在数据化用户的线下行为。线下行为数据化之后，首先可以补足线上的数据，能够形成更完善的用户画像。那么这些数据对于线下的门店有什么直接、具体的反馈呢？举个例子，通过室内定位可以知道现场用户在哪个位置，然后就可以帮助用户快速找到他想要的商品。如天猫精灵，要想知道它的货架在哪儿，只需点击屏幕就可以直接被引导到货架前。这是因为店家具备了掌握店内客户动向的能力，所以才能够对用户做精准的引导。

2. AI 解决方案的演进

那么未来无人店的建设方向是什么呢？Amazon 在 2018 年宣布，在 2021 年准备开 3000

家无人店。无论谁做这个技术，最后一定希望达到的是市场化、规模化的目标，则绕不开三个问题：

（1）定向提升算法能力。现在的用户体验还不完善，用户进店拿东西进行结算需要配合传感器，比如，店家需要顾客稳定地站在闸机前面，以便摄像头能获取人们的入场画面。抽象来说就是需要用户配合拍摄到一些信息才能给用户提供好的体验，这确实需要算法能力继续提升。

（2）降低硬件的成本。现在的硬件要满足高难度的处理要求，算力是过度冗余的。

（3）降低部署成本。部署有时间成本，如改造一个无人店，如果说这个店要关一年才能改造好，谁都不愿意干。换成一个月，人们就会愿意，这就是时间成本的问题。第二是部署完以后每一次升级新的功能，都需要人工到现场一个个更新，就像电梯里的广告屏幕要插 U 盘更新一样，这也是不现实的。

5.1.4 边缘计算在无界零售中的应用

京东的无界零售概念店 7FRESH 概念店不但整合并升级供应链，也推动了零售行业的智慧化转型，并创造了新的消费场景。

在京东的无界零售概念店 7FRESH 中，京东部署了搭载英特尔至强处理器 D-1500 的英特尔边缘智能解决方案，在边缘侧节点承载容器服务，满足了商品状态监测、收银信息记录、人脸识别等应用需求，为无界零售奠定了基础。

作为一种创新的零售理念，“无界零售”既包括通过后端供应链的一体化减少品牌商的操作难度，也包括改善前端的零售体验以满足消费者随时随地的消费需求。目前已经正式投入运行的京东 7FRESH 概念店，搭载了众多传统食品商超内不具备的“黑科技”，如实现线上线下实时同价的电子价签，可迅速查看果蔬生产种植信息的智能魔镜，支持刷脸支付的自助 POS 结算机，可跟踪消费者、解放消费者双手的无人购物车等，引领了一种智能、高效、新潮的零售风潮。

1. 背景：边缘智能驱动无界零售

在 7FRESH 概念店等线下零售场景中，主流的零售应用已经实现智能化，产生了远超普通零售店的数据。仅仅依靠云端难以提供低时延、高性能的数据存储与处理服务，所以由边缘计算支撑的智慧零售系统就扮演着重要角色。通过将边缘计算能力扩展到货架、摄像头、电子秤、打印机等本地设备，京东 7FRESH 概念店可以实现对货架商品状态的实时跟踪，分析店铺内货架热点区域，以便后续调整热门商品摆放，监控店铺内部的人员流动并通过人脸识别进行精准商品推荐等。不但可以整合并升级供应链，也推动了零售行业的智慧化转型，并创造了新的消费场景。

2. 挑战：边缘智能对基础设施提出高要求

随着网络流量和复杂性的增加，特别是AI应用的发展带来了数据处理需求的指数级增长。动作感应、人像识别等应用产生了海量数据，这就要求供应商能快速分析靠近边缘的数据、进行近乎实时的响应并将相关洞察信息传输至云端，就对边缘设备的计算能力提出了极为严苛的要求。

对于京东来说，为7FRESH概念店中的边缘智能设备选择适用的基础设施至关重要。为数据中心应用环境而设计的处理器虽然提供了顶级的处理能力、扩展性，不过由于其并非专为边缘计算环境而设计，所以体积、功耗都偏大，难以集成到边缘设备中。同时，传统嵌入式、高集成度的片上系统（SoC）解决方案虽然在体积与功耗上能够满足需求，但是性能却存在显著的瓶颈，难以满足概念店对边缘计算设备的数据处理需求。

在操作空间和功耗受到严格限制的前提下，寻找高度可扩展、紧凑且节能的SoC解决方案是京东推动7FRESH概念店成功实践的关键之一。

另外，改善智能零售体验、降低人员辅助与维护成本也是“无界零售”的一个重要目标。边缘计算设备必须在可用性、可靠性和可维护性（RAS）方面满足需求，才能降低设备的故障发生率，提升消费者对无界零售的信任。

3. 解决方案：高性能、高集成度、低能耗的边缘计算架构

为了给7FRESH概念店奠定数字化能力基础，京东设计了一套衔接数据中心与边缘端的应用架构，如图5-5所示。在虚拟私有云（Virtual Private Cloud，VPC）隔离环境中运行相关的应用。此外，作为边缘侧节点承载的店内系统，运行与数据中心端一致的容器服务，并满足货品监测、收银记录、人员识别等边缘智能的需求。

作为边缘侧节点承载的店内系统，需要运行与数据中心端一致的容器服务，它需要实时地做以下工作：

- 监测货架商品状态。通过货架上的传感器记录商品变化。
- 负责收银记录。记录备份所有的交易信息。
- 通过部署在店内的摄像头记录人员流动情况。
- 通过第三点记录下的轨迹，分析店铺内货架热点区域，以便后续调整热门商品的摆放位置。
- 负责店铺内人脸识别，做人物画像，以便做精准商品推荐。
- 巡检。库存巡检，缺货时向后台发出补货请求。
- 电子秤。记录电子秤信息。
- 打印机。打印购物凭条等。

为了服务安全，京东在店内部署多个节点并将相同容器服务运行于不同系统以便互为备份。

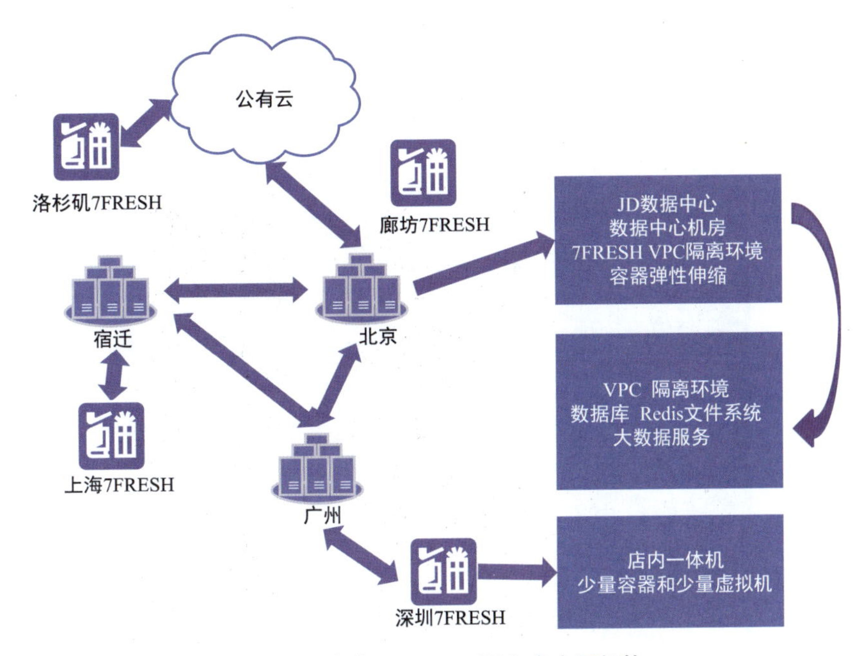

图 5-5　京东 7FRESH 概念店应用架构

在至关重要的边缘端基础设施方面，英特尔提供了基于英特尔至强处理器 D-1500 的解决方案，如图 5-6 所示。在 SoC 上集成了面向边缘计算进行优化的处理器、I/O 组合，其支持最高可扩展至 48GB 的 DDR4 内存，提供两个 10GbE 高速连接端口，并可支持通过 NVMe 固态硬盘进一步提升 I/O 性能。

作为该解决方案的核心，英特尔至强处理器 D-1500 具有从两个内核到十六个内核的硬件和软件可扩展性，性能强大。同时，英特尔至强处理器 D-1500 热设计功耗（TDP）低至 19～65W，提供了极佳的性能功耗比，并利用集成的散热器和 BGA 封装以实现低功耗的目标，大大降低了板设计的复杂程度，将高级智能和性能成功地带入密集型、低功耗的 SoC，满足边缘计算对于性能、功耗的苛刻需求。

4. 效果：无界零售的一大步

通过在零售店的一体机上搭载英特尔至强处理器 D-1500，京东 7FRESH 概念店实现了边缘计算的基础设施在功耗、性能、空间等方面的平衡。它可以方便地运行于零售店的有限空间内，同时满足京东容器服务的高负载需求，帮助 7FRESH 概念店从边缘端就能对店内的各种动向进行近乎实时的响应，并将相关洞察信息传输至云端。不仅能够提供智能的扫码识别、个性推荐、收付款等应用，还能够显著降低时延，让消费者获得更加顺畅的智能购物体验。

同时，英特尔至强处理器 D-1500 还能满足 7FRESH 概念店对于可用性、稳定性的苛刻需求。能够适应 -40 ～ 85℃的工作环境温度，并为边缘智能设计提供长达 7 年的供应时间和 10 年的可靠性，有助于 7FRESH 概念店降低人员维护成本，同时满足集约化、智能化运营苛刻的功耗需求。

图 5-6　基于英特尔至强处理器 D-1500 系列 SoC

5.2　自动驾驶

自动驾驶是新一轮科技革命背景下的新兴技术，集中运用了现代传感、信息与通信、自动控制、计算机和人工智能等技术，代表着未来汽车技术的方向，也是汽车产业转型升级的关键，是目前世界公认的汽车发展方向。据麦肯锡预测，2030 年售出的新车中，自动驾驶汽车的比例将达到 15%。

其实早在 20 世纪 80 年代，在美国国防部先进研究项目局的支持下，自动驾驶技术的研究热潮就已经掀起。1984 年，卡耐基梅隆大学研发了全世界第一辆真正意义上的自动驾驶车辆，该车辆利用激光雷达、计算机视觉及自动控制技术完成对周边环境的感知，并据此做出决策自动控制车辆，在特定道路环境下最高时速大约 31km/h。

2014 年，国际汽车工程师协会（SAE International）制订了一套自动驾驶汽车分级标准，将汽车智能化水平分成 6 个等级：无自动化、驾驶支援、部分自动化、有条件自动化、高度自动化、完全自动化，具体定义如图 5-7 所示。

<table>
<tr><th colspan="2">自动驾驶分级</th><th rowspan="2">称呼（SAE）</th><th rowspan="2">SAE定义</th><th colspan="4">主体</th></tr>
<tr><th>NHTSA</th><th>SAE</th><th>驾驶操作</th><th>周边监控</th><th>支援</th><th>系统作用域</th></tr>
<tr><td>0</td><td>0</td><td>无自动化</td><td>由人类驾驶者全权驾驶汽车，在行驶中可以得到警告和保护系统的辅助</td><td>人类驾驶者</td><td rowspan="3">人类驾驶者</td><td rowspan="4">人类驾驶者</td><td>无</td></tr>
<tr><td>1</td><td>1</td><td>驾驶支援</td><td>通过驾驶环境对转向盘和加减速中的一项操作提供驾驶支援，其他的驾驶动作由人完成</td><td>人类驾驶者系统</td><td rowspan="4">部分</td></tr>
<tr><td>2</td><td>2</td><td>部分自动化</td><td>通过驾驶环境对转向盘和加减速中的多项操作提供驾驶支援，其他驾驶动作由人完成</td><td rowspan="4">系统</td></tr>
<tr><td>3</td><td>3</td><td>有条件自动化</td><td>由无人驾驶系统完成所有的驾驶操作，根据系统请求，人类驾驶者提供适当的应答</td><td rowspan="3">系统</td></tr>
<tr><td rowspan="2">4</td><td>4</td><td>高度自动化</td><td>由无人驾驶系统完成所有的驾驶操作，根据系统请求，人类驾驶者不一定需要对所有系统请求做出应答，限定道路和环境条件等</td><td rowspan="2">系统</td></tr>
<tr><td>5</td><td>完全自动化</td><td>由无人驾驶系统完成所有的驾驶操作，人类驾驶者在可能的情况下接管，在所有的道路和环境条件中驾驶</td><td>全域</td></tr>
</table>

图 5-7 SAE 自动驾驶汽车分级标准

5.2.1 边缘计算在自动驾驶中的应用场景

汽车自动驾驶具有“智慧”和“能力”两层含义。所谓“智慧”是指汽车能够像人一样智能地感知、综合、判断、推理、决断和记忆；所谓“能力”是指自动驾驶汽车能够确保“智慧”有效执行，可以实施主动控制，并能够进行人机交互与协同。自动驾驶是“智慧”和“能力”的有机结合，二者相辅相成，缺一不可。

为实现“智慧”和“能力”，自动驾驶技术一般包括环境感知、决策规划和车辆控制三部分。类似于人类驾驶员在驾驶过程中，通过视觉、听觉、触觉等感官系统感知行驶环境和车辆状态，自动驾驶系统通过配置内部和外部传感器获取自身状态及周边环境信息。内部传感器主要包括车辆速度传感器、加速传感器、轮速传感器、横摆角速度传感器等。主流的外部传感器包括摄像头、激光雷达、毫米波雷达及定位系统等，这些传感器可以提供海量的全方位行驶环境信息。为有效利用这些传感器信息，需要利用传感器融合技术将多种传感器在空间和时间上的独立信息、互补信息以及冗余信息按照某种准则组合起来，从而提供对环境的准确理解。决策规划子系统代表了自动驾驶技术的认知层，包括决策和规划两个方面。决策体系定义了各部分之间的相互关系和功能分配，决定了车辆的安全行驶模式；规划部分用以生成安全、实时的无碰撞轨迹。车辆控制子系统用以实现车辆的纵向车距、车速控制和横向车辆位置控制等，是车辆智能化的最终执行机构。环境感知和决策规划对应自动驾驶系统的“智慧”，而车辆控制则体现了其“能力”。

为了实现 L4 级或 L5 级的自动驾驶，仅仅实现单车的“智慧”是不够的。如图 5-8 所示，需要通过车联网 V2X 实现车辆与道路以及交通数据的全面感知，获取比单车的内外部传感器更多的信息，增强对非视距范围内环境的感知，并通过高清 3D 动态地图实时共享自动驾驶的位置。例如在雨雪、大雾等恶劣天气下，或在交叉路口、拐弯等场景下，雷达和摄像头无法清晰辨别前方障碍，通过 V2X 来获取道路、行车等实时数据，可以实现智能预测路况，避免意外事故的发生。

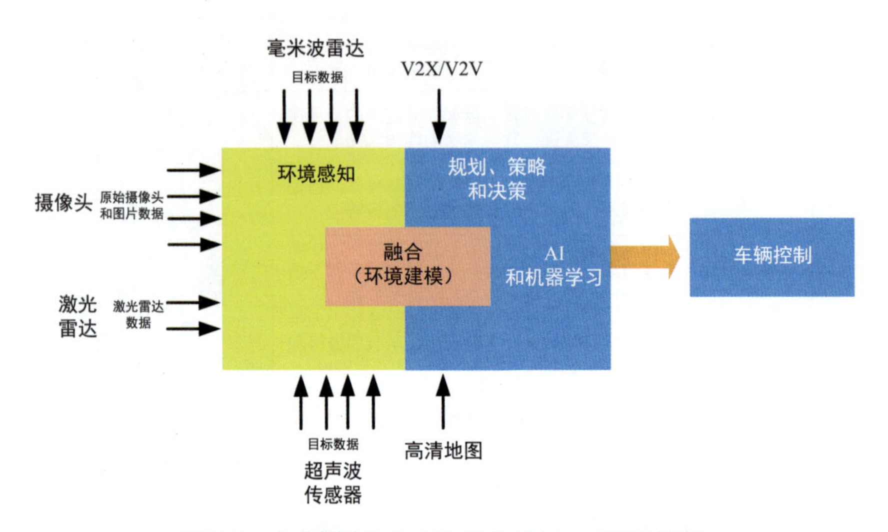

图 5-8　自动驾驶结合 V2X 进行感知、规划和控制

随着自动驾驶等级的提升，并且配备的车内和车外高级传感器更多，一辆自动驾驶汽车每天可以产生高达大约 25TB 的原始数据。这些原始数据需要在本地进行实时的处理、融合、特征提取，包括基于深度学习的目标检测和跟踪等高级分析；同时需要利用 V2X 提升对环境、道路和其他车辆的感知能力，通过 3D 高清地图进行实时建模和定位、路径规划和选择、驾驶策略调整，进而安全地控制车辆。由于这些计算任务都需要在车内终结来保证处理和响应的实时性，因此需要性能强大可靠的边缘计算平台来执行。考虑到计算任务的差异性，为了提高执行效率并降低功耗和成本，一般需要支持异构的计算平台。

1. 自动驾驶的发展现状

参与自动驾驶技术开发的企业大体可以分为五种：平台厂商（例如谷歌 Waymo、百度 Apollo），硬件供应商（例如英特尔 CPU/FPGA、英伟达 GPU），车企（例如特斯拉、奥迪、通用），车辆零部件企业（例如博世），技术解决方案提供者（例如英特尔 Mobileye）。截至目前，市场主要以 L2 级自动驾驶的量产以及拥有 L3 级或 L4 级的部分功能为主。

L2 级的自动驾驶基本有两种解决方案：一种是现在很多传统车厂使用的前视摄像头，加毫米波雷达和视觉感知芯片的方案；还有一种则是类似特斯拉、谷歌等使用的多个摄像头与声波雷达环视，并通过一个中央计算机进行融合计算的方案。

目前特斯拉 Autopilot 在 ADAS 市场上已经达到了无人驾驶 L2 级水准，并拥有部分 L3 级的潜力，但是由于预警信息还不完全到位，并没有完全达到 L3 级。特斯拉 Autopilot 的进化史是“硬件先行，软件后更新”。每一台特斯拉都会配置当时最新的硬件，然后通过 OTA 不断更新固件，获得更完善的驾驶辅助或自动驾驶功能。自 2016 年 10 月以来，特斯拉生产的每辆汽车都配备有自动驾驶硬件套件，包括摄像头、雷达、超声波传感器和可升级的车载计算机。目前，全球大约有 150000 台这种“Auto2.0”硬件版本的特斯拉正行驶在路上，同时软件系统可以通过 OTA 更新升级车辆。庞大的用户群可以源源不断地供给真实路况的驾驶数据，帮助 Autopilot 训练和迭代算法。

自从谷歌的“萤火虫”退役之后，Waymo 更倾向于打造从算法到硬件的一整套体系，让汽车厂商能够直接安装于自家车上就成了自动驾驶，类似安卓在智能手机中的上游位置，包括定制化的芯片和激光雷达传感器。Waymo 方案是提前为自动驾驶汽车要运行的汽车进行环境建模，比一般意义上的高清地图包含更多的环境细节信息，然后通过计算机视觉与激光雷达的算法融合，形成自动驾驶的策略和算法基础。因此，Waymo 一般在自己掌握完整环境数据的地区才会开展服务，并通过在美国各个地区，各种极端环境下展开测试，积累大量的实车上路数据，从而逐步扩大技术能适应的能力范围。

Mobileye 主要从事 ADAS 系统和自动驾驶视觉技术开发，拥有针对自动驾驶领域自主研发的 EyeQ 系列视觉处理芯片以及配套的基于视觉算法的完整解决方案。目前，该方案已经更新到第五代，第六代 EyeQ 6 也在紧锣密鼓的开发中。Mobileye 的最大优势在于使用单一摄像头采集路面信息，对周围环境进行精细解读，无须更多的摄像头从而降低方案成本。2017 年 3 月，英特尔花费 153 亿美元收购了这家全球最大的 ADAS 供应商。对于英特尔来说，收购 Mobileye 是其构建自动驾驶版图中非常重要的一环。在收购 Mobileye 之前，英特尔还先后收购了 FPGA 芯片巨头 Altera、视觉算法公司 Movidius，以此形成了自动驾驶端到端的完整解决方案。

在中国，百度在自动驾驶领域布局最早也最全面。百度的 Apollo 策略与谷歌 Waymo 不同，主要区别在于 Waymo 并不愿意放弃硬件体系的主导权，而 Apollo 则更愿意显现出开放的姿态，以多领域的人工智能技术、平台服务、软件服务为主。在硬件端，Apollo 提出的是构建参考硬件体系，并希望吸引更多垂直硬件领域的合作者。截至 2018 年 12 月，百度 Apollo 生态合作伙伴规模已达 133 家。Apollo 开放平台目前已发展到 3.0 阶段，包括开放认证平台、参考硬件平台、开放软件系统、云服务平台及完整解决方案等 5 个主要功能平台，达到在限制条件下如封闭园区内的产品级的自动驾驶。此外，从 2016 年开始，百度便在路侧感知传感器方案、路侧感知算法、车端感知融合算法、数据压缩与通信优化、V2X 终端硬件及软件、V2X 安全等方面布局，进行“车路协同”全栈研发，成为业内最早布局车路协同的公司之一。在商业化方面，百度 Apollo 与金龙客车打造的全球首款 L4 级量产自动驾驶巴士“阿波龙”已于 2018 年 7 月 4 日量产下线。

在自动驾驶的边缘计算平台选择方面，目前大部分厂家选择以 CPU 或 GPU 为主的计算平台。例如谷歌从 2009 年开始开发无人车，采用英特尔的计算平台，包括最新的克莱斯勒大捷龙无人车，如图 5-9 所示，采用了英特尔的 Xeon 服务器芯片、Altera 的 FPGA 和英特尔的以太网关芯片。

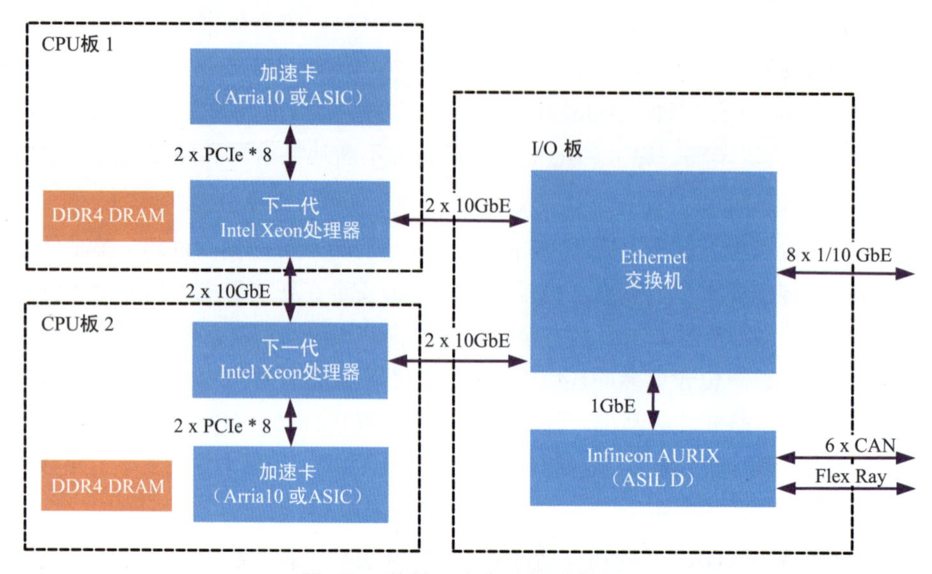

图 5-9 谷歌无人车边缘计算平台

实际上不只是 Waymo，百度计算参考平台基于台湾 Neousys Nuvo-6108GC 工控机，使用英特尔双至强 E5-2658 V3 12 核 CPU，主要用来处理激光雷达云点和图像数据，另一部分为 FPGA。

相比自动驾驶领域比较新的技术，如 TSN 网络交换器，大部分厂家都会选择用 FPGA 实现自动驾驶。原因主要是 TSN 协议复杂，标准延续的周期很长。在 ADAS 领域，FPGA 用得更多，奔驰 S 系列每辆车使用多达 18 个 FPGA。FPGA 最突出的优势是功耗低，一般只有同样性能 GPU 的 1/10。这使得 FPGA 更容易通过严苛的车规级认证，特别是高等级的 ISO26262 认证。由于 ASIC 的开发和量产周期长等特点，目前在自动驾驶领域使用 ASIC 的较少。

2. 自动驾驶边缘计算的趋势

目前在自动驾驶中使用的工控机是一种加固的增强型个人计算机。如图 5-10 所示，它可以作为一个工业控制器在工业环境中可靠运行，采用符合 EIA 标准的全钢化工业机箱，增强了抗电磁干扰能力，并采用总线结构和模块化设计技术。CPU 及各功能模块皆使用插板式结构，并带有压杆软锁定，提高了抗冲击、抗振动能力。整体架构设计需要考虑 ISO26262 的要求。CPU、GPU、FPGA 以及总线都做冗余设计，防止出现单点故障。当整体 IPC 系统失效时，还有 MCU

做最后的保证，直接发送指令到车辆 CAN 总线中控制车辆停车。目前这种集中式的架构比较方便，将所有的计算工作统一放到一个工控机中，算法迭代不需要过度考虑硬件的整体设计和车规要求，用传统的 x86 架构就可以非常快捷地搭建出计算平台，卡槽设计也方便更新硬件。

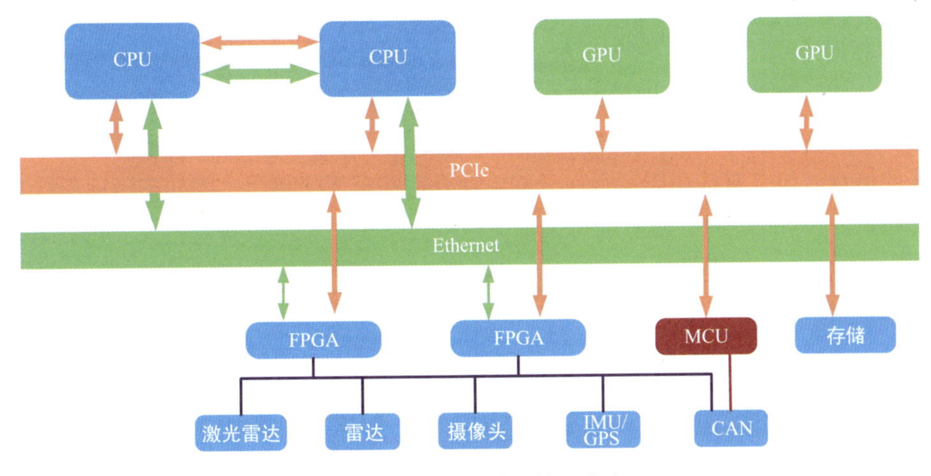

图 5-10　自动驾驶工控机方案

但此方案整体体积较大、功耗高，不适用于未来的量产。随着自动驾驶的成熟和量产，将越来越多地采用域控制器嵌入式的方案：将各个传感器的原始数据接入到 Sensor Box 中，在 Sensor Box 中完成数据的融合，再将融合后的数据传输到计算平台上进行自动驾驶算法处理。自动驾驶汽车功能复杂，为了保证各个模块和功能间不互相影响，且出于安全性考虑，将大量采用域控制器。根据不同的功能实现分为车身域控制器、车载娱乐域控制器、动力总成域控制器、自动驾驶域控制器等。以自动驾驶域控制器为例，其承担了自动驾驶需要的数据处理运算，包括毫米波雷达、摄像头、激光雷达、组合导航等设备的数据处理，也承担了自动驾驶算法的运算。

随着自动驾驶的技术发展，算法不断完善。算法固化后可以做 ASIC 专用芯片，将传感器和算法集成到一起，实现在传感器内部完成边缘计算，进一步降低后端计算平台的计算量，有利于降低功耗、体积。例如激光雷达处理需要高效的处理平台和先进的嵌入式软件。Renesas 公司将包含高性能图像处理技术及低功耗的汽车 R-CarSoC 与 Dibotics 的 3D 实时定位和制图（SLAM）技术相结合，提供 SLAM on Chip ™，可在 SoC 上实现实时、先进的激光雷达数据处理。同时，随着深度学习算法在自动驾驶的模型训练及推理中应用得越来越多，一些厂商也开始定制自己的 AI 芯片：例如百度的昆仑，将在 Autopilot 3.0 上使用自研处理芯片的特斯拉。

自动驾驶除了包括车载计算单元，还涉及 RSU、MEC 和 CDN 等边缘服务器。随着 5G 技术的商用，特别是对于车路协同解决方案（V2X），将满足其对于超大带宽和超高可靠性的需求。同时，原本在数据中心中运行的负载可以卸载到网络边缘侧，例如高清 3D 地图更新、实时交通路况的推送、深度学习模型训练和大数据分析等，从而进一步降低传输时延，提高响应速度。

5.2.2 自动驾驶的边缘计算架构

自动驾驶的边缘计算架构依赖于边云协同和 LTE/5G 提供的通信基础设施和服务。边缘侧主要指车载边缘计算单元、RSU 或 MEC 服务器等。其中车载单元是环境感知、决策规划和车辆控制的主体，但依赖于 RSU 或 MEC 服务器的协作，如 RSU 给车载单元提供了更多关于道路和行人的信息。但是有些功能运行在云端更加合适甚至无法替代，例如车辆远程控制、车辆模拟仿真和验证、节点管理、数据的持久化保存和管理等。

自动驾驶边缘计算平台的特点主要包括如下几点。

1. 负载整合

目前，每辆汽车搭载超过 60 ～ 100 多个电子控制单元，用来支持娱乐、仪表盘、通信、引擎和座位控制等功能。例如，一款豪华车拥有 144 个 ECU，其中约 73 个使用 CAN 总线连接、61 个使用 LIN 网络，剩余 10 个使用 FlexRay，这些不同 ECU 之间互联的线缆长度加起来长达 4293m。这些线缆不仅增加成本和重量，对其进行安装和维护的工作量和成本也非常高。

随着电动汽车和自动驾驶汽车的发展，包括 AI、云计算、车联网 V2X 等新技术不断应用于汽车行业中，使得汽车控制系统的复杂度愈来愈高。同时，人们对于数字化生活的需求也逐渐扩展到汽车上，例如 4K 娱乐、虚拟办公、语音与手势识别、手机连接信息娱乐系统（IVI）等。所有这些都促使着汽车品牌厂商不断采用负载整合的方式来简化汽车控制系统，集成不同系统的 HMI，缩短上市时间。具体而言，就是将 ADAS、IVI、数字仪表、HUD 和后座娱乐系统等不同属性的负载，通过虚拟化技术运行在同一个硬件平台上，如图 5-11 所示。

同时，基于虚拟化和硬件抽象层 HAL 的负载整合，更易于实现云端对整车驾驶系统进行灵活的业务编排、深度学习模型更新、软件和固件升级等。

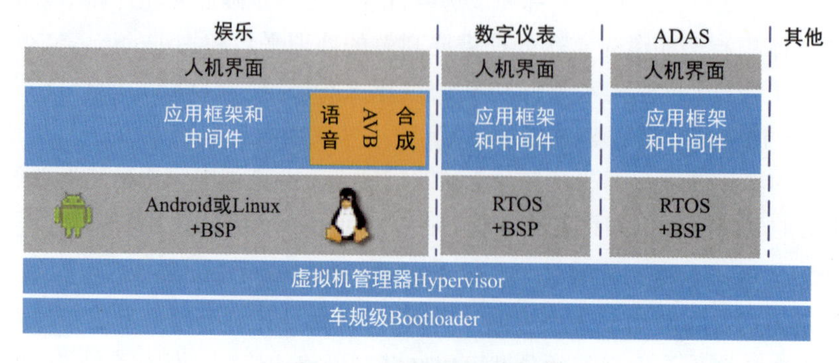

图 5-11 自动驾驶负载整合

2. 异构计算

由于自动驾驶边缘平台集成了多种不同属性的计算任务，例如精确地理定位和路径规划、基于深度学习的目标识别和检测、图像预处理和特征提取、传感器融合和目标跟踪等。而这些不同的计算任务在不同的硬件平台上运行的性能和能耗比是不一样的。一般而言，对于目标识别和跟踪的卷积运算而言，GPU 相对于 DSP 和 CPU 的性能更好、能耗更低。而对于产生定位信息的特征提取算法而言，使用 DSP 则是更好的选择。

因此，为了提高自动驾驶边缘计算平台的性能和能耗比，降低计算时延，采用异构计算是非常重要的。异构计算针对不同计算任务选择合适的硬件实现，充分发挥不同硬件平台的优势，并通过统一上层软件接口来屏蔽硬件多样性。如图 5-12 所示为不同硬件平台适合负载类型的比较。

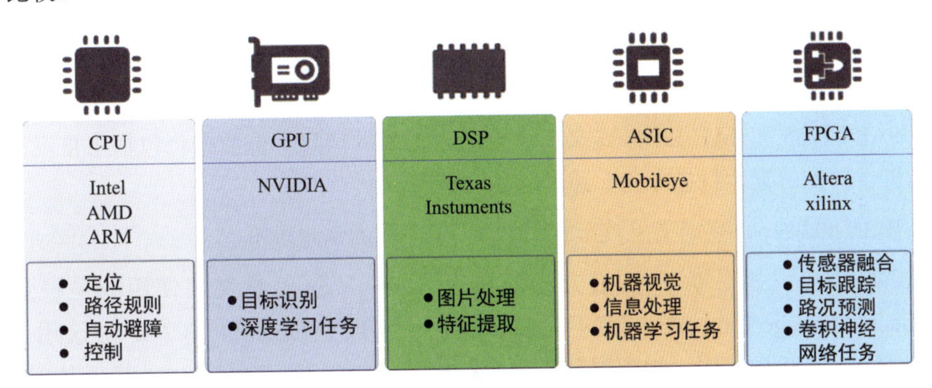

图 5-12 不同硬件平台适合负载类型的比较

3. 实时性

自动驾驶汽车对系统响应的实时性要求非常高，例如在危险情况下，车辆制动响应时间直接关系到车辆、乘客和道路安全。制动反应时间不仅仅包括车辆控制时间，而是整个自动驾驶系统的响应时间，其中包括给网络云端计算处理、车间协商处理的时间，也包括车辆本身系统计算和制动处理的时间。如果要使汽车在 100km/h 时速条件下的制动距离不超过 30m，那么系统整体响应时间不能超过 100ms，这与最好的 F1 车手的反应时间接近。

将自动驾驶的响应实时地划分到对其边缘计算平台各个功能模块的要求，包括：

- 对周围目标检测和精确定位的时间：15 ～ 20ms。
- 各种传感器数据融合和分析的时间：10 ～ 15ms。
- 行为和路径规划时间：25 ～ 40ms。

在整个计算过程中，都需要考虑网络通信带来的时延，因此由 5G 所带来的低时延高可靠应用场景（uRLLC）是非常关键的。它能够使得自动驾驶汽车实现端到端低于 1ms 的时延，并且可靠性接近 100%。同时 5G 网络可以根据数据优先级来灵活分配网络处理能力，从而保证车辆控制信号传输保持较快的响应速度。

4. 连接性

车联网的核心是连接性，希望实现车辆与一切可能影响车辆的实体实现信息交互，包括车人通信（V2P）、车网通信（V2N）、车辆之间通信（V2V）和车路通信（V2I）等。

V2X 通信技术目前有 DSRC 与 C-V2X（Cellular V2X，即以蜂窝通信技术为基础的 V2X）两大路线。专用短距离通信技术（Dedicated Short Range Communication，DSRC）发展较早，目前已经非常成熟。但随着 LTE 技术的应用推广和 5G 的兴起，未来 C-V2X 在汽车联网领域也将有广阔的市场空间。

DSRC 技术基于三套标准：

（1）IEEE 1609，标题为“车载环境无线接入标准系列（WAVE）”，定义了网络的架构和流程。

（2）SAE J2735 和 SAE J2945 定义了消息包中携带的信息。该数据将包括来自汽车上的传感器的信息，例如位置、行进方向、速度和制动信息。

（3）IEEE 802.11p，它定义了汽车相关的“DSRC”的物理标准。

DSRC 顶层协议栈是基于 IEEE 1609 标准开发的，V2V 信息交互使用的是轻量 WSMP（WAVE Short Message Protocol），而不是 Wi-Fi 使用的 TCP/IP 协议，TCP/IP 协议用于 V2I 和 V2N 信息交互。DSRC 底层、物理层和无线链路控制是基于 IEEE 802.11p。基于 IEEE 802.11p 的 DSRC 技术的组网需要新建大量路侧单元 roadside unit，这种类基站设备的新建成本较大，其硬件产品成本也比较高。

C-V2X 是由 3GPP（3rd Generation Partnership Project）定义的基于蜂窝通信的 V2X 技术，它包含基于 LTE 以及未来 5G 的 V2X 系统，是 DSRC 技术的有力补充。它借助已存在的 LTE 网络设施来实现 V2V、V2N、V2I 的信息交互，这项技术最吸引人的地方是它能紧跟变革，适应于更复杂的安全应用场景，满足低时延、高可靠性和大带宽要求。C-V2X 的优势之一是直接利用现有蜂窝网络，使用现有基站和频段，组网成本明显降低。随着蜂窝通信技术的发展，我国在 LTE 布局多年，网络覆盖全国大部分地区，是全球最大的 LTE 市场，5G 通信已经开始商用，所以在中国市场 C-V2X 更被看好，但未来也可能是 DSRC 和 C-V2X 并存的状态。

除了 DSRC 和 C-V2X，自动驾驶汽车的 TCU 中还包含 Wi-Fi 热点、蓝牙通信、GPS 等。

5. FuSa 功能安全

随着汽车电子和电气系统数量的不断增加，一些高端豪华轿车上有多达 100 多个 ECU，其中安全气囊系统、制动系统、底盘控制系统、发动机控制系统和线控系统等都是安全相关系统。当系统出现故障时，系统必须转入安全状态或降级模式，避免系统功能失效而导致人员伤亡。失效可能是由于规范错误（比如安全需求不完整）、人为原因的错误（比如软件问题）、环境的影响（比如电磁干扰）等原因引起的。为了实现汽车电子和电气系统的功能安全设计，《道路车辆功能安全》标准 ISO 26262 于 2011 年正式发布，为开发汽车安全相关系统提供了指南，该标准的基础是适用于任何行业的电子、电气、可编程电子系统的功能安全标准——IEC 61508。

按照 ISO 26262 标准对系统做功能安全设计，前期重要的一个步骤是对系统进行危害分析和风险评估，识别出系统的危害并且对危害的风险等级——ASIL（Automotive Safety Integration Level，汽车安全完整性等级）进行评估。ASIL 有四个等级，分别为 A、B、C 和 D。其中 A 是最低的等级，D 是最高的等级。ASIL 等级决定了对系统安全性的要求，ASIL 等级越高，对系统的安全性要求越高，为实现安全付出的代价越大，也意味着硬件的诊断覆盖率越高，开发流程越严格，具有开发成本增加、开发周期延长等特点。为了让整个系统达到至少 ASIL-B 等级，汽车集成电路需要满足 ASIL-C 甚至是 ASIL-D 等级，同时汽车的集成电路需要符合 AEC-Q100 规范，这是 ISO 26262 标准的基本要求。AEC-Q100 是由美国汽车电子协会 AEC 主要针对车载应用的集成电路产品所设计出的一套应力测试标准，此规范对于提升产品信赖性及品质保证相当重要。AEC-Q100 为了预防可能发生的各种状况或潜在的故障状态，对每一个芯片进行严格的质量与可靠度确认，特别对产品功能与性能进行标准规范测试。

一般集成芯片或模块供应商会提供针对自身平台优化过的功能安全的库或 SDK 来缩减客户的开发周期，并降低由于加入功能安全特性而带来的硬件性能的损失。

6. 安全性

汽车互联可以给用户带来巨大便利，但同时也将汽车系统暴露在互联网带来的负面风险中，自动驾驶边缘平台的安全性问题也愈加突出：

- 越来越多网络化、智能化车载控制器：BCM、IMMO、PKE/RKE、TBOX、IVI、ADAS 等。
- 越来越多网络化、智能化的车载传感器：TPMS、Camera、LIDAR、RADAR 等。
- 越来越多输入口、接口层和代码：OBD、CAN、无线、手机、云等。
- 越来越多云端控制权、无人驾驶操控权：远程管理、频繁 OTA、远程驾驶、远程手机控制等。
- 越来越小集成化、成熟度高的车载通信：4G/5G、Wi-Fi、蓝牙、NFC、RFID 等。

（1）自动驾驶的安全层级。自动驾驶的安全可以分为 3 个层级，如表 5-2 所示，包括 ECU 安全、车身信息系统安全和云端服务安全。

表 5-2　自动驾驶的安全层级

<table>
<tr><th colspan="2">安全层级</th><th>安全内容</th></tr>
<tr><td colspan="2">ECU 安全</td><td>• 安全启动、通信
• 安全认证、升级
• 安全监控
• 具备可信计算环境 TEE/HSM
• 防车身指令控制
• 防底盘指令控制等</td></tr>
<tr><td rowspan="2">车身信息系统安全</td><td>车内网络安全</td><td>• 通过智能安全网关进行网络边界隔离
• 访问控制
• 协议加密及鉴权
• 异常控车指令检测等</td></tr>
<tr><td>操作系统及软件安全</td><td>• 防固件被刷
• 防 OS、应用及一些漏洞引起的拒绝服务或注入攻击
• 异常应用识别
• 应用授权及管理
• 隐私数据加密等</td></tr>
<tr><td colspan="2">云端服务安全</td><td>• 对云端服务平台进行安全评估、渗透测试
• 部署抗 DDoS、Web 应用防火墙等
• 安全 OTA
• PKI 基础设备及证书管理
• 监控和威胁分析等</td></tr>
</table>

（2）自动驾驶测试验证。SAE 在 2016 年 1 月发布的 J3061 推荐规程《信息物理融合系统网络安全指南》是首部针对汽车网络安全而制定的指导性文件。其配套的 J3101 号文件《路面车辆应用的硬件保护安全要求》，让设计者可以采取一些措施，为车辆提供多重保护，比如将验证密钥存储在微控制器的受保护区域中。

所以在自动驾驶中，安全是自动驾驶技术开发的第一条。为了降低和避免实际道路测试中的风险，在实际道路测试前要做好充分的仿真、台架、封闭场地的测试验证。

5.2.3　案例分析

百度自动驾驶方案主要指于 2017 年 4 月正式发布和开放的 Apollo 平台。2018 年 7 月 4 日，在百度 AI 开发者大会上，百度发布了产品级的 Apollo 3.0，并发布全球首款 L4 级量产园区自动驾驶巴士——阿波龙。

Apollo 3.0 开放平台架构如图 5-13 所示。

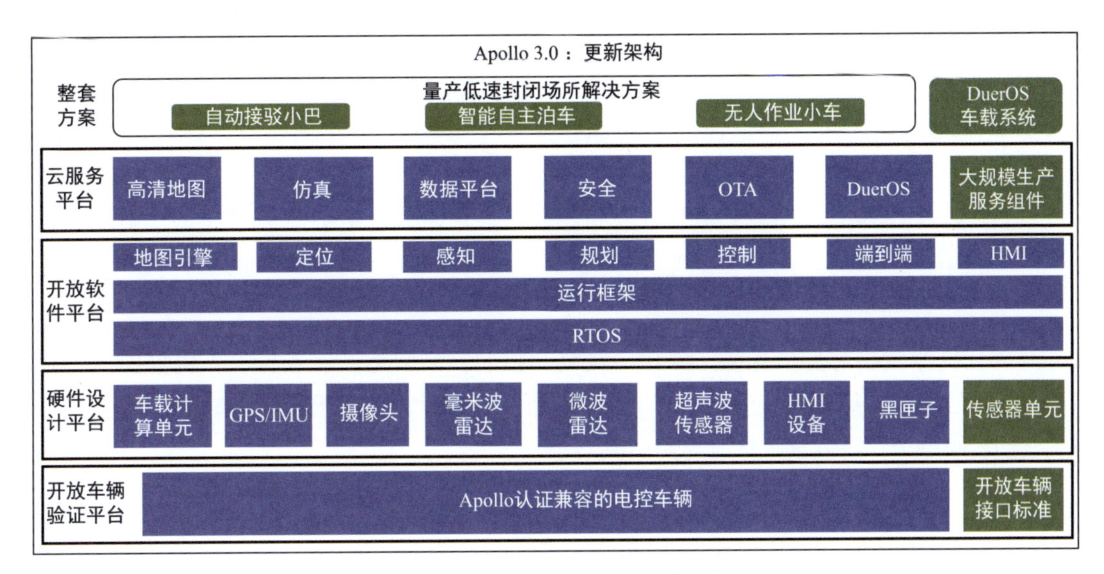

图 5-13　Apollo 3.0 开放平台架构

1. 硬件设计平台

如图 5-14 所示，车载计算单元硬件架构包括经过验证的车载计算单元、GPS/IMU、摄像头、毫米波雷达、微波雷达、超声波传感器、HMI 设备、黑匣子、传感器单元等。其中，车

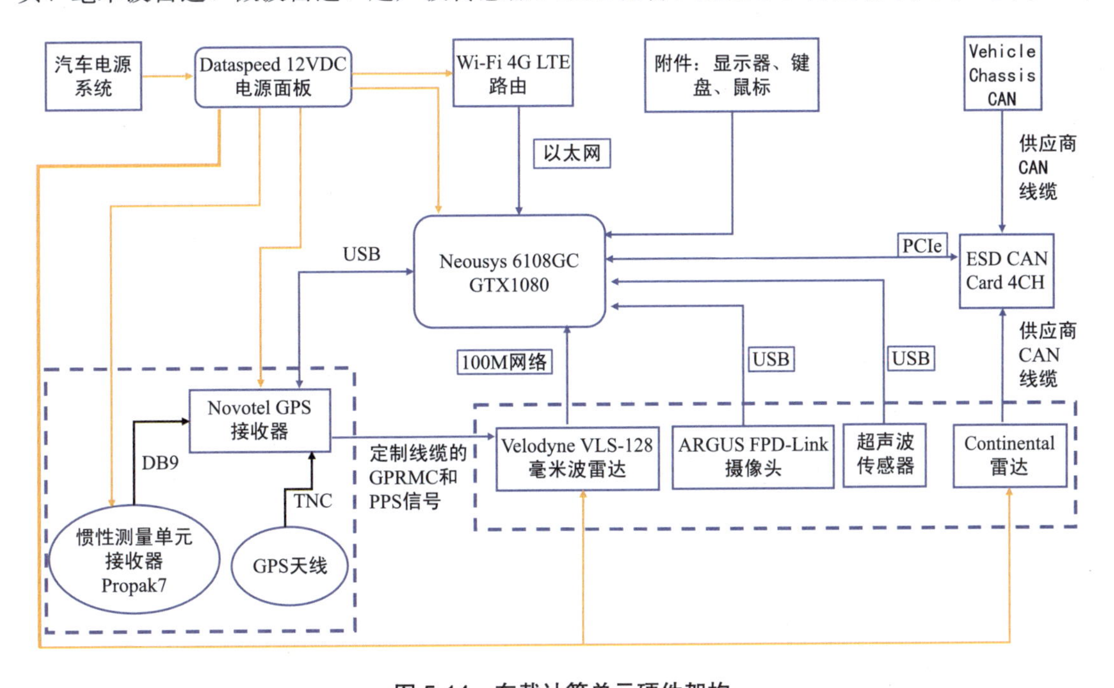

图 5-14　车载计算单元硬件架构

载计算单元是整个硬件平台的计算核心，主要指基于 x86 架构的工业计算机，型号是 Nuvo-6018GC，它是第一款支持高端显卡的工业等级宽温型嵌入式工控机。ASU（Apollo Sensor Unit）与 IPC 一起工作，实现传感器融合、车辆控制等。ASU 系统提供了各种传感器数据采集的接口，包括摄像头、雷达和超声波传感器等。ASU 与 IPC 通过 PCIe 总线接口进行通信，ASU 采集的传感器数据通过 PCIe 传送给 IPC 进行计算和分析，而 IPC 通过 CAN 协议将车辆控制命令发送给 ASU 控制车辆。

2. 开放软件平台

开放软件平台由感知、预测、路由、规划、控制、高清地图、定位、人机界面（HMI）、相对地图、检测和保护等软件模块组成，它们运行于车载计算单元或各域控制器中。图 5-15 描述了它们之间的关系，以及数据流和控制流。

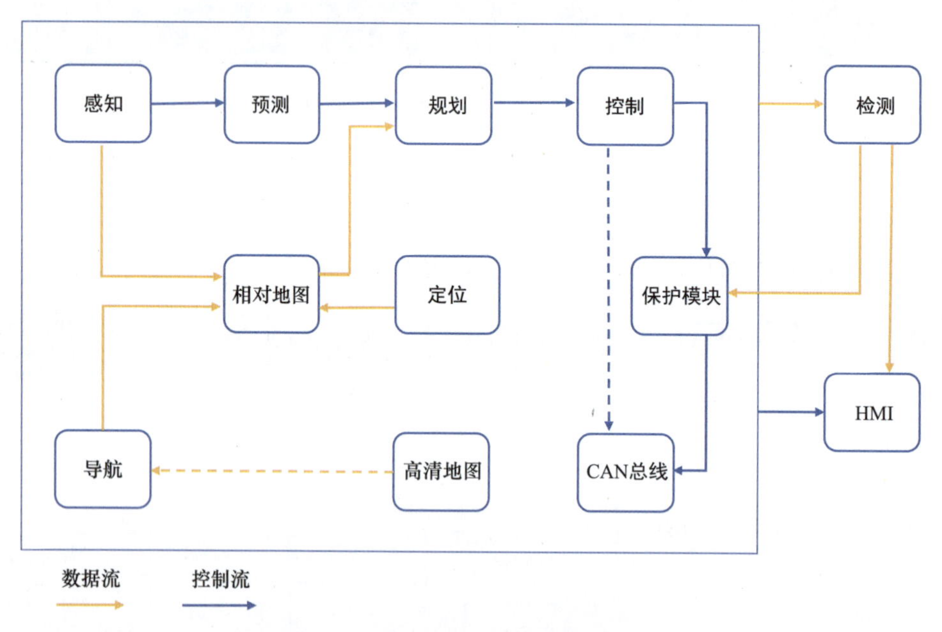

图 5-15　开放软件平台主要模块组成

具体而言，各个模块的主要功能如下。

（1）感知。感知模块识别自动驾驶车辆周围的世界。感知模块中有两个重要的子模块：障碍物检测和交通灯检测。

（2）预测。预测模块预测感知障碍物的未来运动轨迹。

（3）规划。规划模块规划自动驾驶车辆的时间和空间轨迹。规划需要使用多个信息源来规划安全无碰撞的行驶轨迹，因此规划模块几乎与其他所有模块进行交互。首先，规划模块获得预测模块的输出，预测输出封装了原始感知障碍物；规划模块订阅交通灯检测输出而不是感知障碍物输出。然后规划模块获取路由输出。在某些情况下，如果当前路由结果不可执行，规划模块还可以通过发送路由请求来触发新的路由计算。最后，规划模块需要知道定位信息（定位：我在哪里）以及当前的自动驾驶车辆信息（底盘：我的状态是什么）。

（4）控制。控制模块通过产生诸如油门、制动和转向的控制命令来执行规划模块产生的轨迹。控制模块通过 CAN 总线将控制命令传递给车辆硬件的接口。CAN 总线同时还将底盘信息传递给软件系统。

（5）高清地图。在自动驾驶过程中，高清地图主要有三个功能：一是提前知晓位置，精确规划路线；二是在摄像头看不清或雷达监测不到的地方及时反馈数据；三是能精确识别交通标示、标线等，以提前做出准确判断和决策。目前，Apollo 高清地图相对精度达到 0.1 ～ 0.2m，交通标志、地面标志、车道线、信号灯等目标自动识别准确率约为 95%，并可以实现分钟级的自动快速生成和更新。

（6）定位。定位模块利用 GPS、LiDAR 和 IMU 等各种信息源来定位自动驾驶车辆的位置。

（7）HMI。Apollo 中的人机界面和 DreamView 是一个用于查看车辆状态、测试其他模块以及实时控制车辆功能的模块。它是一个 Web 应用程序，用于可视化自动驾驶模块的输出，例如规划轨迹、汽车定位、底盘状态等。并为用户提供人机交互界面，以查看硬件状态，打开或关闭模块，以及启动自动驾驶汽车。同时提供调试工具，如 PnC Monitor，以有效跟踪模块问题。

（8）相对地图。相对地图最初是在 Apollo 2.5 中发布的，其目的是在一些相对简单的路况上降低对高清地图的依赖。在 Apollo 2.0 以及之前的开放版本中，高清地图主要用于 3D 雷达的监测、2D 相机红绿灯监测、定位模块的多传感器融合和 DreamView 的显示。这些功能都对高清地图有很强的依赖性。在 Apollo 2.5 中，主要依赖摄像头对障碍物和车道线进行监测，同时定位模块主要依赖相对车道线或者 GPS 定位，使得有机会尝试解耦对于高清地图的高度依赖。相对地图是根据周围的环境实时建立的，同时以 10Hz 的频率向外发布，以供预测、规划以及 DreamView 使用。有三个不同的工作方式：一是直接由实时的感知模块监测道路边界，以 10Hz 的频率生成。好处是完全脱离对高清地图和高清定位的依赖，部署成本较低，坏处是这种工况对于车道线本身的标识是否清晰依赖较高，同时在这种工况下，只能进行简单的自适应巡航和车道保持；第二种是指引线加上相对地图，这种方式对于定位有较强依赖，而对车道线本身标注的清晰程度依赖较低，同时不基于高清地图，仍然保持较为灵活的部署方式；最后一种方案是基于“指引线 + 高清地图”模式，这是最精确的解决方案，其优点是可以得到最全面和精确的地图定位信息，缺点是部署成本较高。

（9）检测。主要包括实时检测硬件和软件各个模块的健康状态，同时监测一些信号是否延时，以及是否有收到一些重要的信号。基于此，如果发现一些非正常行为或系统模块报错，就会通知保护模块进入安全模式，同时会在 DreamView 上通过声音和画面的方式提醒驾驶员在 10s 内需要接管。

（10）保护模块。Apollo 3.0 中新的安全模块，用于干预监控检测到的失败和操作中心相应的功能。在保护模块下存在两个工作模式。在正常的模式下，保护模块会直接转发控制的信号到 CAN 总线。在超声波传感器正常工作并且前方没有检测到障碍物的前提下，尝试在 10s 内缓缓停车；如果超声波传感器在监测的整个过程中信号没有输出、输出不符合预期或者是超声波传感器检测到障碍物，则采取紧急措施来防止碰撞。检测和保护模块是 Apollo 3.0 开放平台对于功能安全和故障处理的尝试。

3. 云服务平台

包括高清地图、仿真服务、数据平台、安全、OTA、DuerOS 等。作为 Apollo 的重要组成部分之一，仿真服务拥有大量的实际路况及自动驾驶场景数据，基于大规模云端计算容量，具备日行百万公里的虚拟运行能力；通过开放的仿真服务可以接入海量的自动驾驶场景，快速完成测试、验证和模型优化等一系列工作。

Apollo 的信息安全方案包括 5 个层面：车辆检测防御、车载防火墙、安全升级套件、芯片级 ECU 信息安全以及汽车黑匣子。其中黑匣子通过数据压缩、加密等存储大量智能汽车的驾驶数据。

DuerOS 即小度车载 OS，它是底层到云端的完整系统：包括利用 AI 技术实现语音交互、疲劳驾驶、手势和表情识别等，提供底层 OTA 到云端数据管理等功能。

4. 量产解决方案

主要指目前量产的方案，即 L4 级的园区自动驾驶方案。具体包括“MiniBus-自动接驳小巴”、“MicroCar- 无人作业小车”以及智能自主泊车等。

5. 车队管理平台

如图 5-16 所示，车队管理平台在第三方平台和云服务平台之间定义了车辆接口、合作方接口、园区接口以及起始终点接口。同时，在百度云端服务和车端自动驾驶系统之间定义了起始点，以及车辆调度指令下发接口和状态收集接口，为开发者提供基本的自动驾驶车辆状态查询和路线调度等技术服务，后续可提供完整的自动驾驶车队管理、运行监控、车辆调度、远程控制等技术服务，支持开发者结合自身运营场景，灵活建设车队管理平台和 HMI 系统，构建高效、安全的车辆运营方案。

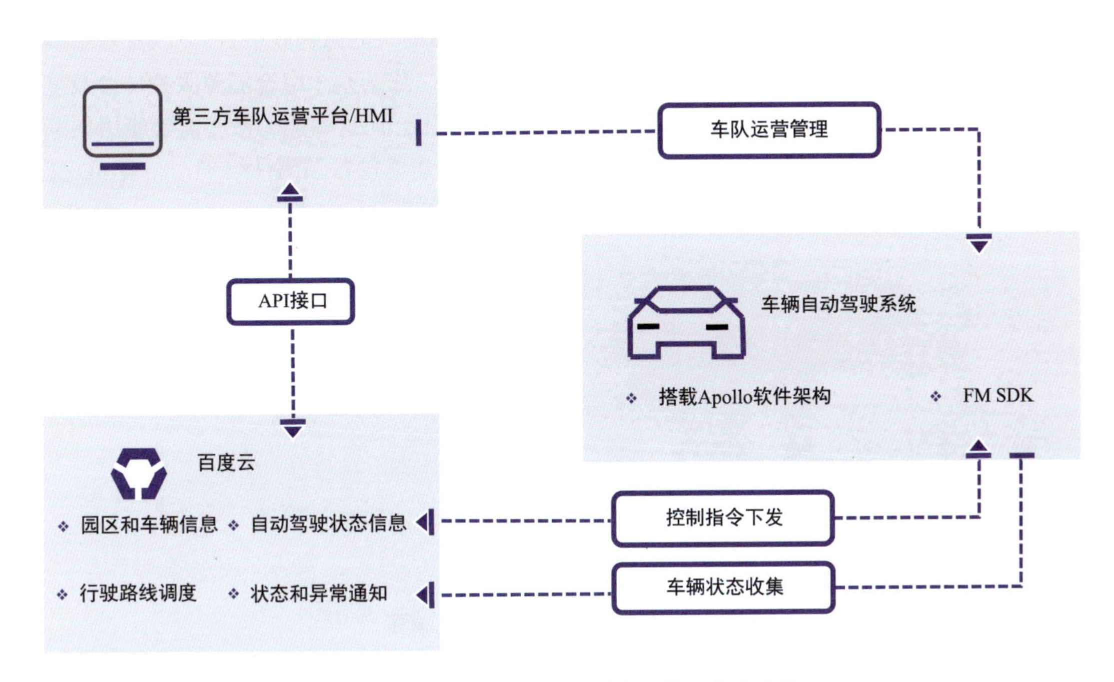

图 5-16　车队管理平台与云服务和第三方平台接口

5.3　智能电网

当前，能源正从化石燃料向分布式可再生能源进行转移，能源消费者的角色也在向能源产销者进行转移。在新型灵活的能源网络框架下，需通过先进的传感和测量技术、通信技术、数据分析技术和决策支持系统，以实现电网的可靠、安全、经济、高效运行。目前，智能电网已部署了大量的智能电表和监测设备。其数据结构复杂、种类繁多，除传统的结构化数据外，还包含大量的半结构化、非结构化数据。引入边缘计算的主要原因：能源的发、储、配、用对数据实时性要求高；能源电力系统数据规模呈指数级的增长对通信和网络存储而言是极大的考验。

为了解决上述问题，在电力设备终端或边缘侧，对智能电表、检测设备采集的数据就地分析处理并提供决策，实现设备管理、单元能效优化、台区管理等功能，以提高管理效率和满足实时性要求。对于设备预测性维护等，需要采用大数据技术的需求在云端进行处理、分析和训练。训练模型可在边缘智能设备中定期更新，以提供更精准的决策。

在指挥能源系统中，根据数据需求和功能需求对系统进行分层分区，实现边缘端、边缘集群和云端的协同配合，最终提高设备的管理水平，提升综合能源管理效率，利用边缘计算技术，产生更快的服务响应，满足行业实时业务、应用智能、安全等方面的需求。

类似的案例还有 2018 年腾讯云携手朋迈能源科技发布的“能源物联平台”，以及基于该平台的“综合能源服务平台”。如图 5-17 所示，“能源物联网”作为整个综合能源服务平台最重要的一部分，发挥着能源数据上送和设备控制指令下发的作用。而这些能力最终需要应用在综合能源服务场景中才能发挥其价值，包括结合人工智能算法建立设备预测性维护，结合 3D 交互引擎形成大屏可视化等，这些都将在综合能源服务平台中体现给使用者。

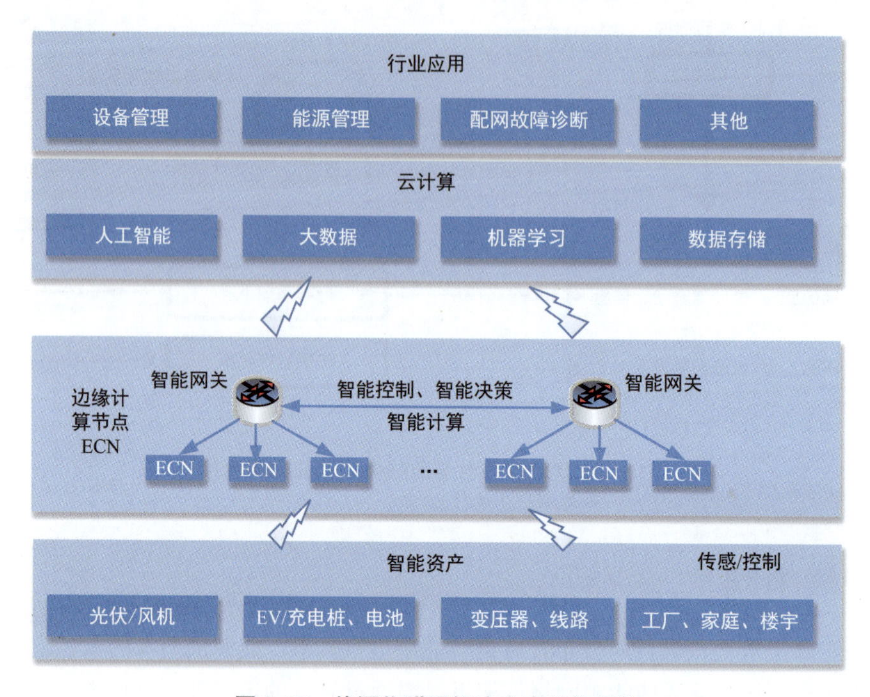

图 5-17　能源物联网解决方案总体架构

“综合能源服务平台”将为商业地产以及产业园区搭建“智慧型能管中心”，提供设备用能评估、可视化监控中心、电能质量管理、设备节能控制、用能计划管理、配电设备预测性分析等一系列服务，在提升能源资源运营效率的同时，实现综合成本的下降。主要包括 5 大系统服务：

- 购售电应用系统，可适配多个交易中心规则、按需购买应用模块。
- 环境及能耗监测系统，可提供大屏解决方案、实现多表计的数据统一采集、提供本地化通信方案。
- 智能用电监测系统，24 小时在线监测、可视化监测运维中心。
- 分布式能源监测系统，可提供不同配电设备的监测运维功能，实现数据可视化以及运维所需要的辅助决策功能。
- 智能计量采集结算系统，提供多能采集和微信支付。

智能电网技术在电力生产、配电和消费部门得到应用。由于对可再生能源以及能源管理的需要，目前电力消耗部门出现了许多新的要求。如图 5-18 所示，朋迈的新边缘服务器平台被设计成管理功耗部分内所需的一切——从微电网到包括各种再生电源的智能城市，以及由此产生的本地负载平衡。

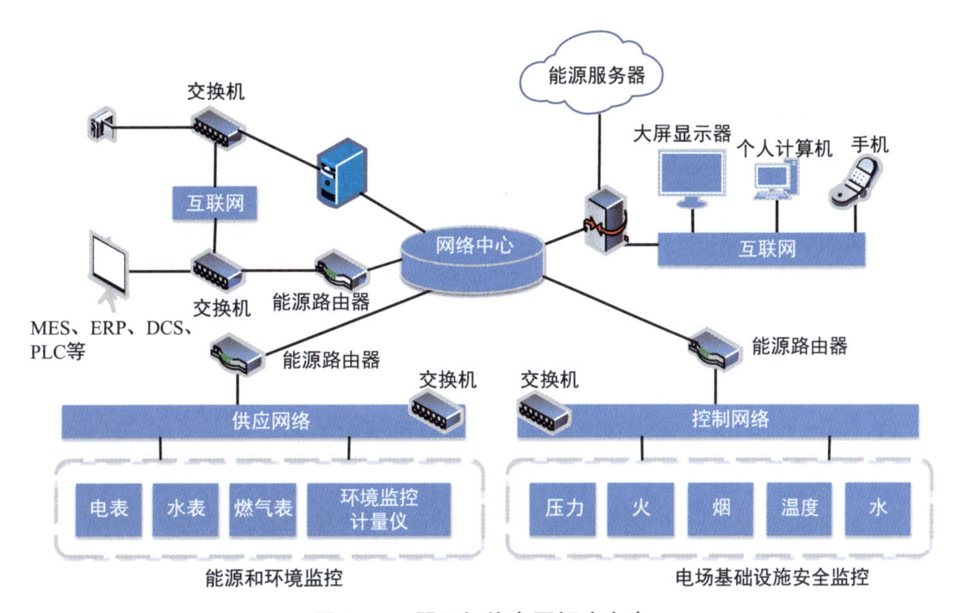

图 5-18　朋迈智能电网解决方案

（1）逻辑实现。朋迈的边缘服务器（图 5-19 中的边缘路由器），作为智能能源电网构建的核心组件，它支持数以百计的电力协议，连接数以千计的不同电力设备，访问数以亿计的能源设备，并发送数以万亿计的消息；还负责实时协议转换，绘制状态曲线图表，实时监控采集各种重要信息（如发电量、用气量、用水量、环境信息等），实时分析数据，过滤数据并上传回云。

（2）系统实现。在单个系统设计中，边缘服务器硬件平台在处理器性能和 I/O 接口方面是可扩展的，采用模块化服务器设计。它们基于 PICMG 标准化机构发布的 COM Express Type 7 规范。硬件供应商 Congatec 与英特尔合作，提供包括所有所需测试和服务的整个硬件平台。

（3）模块设计。COM Express 7 型模块化服务器提供了从 12W Intel Atom C3000 到 Intel Xeon-D 16 核处理器的可伸缩性，最多支持 32 个线程。优势是在云端运行的业务可以无缝切换到边缘端，可实现动态迁移和快速拓展部署。

针对能源应用，英特尔提供了专用的解决方案让用户通过能源路由器快速接入能源物联平台，为能源行业提供安全、稳定、高效的海量数据采集、处理、传输设备，以实现远程、实时感知和管理。

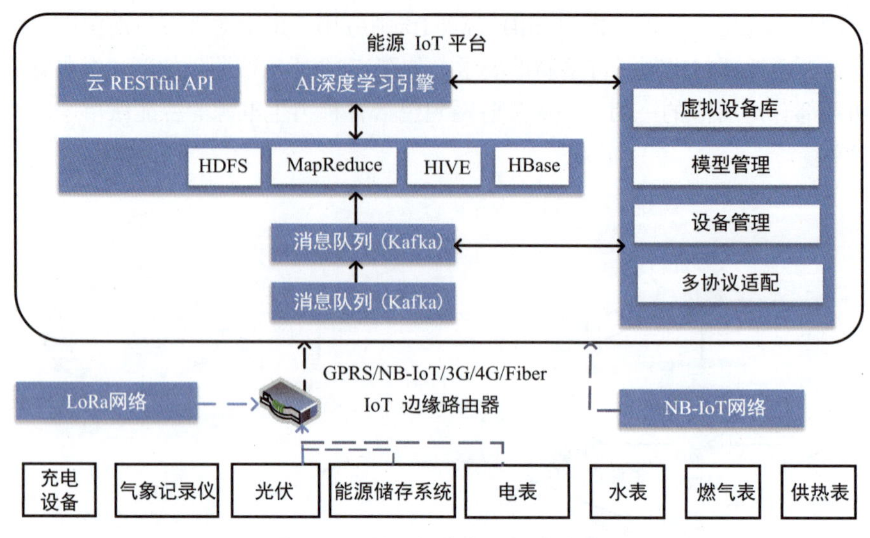

图 5-19 朋迈智能电网解决方案

作为能源物联网平台的基础搭建者腾讯云，则提供了强大的云平台支持，让用户直接在云端轻松实现对能源数据的智能管理和分析。值得一提的是，腾讯云能源物联平台进行了行业适配，能兼容上千种能源设备和主流标准协议，可以接入海量异构能源设备。与此同时，该平台还拥有安全、低成本、快速部署等独特亮点。

朋迈能源科技开发的智慧型能管中心通过设备用能评估、能源成本核算、电能质量管理、配电设备预测性分析和用能计划管理等技术手段，可帮助用户实现综合能源成本降低 15% ～ 20% 的目标。事实上，能源互联网是能源物联网的实践场景，近到一辆电动汽车、居民日常用电，远到能源发电站、隐蔽的燃气管道、电解设备等，能源行业的物联网就是能源产生到使用链条中每一环节的联网链接。在能源物联网解决方案中，英特尔利用自身嵌入式产品硬件提供的技术支持和系统架构支持，提供实时性、功能安全、信息加密、可视化、适应恶劣环境的技术，推动实现能源生态的互联互通、智能化和自主化，打造快速响应的新能源生态圈和商业模式。未来，还将结合图像识别、智能 AI 算法和边缘计算等先进技术应用于企业能源管理、电力设备运维、智能分布式微网、配电台区监测、用户计量计费、政务能效监测等更多应用场景。

5.4 智慧医疗

5.4.1 智慧医疗背景

智慧医疗是智慧城市的一个重要组成部分，是综合应用医疗物联网、数据融合传输交换、云计算、边缘计算、城域网等技术，通过信息技术将医疗基础设施与 IT 基础设施进行融合，以“医疗云数据中心”为核心，跨越原有医疗系统的时空限制并在此基础上进行智能决策，实现医疗服务最优化的医疗体系。

智慧医疗是将个体、器械、机构整合为一个整体，将病患人员、医务人员、保险公司、研究人员等紧密联系起来，实现业务协同，增加社会、机构、个人的三重效益。同时，通过移动通信、移动互联网等技术将远程挂号、在线咨询、在线支付等医疗服务推送到每个人的手中，缓解“看病难”问题。

5.4.2　智慧医疗发展情况

首先，国家高度重视智慧医疗。国家多机关、多部委先后颁布了多项政策文件，加强指导智慧医疗的建设。智慧医疗以其医疗信息化和“医养护一体化”为主的特点推动着医疗模式的改革。

其次，卫生信息三级网络平台建设卓有成效。在区域卫生信息化建设方面，国家对国家、省级、区域三级卫生信息平台建设大力推进，卫生信息化建设框架已显现。如上海、浙江、云南等省进行了区域卫生信息化试点工作，部分地区已经实现省级卫生信息化管理平台的建设。

第三，医院信息管理系统日臻完善。在医院的信息系统建设方面，为实现更便捷的互联互通、资源共享，大部分三甲医院已建立医院信息管理系统，县级公立医院基本建立了自己的医院信息管理系统，部分发达乡镇医院也拥有了医院信息管理系统。

如图 5-20 所示为智慧医疗未来发展方向。

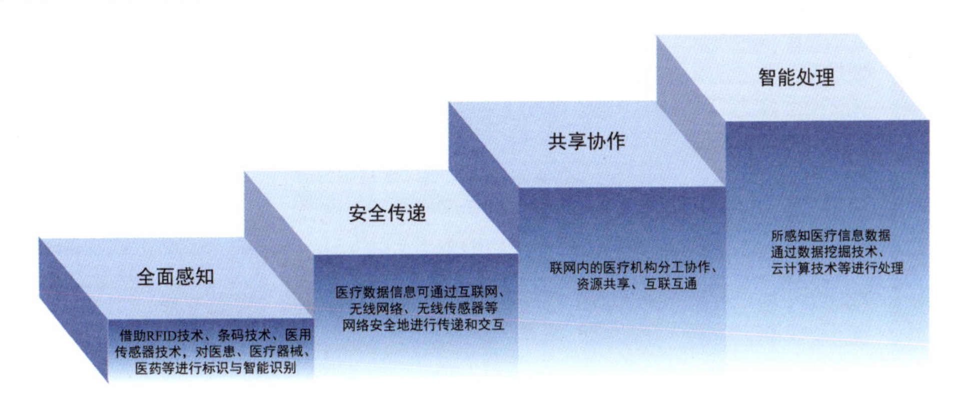

图 5-20　智慧医疗未来发展方向

5.4.3　边缘计算加速智慧医疗落地

通过边缘计算，能够将不同类型的智能设备有机地连接起来，通过数据转换聚合和机器学习等高级分析方法进行自主决策和执行，并对日常诊断中汇集的数据不断分析，使得智慧医疗越来越智慧。边缘计算对于智慧医疗的意义包括：

（1）连接的海量与异构。网络是系统互联与数据采集传输的基石，如何兼容多种连接并且确保连接的实时可靠是必须要解决的现实问题。

（2）业务的实时性。医疗系统检测、控制、执行，新兴的 VR/AR 等应用的实时性高，部分场景实时性要求在 10ms 以内甚至更低。

（3）数据的优化。当前，医疗现场与物联网末端存在大量的多样化异构数据，需要通过数据优化实现数据的聚合、数据的统一呈现与开放。

（4）应用的智能性。业务流程优化、运维自动化与业务创新驱动应用走向智能，边缘侧智能能够带来显著的效率与成本优势。

（5）安全隐私保护。边缘侧安全主要包含设备安全、网络安全、数据安全与应用安全。此外，关键数据的完整性、保密性，大量生产或人身隐私数据的保护也是安全领域需要重点关注的内容。

5.4.4 边缘计算在智慧医疗中的应用场景

图 5-21 展示了一体化医疗应用场景。中心云和边缘云将协同作用接管各类 IoT 设备作为数据来源，并服务于医院各模块的所有业务。且向上支撑大数据应用，包括临床数据分析、影像辅助诊断等，提升医疗诊断的正确性，促进医疗成果的转化。

图 5-21 一体化医疗应用场景

1. 辅助临床诊断

通过边缘计算节点，将各级医院的历史数据进行收集、筛选以及格式标准化，上传至医疗云平台中进行统一存储。在医疗云平台中通过大数据的挖掘分析，构建历史病例大数据模型。将历史病例大数据模型下发至边缘计算平台，进行新病例的比对分析，提高新病例的诊断与治疗的效率。

2. 疾病监控及预防

智能设备为边缘计算节点提供数据指标对比。随着可穿戴设备的普及与数据处理能力的提升，可实时检测病人的身体状态。

运营商基站边缘计算节点提供网络质量保障，将异常数据实时上报医院。根据个体的历史数据与经验历史数据做出准确的预测以及告警。

3. 远程诊断

运营商基站以及边缘计算节点为远程会诊系统提供实时、大带宽的 QoS 保障，结合各大知名医院的优势医疗资源，开展远程视频专家会诊业务。

4. 远程监控

将各级医疗机构的监控视频进行数据筛选处理，并由云平台统一进行存储留档。

5.4.5 智慧医疗的边缘计算架构

边缘计算作为云平台的延伸，结合数据网络资源（运营商基站、4G/5G、有线 / 无线网络）在各下级分支机构处搭建网络、计算、存储、应用核心能力为一体的开放平台，提供数据处理服务，有效地提高诊断效率，提高医疗资源利用效率，降低医疗成本，减轻患者负担，同时也有助于建立更良好的医患关系。

图 5-22 展示了边缘计算针对医疗一体化的解决方案。配合电信运营商的 5G 基站，将计算

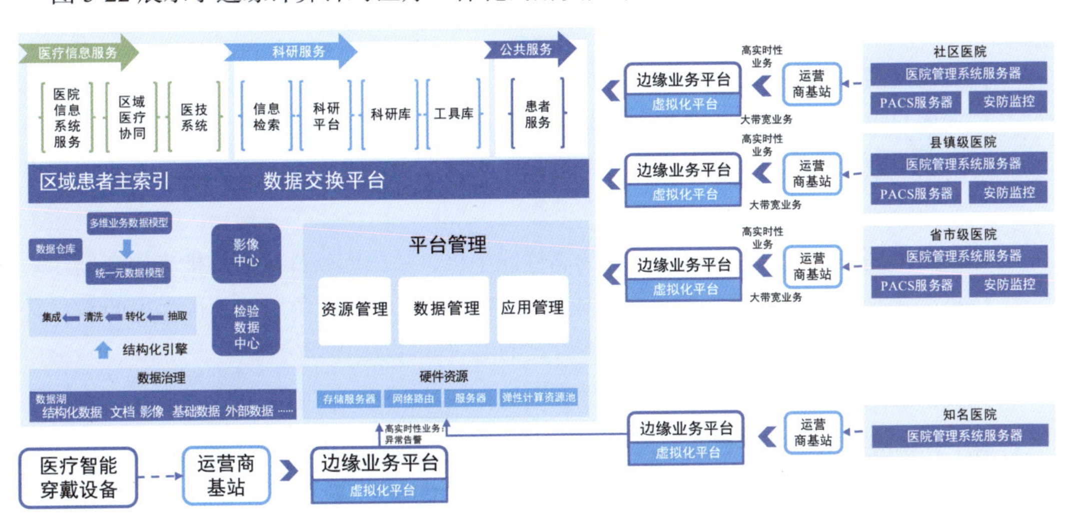

图 5-22 边缘计算针对医疗一体化解决方案

能力下放至边缘业务平台，完成就诊数据、影像资料的初步分析和处理。有效避免边缘至中心的大流量、大带宽业务，让各区域医院、中心医院的通信更稳定。通过中心和边缘的互联，打通各级医院资源上传渠道，避免数据孤岛，有效服务于科研。

5.4.6 案例分析

1. 医学影像边缘云参考设计

（1）挑战。医学影像是十分重要的医疗数据。随着影像设备技术的成熟，以及医疗卫生业务模式和信息化发展的驱动，医学影像市场规模也在持续快速增长。同时，影像数据量越来越大，而且呈高梯度增长，并产生了不同形态的医学影像云。虽然这些医学影像云的名称及含义不统一，但从业务目标上归纳起来可分为三种模式。一种模式是从传统的院内 PACS 演化为 SaaS 模式，在此称为云 PACS。医院内部不再部署 PACS 系统，而是改为在线租用的方式。云 PACS 主要面向基层医疗机构和健康体检机构，是重要的医院业务系统。另一种模式是医学影像交换云平台，主要是为了支持医疗机构之间的远程医疗等业务，使医疗机构之间能够共享和交换医学影像数据。这种影像交换云平台通常以区域医疗和医联体为目标，可以是私有云或公有云。无论是云 PACS 还是影像交换云平台，通常都具备面向病患的影像相关数据调阅功能。很多影像云实际是两种模式的融合，既为医院提供云 PACS 服务，也通过影像数据的共享实现远程医疗等相关业务，称为混合影像云。医学影像云目前面临如下挑战：

- **灵活扩展能力。**大型三甲医院、医联体、区域医学影像中心等平台承载的业务量和影像数据量不断攀升，支撑这些业务的影像云平台的 IT 基层设施需要能按需动态扩展，以适应业务发展的需要。
- **并发访问能力不足。**云平台上的影像数据快速增长，其上的业务应用增多，访问影像数据的用户也从医疗机构的医生护士延伸到病患、卫生管理者、保险从业者和医药从业者等，用户数量和访问频率呈现几何数增长。大量用户并发访问要求影像云系统能够提供与此相适应的性能。
- **建设成本高昂。**传统方案依赖昂贵的高性能主机、数据库软件、高性能专用存储，来支持持续增长的大量影像数据，会造成医疗 IT 基础设施建设费用及其衍生出的集成费用居高不下。影像云的建设需要更高性价比的 IT 基础设施建设方案。
- **数据安全保护。**影像云中大量的影像数据的存储及访问如何确保其安全。

针对上述挑战，英特尔公司联合医学影像云软件供应商和硬件基础设施供应商，设计实现了高性能、低成本影像云平台，并成功对分布式存储系统进行了数据吞吐性能实测。

（2）影像边缘云参考架构。本影像云的设计利用分布式存储系统、固态硬盘、万兆网络等技术构建影像云的 IT 基础架构。其功能框架如图 5-23 所示。

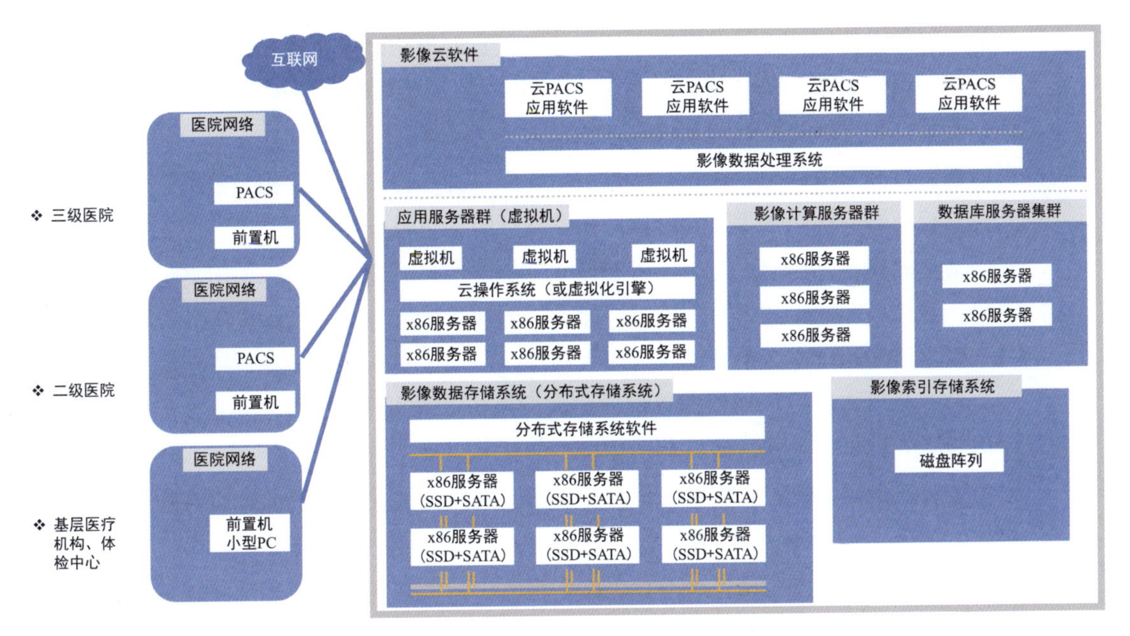

图 5-23　影像边缘云功能框架

1）软硬件组成。影像云系统由软件系统和硬件系统组成。软件系统主要由面向业务的应用软件服务，例如云 PACS、远程会诊、远程诊断等，以及支撑这些应用软件服务的基础软件服务组成。硬件系统主要由影像前置服务器、影像数据存储系统、影像索引存储系统、数据库服务器集群、影像计算服务器集群和应用服务器群（虚拟机）组成。

- **影像前置服务器**。负责将影像数据上传到影像云。在影像业务量大的医院，如三级医院和二级医院，部署一台 x86 服务器作为前置机。在业务量小的基础医疗机构，如社区卫生服务中心、乡镇卫生院、体检中心等，部署一台 PC 设备作为前置机。
- **影像数据存储系统**。负责为影像数据提供物理存储空间及相关数据服务。本文采用的分布式存储系统主要由多台 x86 服务器节点、节点间的高速网络及部署在各节点的分布式存储系统软件构成。在本方案中，分布式存储系统的存储节点采用 2 路 x86 服务器。对外提供数据传输的外部网络采用双万兆以太网连接。用来在系统内各节点间传送数据的内部网络也建议采用双万兆以太网连接。在实际部署中，内外网的网口数量可以依据目标用户的具体业务需求量做适当的调整。

  对于存储系统中的影像数据，依据其被访问的冷热程度进行自动分级管理。分布式存储系统通常提供基于策略的自动数据分级管理功能。建议采用高性能（高 IOPS、低时延、高吞吐量）的固态硬盘构建在线存储，存放近期（例如 3 ～ 6 个月）产生的影像文件和最近访问的影像文件。早前（3 ～ 6 个月之前）产生的影像数据（冷数据）存放在由廉价的机械硬盘构成的近线存储中。依据预先设置的策略，分布式存储系统自动地将符合条件的影像数据在近线存储和在线存储之间移动。影像数据做多副本（如 2 副本或 3 副本）配置，来保证数据的安全可靠。

- **影像索引存储系统**。为影像数据的索引信息提供物理存储空间及相关数据服务。由配置冗余双控制器的存储磁盘阵列组成。提供高可用存储服务。
- **影像数据库服务器集群**。负责提供影像文件索引信息的读写访问。采用高可用双机集群配置。在 2 台 x86 服务器（物理服务器）上安装集群软件，构成高可用的数据库集群系统。服务器之间配置 2 条心跳线（以太网连接）用来交换心跳信息。每台服务器各自配置 2 个万兆以太网口，连接业务网的 2 台交换机（高可用冗余配置），对外提供影像索引访问服务。每台服务器通过 FC HBA 卡与存储盘阵连接。
- **影像计算服务器集群**。负责影像计算。由多台提供强大并行图形计算设备的 x86 服务器组成。
- **应用服务器群**。提供影像云应用软件及支撑其运行的基础软件服务的硬件运行平台——虚拟服务器资源。由多台 x86 服务器部署虚拟化引擎（VMM）或云操作系统，构成虚拟机服务器资源池。

2）系统优势。本例中的影像云设计采用分布式存储系统提供影像数据的存储和相关服务，与传统方案相比，有如下优势：

- **灵活的扩展能力**。通过增加集群中的 x86 服务器节点数量，分布式存储系统的能力（容量和性能），可以依照影像业务发展的需要，灵活快速扩展。这一特性使得在构建影像云系统时，不需要“一步到位”，不需要为了满足若干年（如 3 ～ 5 年）内最大可能的业务需求，而一次性采购和部署短期内根本用不着的大容量和高性能。而是可以依据对业务的渐进发展以及对实际情况的预估，分批采购和部署。而且这种新增的容量和性能的添加，可以在基本不影响业务的前提下，简单而快速地完成。通常，分布式存储系统可以提供高达数千个节点和 EB 级的容量、千万级 IOPS 和百 GB 带宽。
- **线性扩展的性能**。随着服务器集群节点数量的增加，分布式存储系统的性能将随之呈现线性提升。而且这种性能可以扩展到千万级 IOPS 和百 GB 带宽。
- **高性价比**。与传统的专用 SAN 或 NAS 存储系统相比，构建在工业标准的 x86 服务器上的分布式存储系统，有着明显的性价比优势。
- **数据安全可靠**。分布式存储系统通常提供副本冗余，通过将数据的不同副本写到不同的服务器节点来保护存储的数据。分布式存储系统不仅能容忍硬盘级的故障，而且能够容忍节点级的故障。只要系统中同时出现故障的节点数不超过特定数量，系统就可以持续提供服务。通过数据重构过程，系统可以恢复出损坏的数据，确保整个系统的数据安全可靠。

- **直观易用的系统管理**。分布式存储系统通常提供基于 Web 的图形化的管理工具。可以以直观易用的方式，监测整个系统内各种组件的运行情况和管理资源的使用。

如图 5-24 所示，可以在影像云与医院之间加入影像 CDN 分发节点和 CDN 服务器，通过使用加速、去重和边缘缓存技术，提高影像的分发效率。

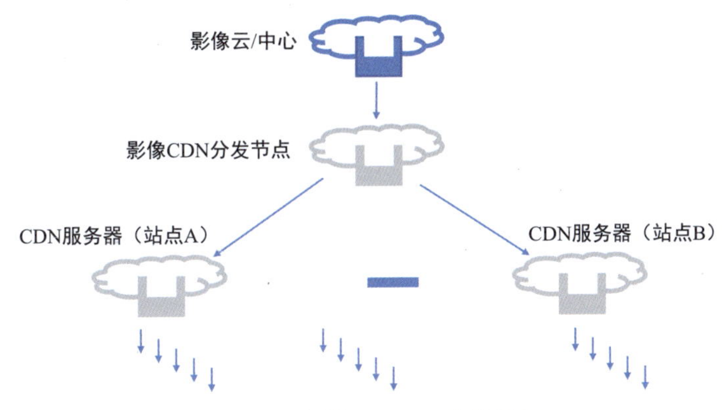

图 5-24　影像云 CDN 分发框架

2. 九州云远程医疗系统

（1）背景。某医院为了减少上级综合医院的就诊压力，将医疗机构分为社区医院、县镇级卫生院和上级综合医院三个层次。普通病患一般到基层县镇级卫生院或者社区医院进行首次问诊，基层医院将无法处理的病患转至上级综合医院进行诊治。然而在一些诊治案例中，由于病患的特殊性，比如高龄、不能移动、突发重疾等，需要及时进行救治，这之间分秒的时间流逝都会对病患的生命造成威胁。远程医疗的诞生在一定程度上解决了此类问题。某医院计划大力发展远程医疗，但在实践的过程中遭遇了一些难题。

（2）某医院远程医疗面临的问题。老系统升级问题，原有系统建设时期较早，难以支撑远程诊断应用对信息系统的高性能要求；多系统切换问题，缺乏一个统一的软件系统以支撑远程问诊流程；数据孤岛，就诊视频资料、影像资料难以保存，缺乏渠道上传到中心医院，导致专家诊断流程出现时效差的问题。

（3）建设目标。足够支持远程医疗的全新基础架构设施，统一的远程问诊软件系统，基层医院和中心医院实现远程问诊数据共享。

（4）远程医疗方案。某医院需要整合多级医疗结构，构建整个区域的医联体系统。如图 5-25 所示，九州云帮助医院构建基于边缘计算和云平台的技术框架，提供实时、高效的远程医疗平台系统，整个系统包括以下几部分：

- **视频电话**。使参加远程会诊的各方人员能进行面对面的讨论。

- **远程出席系统**。使在中心医院的专家能够从远端医生或护理人员的“肩膀上”看到他对当地病人的检查并进行指导。
- **远程放射学**。在许多场合，X 光片是一个重要的诊断依据。当地的医护人员使用数字化仪器和具有高分辨率显示的计算机将放射影像数字化，并通过通信网传送给中心医院，然后专家对图像进行讨论。

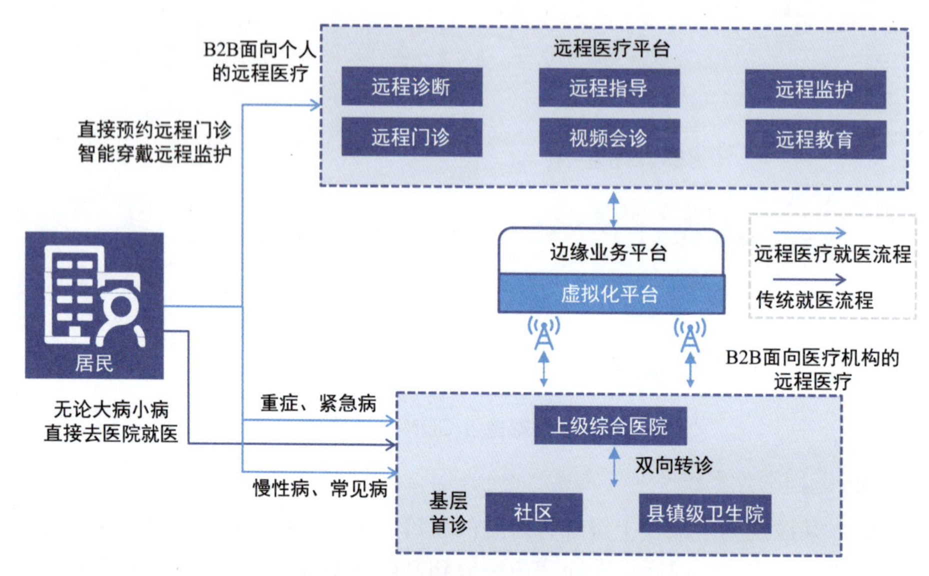

图 5-25　远程医疗一体化解决方案

如图 5-26 所示，展示了远程医疗一体化流程，病患在远端基层医院就近问诊，临床医生

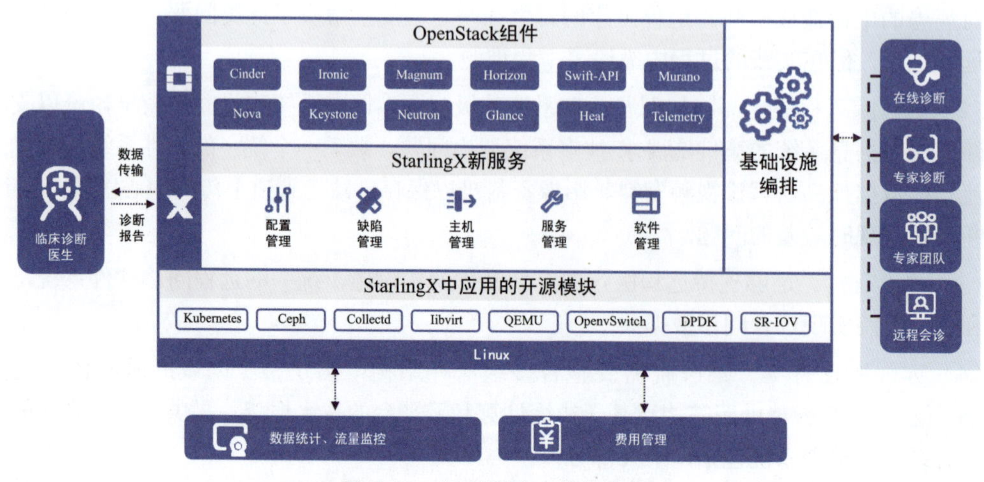

图 5-26　远程医疗一体化流程

无法对病患病情做出正确判断或者诊治遭遇困难。使用边缘平台上的远程医疗应用，协调专家资源，辅助进行诊治。后续数据上传、数据库分析、收费、流量监控等都可通过边缘平台上的相应应用解决。帮助达成通信更稳定、问诊更便捷、医护更高效、医患更和谐的目标。

5.5 智能家居

随着生活水平的提高，人们对于家庭生活的安全性、便捷性以及娱乐性等也提出了更高的要求。传统的家庭生活以模拟数字电视为中心，而现在各种智能化的设备出现在家庭生活中，例如各种无线传感器、智能路由器网关、娱乐游戏主机、4K 数字电视和盒子、智能家电等。这些智能设备满足了人们对于智能家居的部分需求，但由于这些智能设备往往来自不同厂商，协议、服务接口和人机界面等都不统一，数据无法相互流动，从而限制了它的应用场景，并造成了用户在使用中的麻烦，最终可能导致用户的舍弃。

为了能够实现真正的智能家居，需要边缘计算。通过边缘计算能够将不同类型的智能设备有机地连接起来，通过数据转换聚合和机器学习等高级分析方法进行自主决策和执行，并对在日常生活中汇集的数据不断分析，从而演进自身的算法和执行策略，使得智能家居越来越智慧。同时边缘计算也能够统一用户交互界面，以更及时和友好的方式与用户进行交互。

边缘计算在智能家居中主要包括三个层次的意义：

1. 轻松管理家庭

- 简化重复工作，降低重复率，节省时间。
- 帮助人们更好地了解家庭资源并充分利用它们，从而节省金钱。
- 降低人们由于需要记住预约活动或重复任务而带来的焦虑。

2. 丰富家庭生活

- 扩展人们在某些兴趣活动上的技能。
- 延伸人们在家庭生活中能覆盖的范围。
- 帮忙人们始终保持对日常活动中紧急信息的了解。

3. 保证心理安定

- 降低由于潜在的家庭资产损失导致的心理焦虑。
- 消除对家庭中潜在危险的担心。
- 提高对于家庭其他成员安全和健康的信心。

5.5.1 智能家居应用场景

1. 安全监控

例如智能网络摄像头、智能猫眼、智能门锁等。智能网络摄像头能够通过人脸或特征识别功能来识别危险，拉响警报或提示家庭主人，并能够与本地或云端存储和应用服务接口，这样家庭主人也能够在离家时实时得知家庭情况。

2. 智慧能源和照明

例如智能门窗、智能灯泡和恒温器。智能恒温器的代表是Nest恒温器。它是一款学习型的恒温器，内置多种传感器，可以不间断地监控室内的温度、湿度、光线以及周围的环境变化。比如，它可以判断房间里是否有人，并以此决定是否开启温度调节设备。由于它具备学习能力，例如，每次在某个时间设定了温度它都会记录一次，经过一周的时间，它就能够学习和记住用户的日常作息习惯和温度喜好，并利用算法自动生成一个调节方案。只要你的生活习惯没有发生变化，就无须再手动设置恒温器。

3. 家庭娱乐

包括智能电视、PC和手机游戏、虚拟现实以及各种游戏终端等。对于家庭娱乐，一方面需要提高网络带宽，降低传输时延从而提高用户体验，特别是对于VR、网络游戏、2K蓝光或4K超高清多媒体内容的播放等而言；另一方面需要管理和存储家庭多媒体内容，并能够方便无缝地在各种家庭终端设备上进行显示和播放。

4. 智慧健康

实现对于家庭成员健康不间断的监测，协助进行健康分析和判断。并与家庭或社区医院进行信息同步或通信，例如老人或小孩看护等。

5. 智能家电

例如智能冰箱，在某种食材不足的时候能够自动识别出来，及时通知家庭主人或实现自动下单补给。

根据对智能家居需求量最大且应用最为广泛的美国的统计结果，目前家庭对于安全监控、智慧能源和照明、智慧娱乐这三大应用场景的需求量是最大的。

5.5.2 智能家居发展现状

数据显示，2018年，中国广义的智能家居市场规模突破4000亿元人民币。在世界范围内，预测到2020年，智能家居行业市场规模将达到1550亿美元。过去智能家居的主要参与者是传统家电厂商，他们对行业最大的促进是让一部分家电有了操作系统，功能更强大更便利，典型的产品是智能电视。随着越来越多科技公司和互联网公司的进入，用人工智能技术作为驱动，智能家居也变得更聪明，能够根据用户的需求适应和进化，智能更名副其实。例如美国的亚马逊、中国的小米等公司。

1. 小米

小米在智能家居上的思路是利用路由器为中心将智能家居的硬件联网，并以手机 App 为入口控制联网的硬件。2017 年 7 月，小米发布的 AI 语音助手小爱同学突破了这一点，它让智能家居的交互界面从手机触屏变成了语音，并加入了人工智能。在小爱同学发布之前，智能家居也能收集用户的数据，了解用户的使用习惯并改进产品，但是这个改进周期较长。小爱同学发布之后，智能家居产品收集的数据可以供 AI 学习，并且以更快的周期进化，智能家居产品可以越用越聪明，越用越能满足不同用户的个性化需求。

2. 亚马逊

亚马逊在智能家居上的发展路径与小米正相反，它是先有 AI 驱动的智能助手和智能音箱，再大规模发布智能家居硬件产品。2014 年，亚马逊发布了智能音箱 Echo，它以语音助手 Alexa 为核心，Alexa 除了具备各项 AI 技能，例如自然语言理解，还可以通过 Alexa skill sets 接入各种智能设备并实现语音控制。截至 2018 年年底，Alexa 已经内置于来自 3500 个品牌的 2 万多种设备。2018 年的 9 月 21 日，亚马逊发布了十多款基于 Alexa 的智能家居设备，除了 Echo 智能音箱各个级别的升级产品 Echo Dot、Echo Sub、Echo Plus 外，还有智能摄像头、智能挂钟、智能微波炉、智能网关，这些都与小米的布局类似。

除了上文提到的亚马逊、小米，众多科技公司也在布局以 AI 助手为内核的智能家居业务。在美国有谷歌、苹果、微软等公司，而在中国有百度、阿里巴巴、腾讯和京东等公司。苹果公司早在 2014 年就推出 Homekit 智能家居开发平台，并在 2017 年推出了智能音箱产品 HomePod。百度、阿里巴巴、腾讯公司多以“语音 + 硬件”切入市场，聚焦语音中心入口，例如阿里巴巴推出天猫精灵和 Alink 协议进行设备间数据交换、腾讯公司有听听智能音响和 QQ/Wechat SDK 进行设备接入，百度公司则推出小度智能音箱和 DuerOS。

但同时需要看到，虽然各家科技公司推出了自己的智能家居方案，建立自己的护城河，但依然没有解决生态问题和智能家居方案碎片化的问题。对于用户而言，这也是制约他们接受和使用智能家居方案的一个主要因素。

5.5.3 智能家居的边缘计算架构

如图 5-27 所示，一般智能家居边缘计算的硬件入口不止一个。例如，家庭中可能会包含个人计算机、All-In-One、家庭网关、智能语音助理或音箱等多个入口和边缘计算节点。因此，用户在构建自己的智能家居方案时，需要考虑如何尽可能地将智能设备和多个入口有机地连接起来，并用统一的方式进行控制和管理。

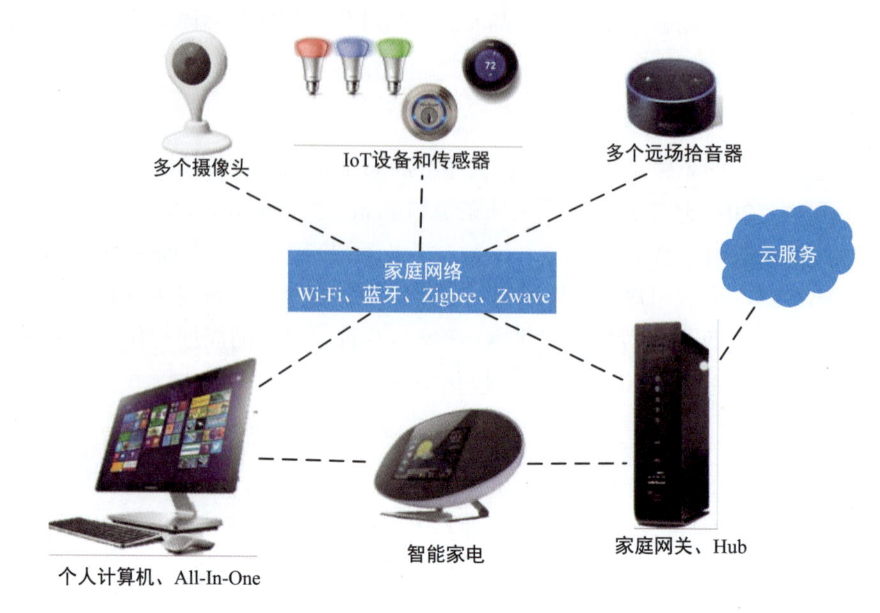

图 5-27　智能家居边缘计算

1. 智能家居边缘架构

如图 5-28 所示，智能家居边缘计算架构主要包括的功能模块有：设备接入和抽象、边缘分析引擎、本地规则引擎、设备管理、安全、云服务本地代理、应用框架。

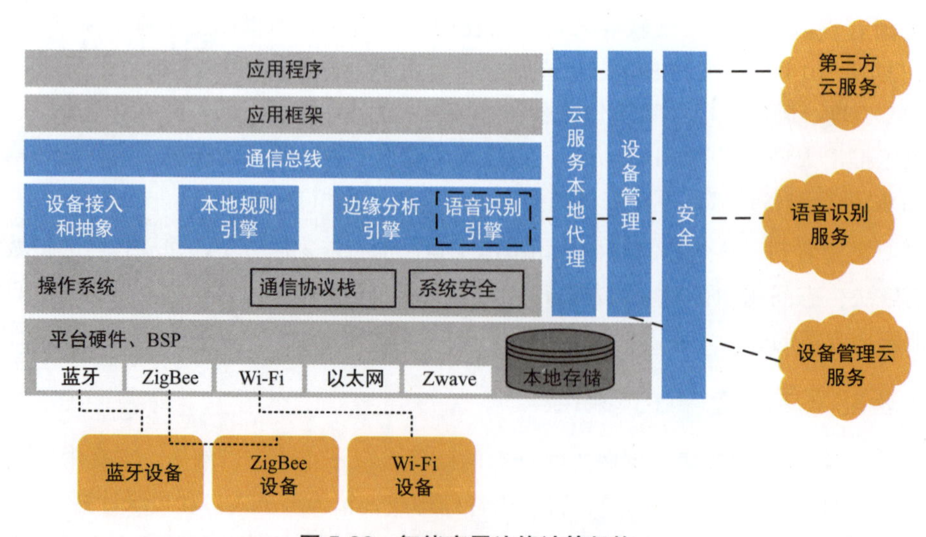

图 5-28　智能家居边缘计算架构

（1）智能设备接入和抽象。实现不同网络的连接和协议的转换。网关可以融合多种技术实现跨协议的互联互通，包括 WAN、LAN、WLAN、PAN。一些新的技术，如蓝牙 5.0、LPWA（NB-IoT、LoRa），也为智能家居的网络接入提供了更多选择。不同协议通过插件方式来支持和管理，然后转换为统一的表达方式，并抽象出统一格式的服务接口，例如 OCF IoTivity 标准，如图 5-29 所示。

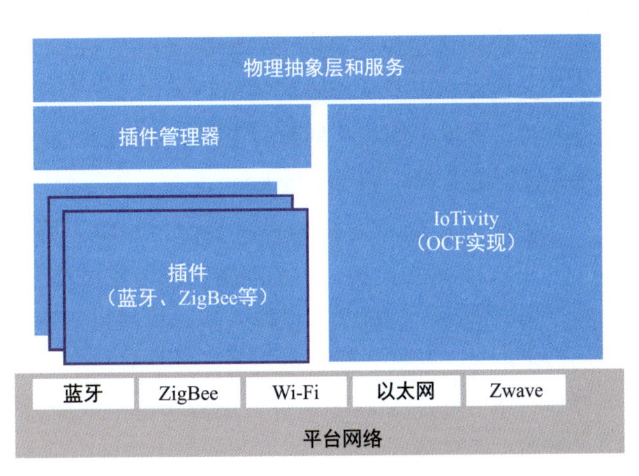

图 5-29　设备接入和抽象

（2）边缘分析引擎。包括传感器数据分析、本地语音识别、语音事件检测、语音播放、视觉分析等功能。分析引擎能够对采集的温度、湿度、声音或视频等敏感数据在本地（边缘端）进行暂存和分析，然后将分析处理结果直接返回，或将分析后的脱敏数据发送到云端进行进一步分析或长期保存。例如特征声识别算法（ACA）运行在本地，当检测到非家庭成员进入房间时直接返回结果并触发报警；由于本地存储空间的限制，自然语义理解功能一般运行在云端：将在本地预处理后的语音数字信号通过 RESTful API 接口上传到云端进行识别后，返回识别字符串结果到本地。

（3）本地规则引擎。支持用户根据不同的需求通过本地的用户界面创建规则，配置相应动作，实时下载到网关设备执行。规则引擎也存在于云端，用户可以远程设定、下载和执行规则。

（4）设备管理和安全。设备管理主要包括设备上下线、设备状态监测、设备固件更新、软件升级等。设备安全不仅仅包括设备端，还包括连接安全、网关侧安全以及云端服务安全等。

（5）应用框架。通过应用框架提供的服务接口，第三方客户可以方便地使用方案中提供的服务，例如语音服务、智能设备的通信服务等。好处在于客户不需要了解硬件平台和智能设备协议的差异性，从而实现定制化应用的快速开发和部署。

（6）云服务本地代理。云服务本地代理用于集成不同云服务的本地 SDK、从而实现与不同云服务的对接，丰富服务内容，并实现智能家居的远端监控和管理，例如阿里巴巴的 Link Edge SDK、百度的 DuerOS、腾讯的 WeChat IoT SDK 等。

除此之外，家庭中有很多数据包括多媒体文件需要在边缘侧进行保存和使用，一方面，出于隐私安全考虑，不希望存储于云存储上；另一方面，本地存储可以实时获取和使用，避免由于网络 QoS 和传输时延导致的用户体验下降问题。

2. 基于深度学习的语音识别

深度学习算法的发展以及训练样本量的提升，使得语音识别的准确率达到了能够商业应用的水平。特别是在亚马逊推出智能语音助手 Echo 后，语音交互被认为是颠覆终端触屏交互的下一代人机界面以及智能家居的核心入口。各大家电企业、科技互联网巨头纷纷聚焦“语音+硬件”切入市场。例如，具备语音控制功能的智能空调、洗衣机、冰箱等；还有一类是智能语音助手或智能音箱，如亚马逊 Echo 系列、阿里巴巴的天猫精灵等。

以智能语音助手或智能音箱为例，如图 5-30 所示，为了实现在家庭环境中的远场识别（大于 1m）和 360° 拾音，一般配备环形麦克风阵列。通过语音前置处理技术，进行波束成形、降噪、回声消除、抗混响等操作，从而将原始带有噪声的语音信号转换为干净的并具有一定格式的数字信号。然后，将处理后的语音信号送入本地或者云端的语音识别引擎和自然语言理解引擎进行语音识别和意图理解。最后，将识别结果转换为特定格式并映射到某个动作或服务中。例如，播放某首歌曲，或控制家庭中智能灯泡关灯。

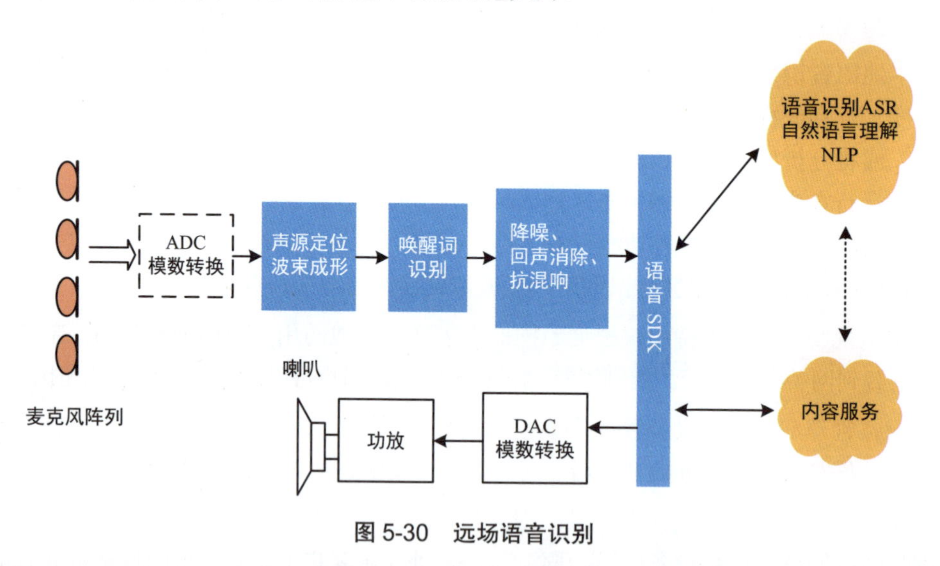

图 5-30　远场语音识别

本地语音识别作为云端语音识别的有利补充，在用户对于隐私敏感或没有网络连接的情况下可以保证基本语音功能的响应，特别是在一些低成本，且只需要支持有限命令集合的智能家电中被广泛应用。典型的本地语音识别算法主要包括以下几个步骤：

（1）语音前置处理。包括回声消除、波束成形、抗混响、降噪等。

（2）特征提取。提取反映语音信号特征的关键特征参数，形成特征矢量序列。常用的是由频谱衍生出来的 Mel 频率倒谱系数（MFCC）。

（3）声学模型匹配。根据训练语音库的特征参数训练出声学模型参数，识别时将待识别的语音特征参数与声学模型匹配，得到识别结果。目前的主流语音识别系统多采用隐马尔可夫模型 HMM，如 GMM-HMM 或者 CNN/DNN-HMM。

（4）语音解码。即语音技术中的识别过程。针对输入的语音信号，根据已经训练好的声学模型、语言模型及字典建立一个识别网络，根据搜索算法在该网络中寻找最佳的一条路径，这条路径就是能够以最大概率输出该语音信号的词串。

其中，语音的前置处理算法、深度学习算法等会占用相当多的 CPU 计算资源，一般使用专用硬件如 DSP 或 ASIC 卸载这部分算法。

智能语音助手或智能音箱作为智能家居的重要入口，除了语音识别功能，一般还具备智能家居边缘计算的一些功能，例如网络连接、边缘分析、数据存储、设备管理等。

3. 智能家居标准协议

智能家居由于其巨大的前景，各个厂家都想在这个庞大的市场分得一杯羹，以至于形成了一个个截然不同、相互封闭的生态系统。典型的有苹果、谷歌、小米等。但不同的生态系统给厂商和消费者都带来了麻烦。对于厂商来说，生产出来的设备选择哪个生态系统是一个艰难的选择，如果想开发一个跨越多个生态系统的设备，将面临巨大的成本压力。对于消费者来说，选择了某一个品牌的设备或服务，可能就永远被这个品牌绑定了，因为不同厂家之间的设备无法相互兼容。

因此，推动定义和打造一个通用、互操作的智能家居标准协议是智能家居进一步发展的重要基石。目前，国内外相对主流的智能家居标准协议包括 OCF、海尔 U+ 等。

（1）OCF。OCF（Open Connectivity Foundation）是由“开放互联联盟”（OIC）和“AllSeen 联盟”在 2016 年合并建立的，成为除苹果和谷歌公司之外最大的开放性物联网标准。OCF 是一个行业组织，其任务是制定规范标准，推广一套互操作性指南，并为物联网的设备提供认证计划。它已经成为物联网最大的工业连接标准组织之一，其中包括三星电子、英特尔、微软、高通和伊莱克斯等成员，目前已有 200 多家会员公司。

1）OCF 的主要工作

- 标准的通信平台。
- 桥接规范。
- 开源实现：OCF 提供了一个开源的参考实现 IoTivity，目前运作于 Linux 基金会之下，采用了 Apache 2.0 Lisence。
- 认证流程：包括对 OCF 规范的兼容性认证，以及设备或应用间的互操作性认证。
- OneIoTA.org：一个数据模型的仓库，其中的数据模型以 RAML 和 JSON 格式来描述。这个网站提供了一个在线的工具，可以让企业和组织创建新的设备模型，或者将已定义的模型引入自己的设备中。

2）OCF 核心架构

- 资源模型：资源模型是 OCF 架构的基础，它提供了一种从逻辑上进行建模，并实现 IoT

应用间互操作性的抽象手段。

- RESTful 风格的操作：与 RESTful 一致，OCF 定义了 CREATE、RETRIEVE、UPDATE、DELETE、NOTIFY 五种操作，简称为 CRUDN。分别完成资源的创建、查询、更新、删除和通知。无须关注底层的协议和实现方式。
- 抽象：上面提到的资源模型和 RESTful 操作，都离不开抽象层的支撑。抽象层用于将相应的资源和 REST 操作映射到具体的物理实体上。

（2）海尔 U+。海尔 U+ 是一个开放性的合作平台，包括了开放的 SDK 和 API 标准，各品牌品类的接入以及平台的开放，为合作者提供了开发新应用、新服务的统一标准和资源。在 2017 年亚洲消费电子展期间，海尔宣布海尔 U+ 与 OCF 互联互通的提案通过了 OCF 联盟的标准立项，此提案打通了海尔 U+ 生态与 OCF 生态的连接，拓展了彼此的生态系统。海尔作为 OCF 董事会成员之一，对物联网设备的互联互通标准的制定与推行具有现实意义。

海尔 U+ 的提案其实是一个 U+ 桥接器（Bridge），主要用于在海尔 U+ 设备和 OCF 设备之间进行相互的协议转换，这样就保证了 OCF 应用、设备和海尔 U+ 设备之间的互操作性。通过 U+Bridge 解决了连接两个不同生态系统之间的跨协议互联互通的问题。

如图 5-31 所示，是海尔 U+ 桥接器。

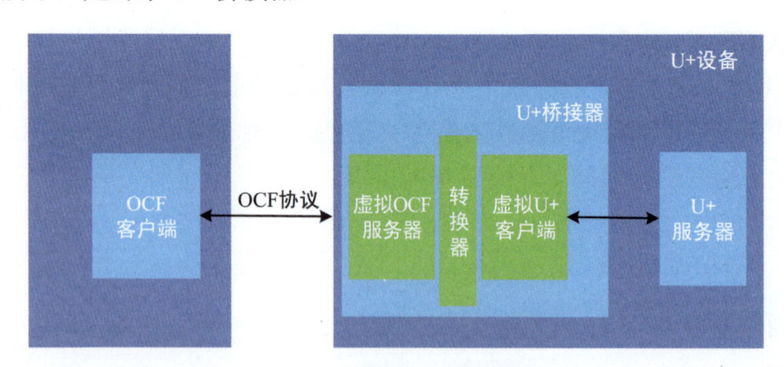

图 5-31　海尔 U+ 桥接器

许多制造商都有自己的智能家居系统。建立 OCF 和这些生态系统间的互操作性是扩展 OCF 生态系统最快速的方式。海尔将海尔 U+ 设备纳入了 OCF 生态系统，这也可能激励其他制造商实现其生态系统与 OCF 的互操作性。通过与 OCF 标准的连接，各个制造商的生态系统互联互通，而不再是“孤岛”。海尔 U+ 桥接器就是连接不同智能家居生态系统的那座“桥”。

5.5.4　案例分析

1. 小米 IoT（MIOT）平台

小米 IoT 平台主要面向智能家居领域，其中包括智能家电、健康可穿戴、出行车载等产品。并通过小米智能路由器、小米 TV、米家 App 或者小爱同学智能助理等多个入口进行开放式控制。小米 IoT 平台开放智能硬件接入、智能硬件控制、自动化场景、AI 技术、新零售渠道等小米的特色优质资源，打造智能家居物联网平台。平台主要的开发者包括：智能硬件企业、智能硬件方案商、语音 AI 平台，以及酒店、公寓、地产等企业。

（1）生态企业接入方案

1）设备直接接入。即智能硬件通过嵌入小米智能模组或集成 SDK 的方式直接连接到小米 IoT 平台。平台支持 Wi-Fi、BLE、2G/4G、Zigbee 等接入方式。

如图 5-32 所示，小米智能模组（MIIO 模组）中已内置标准的设备 SDK，且将功能接口封装为串口通信指令格式。适合于自带 MCU 的、控制功能相对简单的智能硬件，开发者可直接使用 MCU 对接小米智能模组，并按照标准格式通过串口向模组上报或拉取数据。MIIO 模组负责与服务器以 JSON 形式通信，无须 MCU 关心。

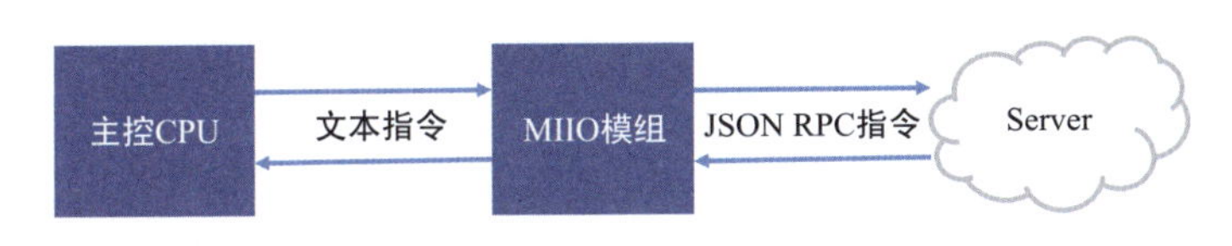

图 5-32　MIIO 智能模组

设备 SDK 适合于带操作系统的、控制功能相对复杂的智能硬件，也适合无 MCU、直接在模组中开发功能的智能硬件。SDK 中已实现设备配网、账号绑定、云端通信、OTA 等功能，开发者只需调用接口并实现硬件自身的功能逻辑即可。

目前，主要开放的接入方式为 Wi-Fi 和 BLE 两种。Wi-Fi 适合较大带宽、低时延、交流供电的场景，如净化器、电饭煲、空调等大小家电。BLE 相对来说适合低功耗、低成本的产品，像电池供电的传感器、穿戴式设备。

2）云对云接入。即开发者自有智能云与小米 IoT 平台对接。如图 5-33 所示，自有智能云后，其智能硬件连接也间接实现了与小米 IoT 平台的接入。

3）应用接入。针对开发者的应用（包括 App、Web、AI、云）希望控制已接入小米 IoT 平台的智能硬件，平台提供 Open API 或 SDK 供应用调用。

（2）存储和规则引擎服务

1）存储服务。包括文件存储微服务（FDS）、数据存储（SDS）、KV-OpenConfig。其中，FDS 用于存储用户文件，类似 AWS 的 S3，采用 Bucket/Object 数据模型，提供简洁的 RESTful API。开发者可通过 HTTP 协议调用 FDS 的 API，且提供多种开发语言的 SDK，支持多种身份认证机制（签名、OAuth 2.0 和小米 SSO 认证）。数据存储 SDS 提供接口查询或存储设备上报的数据。KV-OpenConfig 通过厂商 ID、配置类别、配置 ID 获取对应的配置。

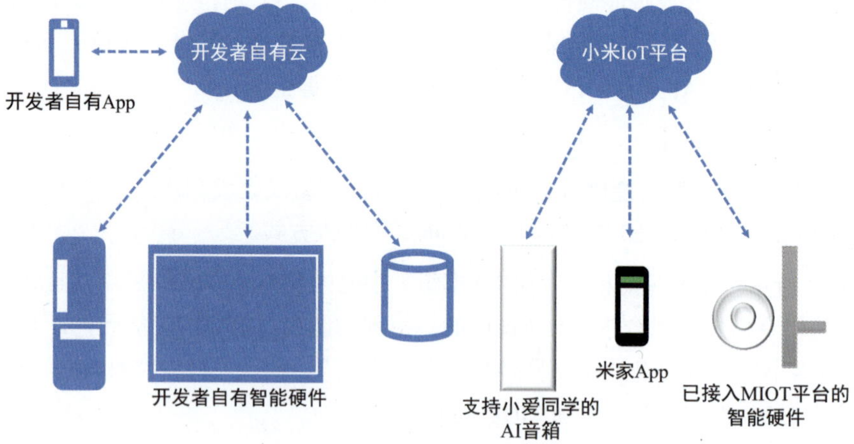

图 5-33 云与云对接方式

2）规则引擎。MIOT 提供的 Serverless 的框架，支持厂商在 MIOT 平台自定义功能逻辑。厂商不需要自己维护服务器、开发加解密逻辑与 MIOT 对接，直接提供以函数为单位的逻辑到 MIOT 平台，规则引擎便会负责权限验证、扩容、监控。在函数里，可以直接调用 MIOT 提供的服务，接收用户、设备上报的数据，处理之后选择发送或存储到 MIOT 提供的存储中。函数托管在 MIOT 提供的机器上。规则引擎需要由一个事件触发函数的执行，目前支持的触发有设备上报事件、属性，米家 App 插件进行调用。

触发函数之后，可以调用 MIOT 开放的接口执行自己的业务逻辑，开放的功能包括：厂商独立的 Key-Value 存储，获取设备状态、历史上报信息，推送消息到米家 App，发送到摄像头人像识别模块。

2. 金山云与小米 1kM 路由

Wi-Fi 是互联网接入的最重要途径之一，对于视频类应用而言，大部分的访问还是来自 Wi-Fi 客户端。无线路由器可实现家庭无线网络中的 Internet 连接共享，实现 ADSL 和小区宽带的无线共享接入。可以把身边的有线网络转变为无线网络，创造一个无线局域网，从而使周边更多的 Wi-Fi 设备实现共享上网。

随着无线路由应用的普及，人们又对无线传输速度提出了更高的要求，早期的 802.11 标准只能提供 1Mb/s、2Mb/s 的传输速率，这显然难以满足人们对宽带网络的需求。于是 IEEE 不断推出新的标准，到 2009 年 802.11n 标准出现之际，无线传输速率已经达到 600Mb/s。

2010 年后，无线路由器的发展朝着智能化的方向迈进。小米于 2013 年推出了多款智能无线路由器。基于路由器的硬盘推出了家庭云存储等产品，并与其他厂商合作推出了家庭高清影院功能，允许客户在家中计算机不开机的情况下将高清视频下载到路由器上，充分利用闲时带宽。截至 2018 年，小米路由器日活用户已超过 1100 万人次，日连接设备超过 1.3 亿台。

（1）家庭终端上网的问题和痛点。一方面，网民接入层带宽往往是经过了层层 NAT，质量存在问题。另一方面，由于网民带宽经过了多重 NAT，甚至存在多出口的情况。网络内容提供厂商和 CDN 提供商往往难以根据请求的客户端 IP 定位到客户的位置。一旦定位错误，将会影响流量调度准确性，造成网民的上网请求发送到跨地区、跨运营商的 CDN 节点，进一步影响网民的体验。

（2）智能终端的问题和痛点。随着家庭智能化的推进，除了计算机和手机，越来越多的家用电器，如电视、冰箱、空气净化器等都推出了智能版本。

由于传统网络分布和传输技术问题，终端用户仍然会遭遇高时延、网络堵塞、信息劫持等问题，极大地影响用户体验。

目前，面对数据爆炸式的增长，企业较明确的解决方案大致分为三个方向：一是继续推进网络基础设施建设，如增加网络带宽；二是新建和扩建大型数据中心，提升云计算中心的承载、计算和传输能力；三是对海量数据进行分流处理，疏导云计算中心的压力。

边缘计算对应的便是第三种方案，因为将计算能力推送至边缘设备，实际上就是一种分流处理。

（3）金山云与小米 1kM 解决方案。2018 年 7 月 18 日，边缘计算领域迎来一个组合选手：小米和金山云联手发布了“1kM 边缘计算”解决方案。二者希望以“云 +IoT”的组合来掘金边缘计算。金山云表示，“1kM 边缘计算”解决方案就是借助小米路由器连接上亿台设备的优势，来解决长期困扰业界的从 CDN 节点到 Wi-Fi 终端之间最后一公里的网络速度和安全等问题，从而打造距离用户最近的边缘计算。

具体而言，基于“1kM 边缘计算”的智能调度，小米路由器在对网络进行感知后，可以判断使用哪些 CDN 节点覆盖能够达到最好的效果。同时，路由器基于用户识别请求，还能利用大数据分析 DNS 解析，替换错误 DNS 的服务器，保障网络安全。

1kM 解决方案的核心技术涉及私有协议。受限于 TCP 协议的诸多限制，弱网客户端始终难以达到理想的访问效果。尽管谷歌公司于 2013 年推出了基于 UDP 的 QUIC 协议，但受到客户端、服务端、网络设备等环节的制约，始终无法大面积使用。另一方面，相对于 TCP 协议，QUIC 协议虽然能大幅优化下载速度，但也要付出额外的带宽，这也不是大部分 CDN 厂商能够承受的。

1kM 解决方案的方法是：无线路由器首先对用户所处的网络环境做持续的监测，对多个目标地址进行下载测速后判断自身是否处在弱网环境；对于判断自身处在弱网环境的路由器，自动识别出访问到 CDN 的视频请求，直接在路由器上对其进行协议转换，转成基于 UDP 的私有协议后，发往 CDN 的 UDP 端口，进行私有协议通信。实际结果表明，1kM 解决方案在弱网环境下能够使下载速度提高 30%。由于只对弱网环境做了优化，额外付出的带宽也非常有限，几乎不会对成本造成影响。

1kM 边缘计算的私有协议原理架构如图 5-34 所示。在传统无线路由器处理逻辑中，数据转发层仅仅对路由器用户的 HTTP 请求的 IP 报文进行转发，而小米路由器则会通过“协议转换判断模块”对 HTTP 请求的数据包进行一轮判断，判断条件是：HTTP 请求的目的地址是由金山云提供云服务（通过金山云服务地址的白名单进行判断）；当前路由器处于弱网环境（通过弱网监测模块对当前路由器所处的网络环境进行探测判断）。

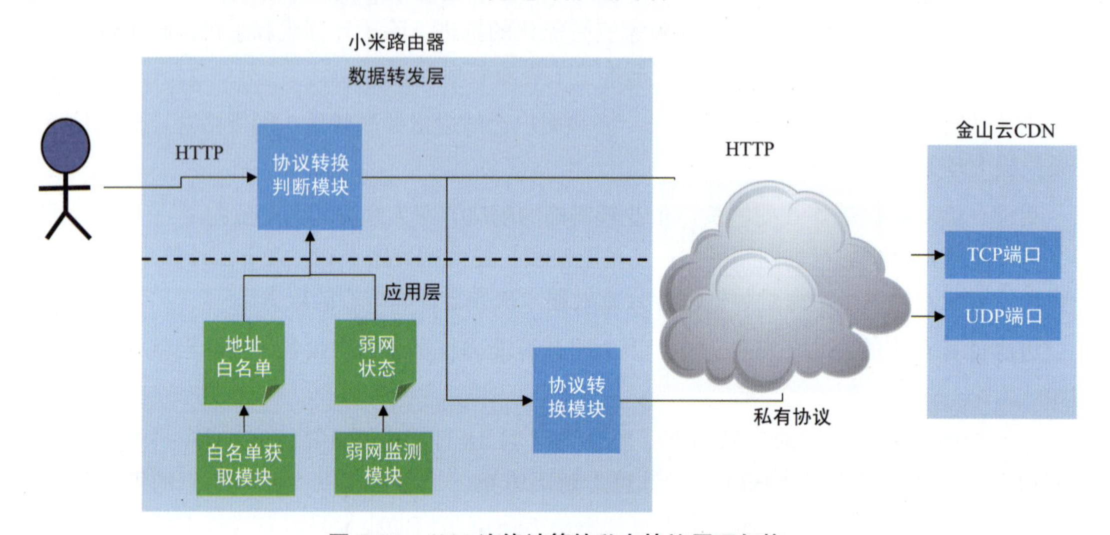

图 5-34　1kM 边缘计算的私有协议原理架构

如果满足以上条件，HTTP 请求数据报文将被送至应用层的“协议转换模块”，转成基于 UDP 的私有协议，代替原来的基于 TCP 的 HTTP 协议，并将转换后的数据包发往金山云的服务地址。从而在弱网环境下也能取得快速流畅的访问效果。

1kM 解决方案私有协议与 TCP 对比如图 5-35 所示，在典型的 50ms 时延的网络环境下，随着丢包率的增加，TCP 协议的下载时延明显变长，而私有协议则几乎不受丢包率的影响。

另一方面，上网被劫持是影响网民上网体验的一大主要问题。传统的 DNS 协议是基于 UDP 的，一些小运营商出于利益考虑，会对网民发起的 DNS 查询请求进行抢先应答，篡改访问目的地址，造成网民请求到错误地址等问题。

目前主流手机应用都在使用基于 TCP 的 HTTPDNS 来代替传统的 DNS 服务。HTTPDNS 是通过 HTTP 协议来进行域名解析的，由于 HTTP 基于的 TCP 协议是面向连接的，因此无法通过简单的抢先应答的方式进行篡改。然而，HTTPDNS 需要客户端软件（如手机 App）的支持，浏览器上网是很难使用 HTTPDNS 的。1kM 解决方案也让小米路由器集成了金山云的 HTTPDNS 服务，会将网民的 DNS 请求自动识别并转换成 HTTPDNS 请求，彻底解决了 DNS 劫持的问题，如图 5-36 所示。

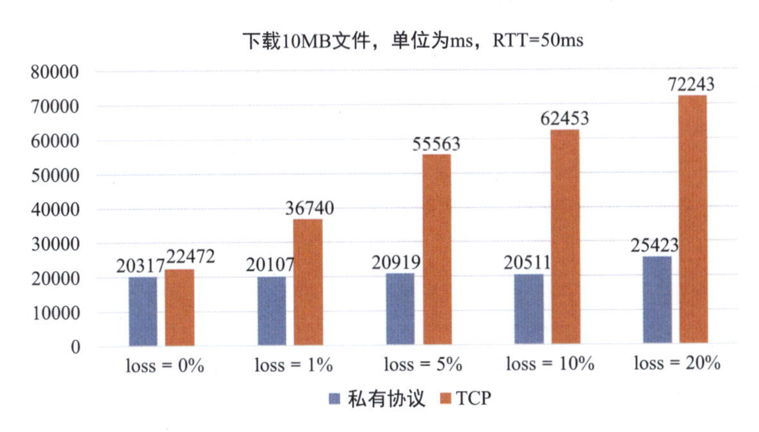

图 5-35　1kM 方案私有协议与 TCP 对比

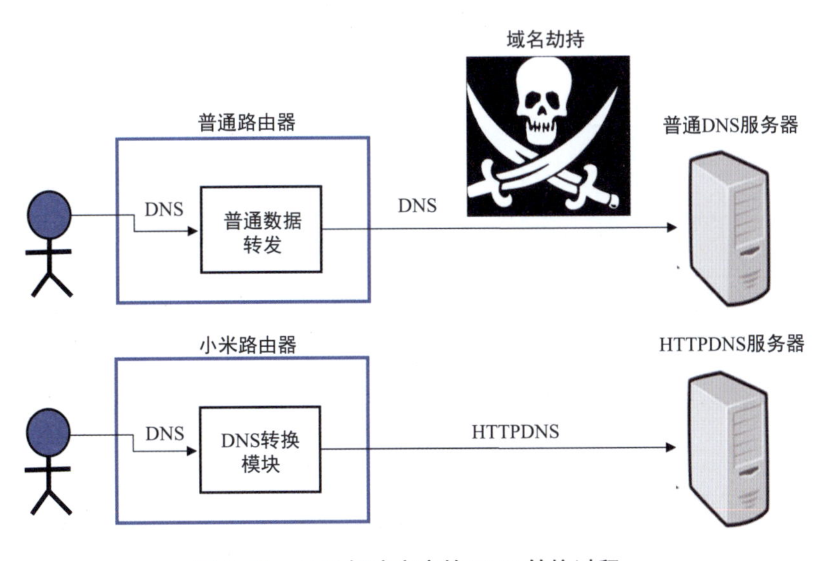

图 5-36　1kM 解决方案的 DNS 转换过程

5.6　智能工厂

5.6.1　边缘计算在智能工厂中的应用场景

面对全球化的市场竞争格局和互联网消费文化的兴起，制造业企业不仅需要对产品、生产技术甚至业务模式进行创新，并以客户和市场需求来推动生产。而且需要提升企业的业务经营和生产管理水平，优化生产运营，提高效率和绩效，降低成本，保障可持续性发展，以应对日新月异的市场变革，包括市场对大规模、小批量、个性定制化生产的需求。

在这种背景下，智能制造成为企业必不可少的应对策略和手段。制造生产环境的数字化与信息化，以及在其基础上对生产制造进行进一步的优化升级，则是实现智能制造的必由之路。

在过去的十多年里，被广泛接纳的ISA-95垂直分层的五层自动化金字塔一直被用于定义制造业的软件架构。在这个架构中，ERP系统处于顶层，MES系统紧接其下，SCADA系统处于中层，PLC和DCS系统置之其下，而实际的输入/输出信号在底部。随着智能制造的发展，工业自动化和信息化、OT和IT不断融合，制造业的系统和软件架构也发生了变化。如图5-37所示，传统的设备控制层具备了智能，它能够进行数据采集和初步的数据处理，同时通过标准的实时总线，大量的设备过程状态、控制、监测数据被释放出来，接入到上一层级。由于制造业对于控制实时性以及数据安全性等的考量，将所有数据直接接入公有云是不现实的。此时，边缘计算却能够发挥巨大的作用，融合的自动化和控制层一般都部署在边缘计算节点（ECN）上，而企业应用如ERP、WMS系统可能运行在边缘侧，也可能运行在私有云或公有云上。

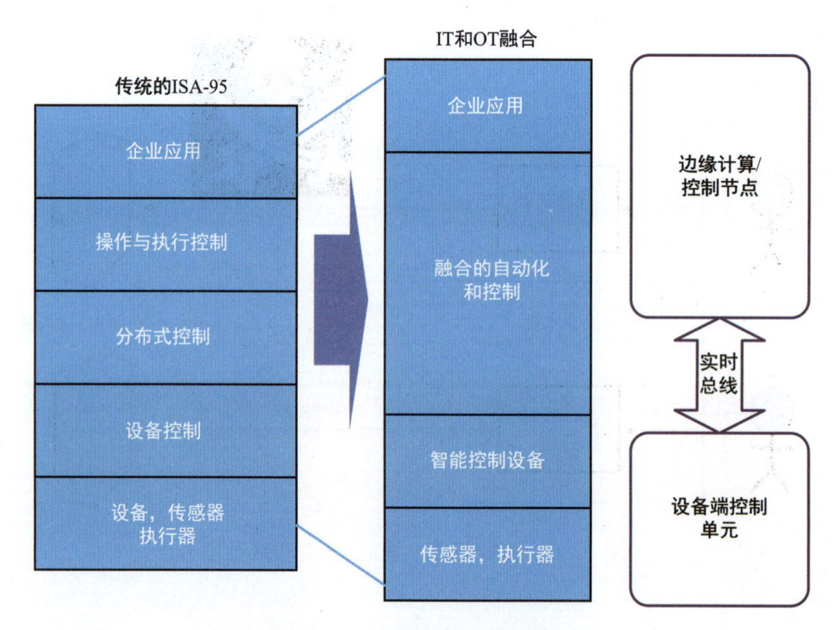

图5-37　智能制造系统架构

对于智能工厂而言，设备的连接是基础，数据收集和分析是关键手段，而把分析所得的信息用于做出最佳化的决策，优化生产和运营是最终的目的。因此，实现数据的管理和分析在这个优化过程中至关重要。边缘计算的技术和架构在智能制造中的发展中一般需要经历三个阶段：

（1）连接未连接的设备。目前，在制造业企业内存在大量独立的棕地设备，这些设备每天产生 TB 级的数据。但由于来自不同的供应商且协议接口互不兼容，导致无法将这些设备数据采集出来并处理，从而不能释放出这些数据的价值，如预防性维护、整体设备利用率分析（OEE）。因此，很重要的一步是要将工厂内大量存在的棕地设备通过协议转换为标准的协议和信息模型，以便接入 SCADA、MES 系统，或接入边缘计算节点，进一步进行数据处理或缓存。

（2）智慧边缘计算。通过棕地设备的互连和协议转换，大量制造的数据被释放出来，为引入大数据和机器学习等先进的分析算法提供了充足的来源。这些分析算法运行在边缘计算节点上，为设备带来了智慧。例如，产品缺陷检测的深度学习模型通过大量标注数据训练出来，下发部署在 ECN 上。当接收到新的数据时，边缘计算节点会自动运行这个检测算法，准确判断出产品是否有缺陷，在提高生产效率的同时，也降低了人工成本。

（3）自主系统。在这个阶段，ECN 不仅具有智慧分析能力，同时能做出决策并实施闭环控制。此外，它还能通过训练自主学习和升级算法，并根据数据来源或生产场景，自动调整运行代码或算法。

如图 5-38 所示，边缘计算节点的实际部署应是分布性的，把低时延、可靠性高的流式数据分析部署在靠近生产现场的边缘端，也就是把分析功能部署在靠近数据源，靠近决策点的位置。而把计算强度高和储存量大，但对时延和可靠性要求不太严格的批量分析部署在企业机房。

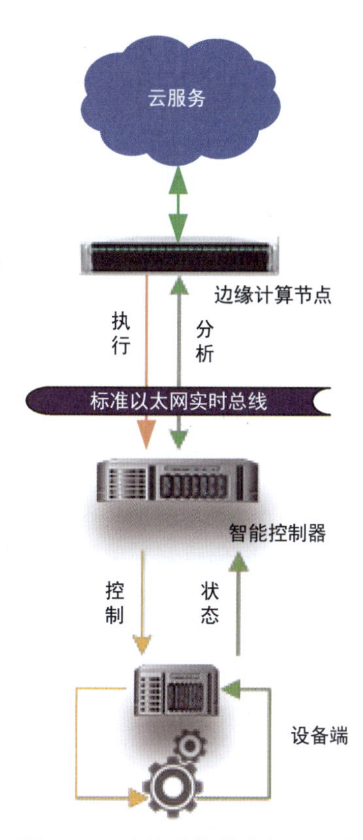

图 5-38　边缘计算节点部署方式

5.6.2　智能制造的边缘计算架构

在智能制造场景下的边缘计算对软件定义系统有很强的需求，在 ECN 上一般使用虚拟机或容器技术来运行多项业务，即所谓负载整合。负载之间的数据和控制信息相互隔离，实时性应用和非实时性应用相互隔离，保证各负载之间的安全性和完整性。同时，需支持负载的远程动态调度和编排，从而在可用的硬件资源上达到负载平衡。例如，对于运动控制应用，将软 PLC、HMI、机器视觉应用等通过虚拟机或容器技术运行在同一个 ECN 上。

智能制造边缘计算节点基础架构如图 5-39 所示，其中的任务或负载可以运行在同一个节点上，也可以根据实际情况分布在多个不同节点上，通过标准协议总线连接起来。例如，数据管理和数据存储运行在一个节点上，而高级学习和分析功能放在另一个节点上。

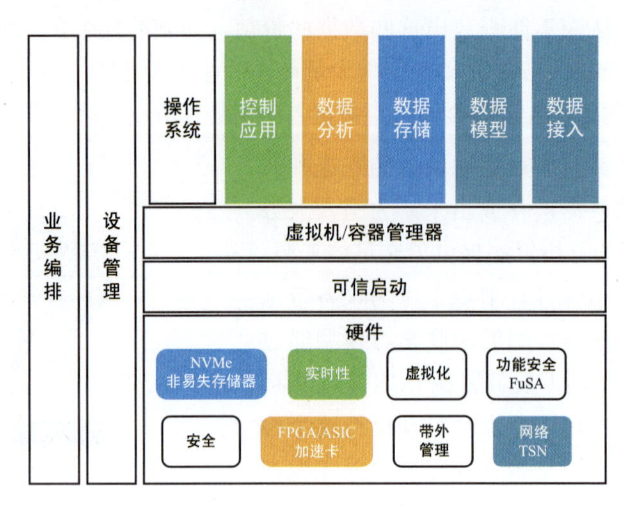

图 5-39　智能制造边缘计算节点基础架构

1. 数据管理

数据管理功能涵盖了边缘计算节点上关于数据流的相关操作，具体包括：

（1）数据接入。用于接入智能控制器采集的设备参数、状态等结构化或半结构化数据；也包括由各种高级传感器获取的数据，如摄像头、振动传感器等。同时实现不同协议的对接，如 Modbus、MQTT、OPC UA 等。

（2）数据路由和传输。用于对等边缘计算节点之间或向中心节点的数据共享或数据聚合。

（3）数据函数。接入的数据可以通过调用预定义函数或用户自定义的函数进行数据清洗、过滤、格式转换等处理，或通过预定义的简单边界条件触发报警等。

（4）本地存储。本地存储包括持久和非持久存储。对于非持久存储，至少需要 32GB 的 DRAM 作为主存储，用于数据缓存和分析功能，一般需要支持 ECC 特性，保证数据读写的可靠性；对于持久性存储，需要考虑边缘侧工业运行环境的要求，一般使用 SSD，特别是基于 PCIe 接口的 NVMe SSD，由于低时延和高 IOPS，在边缘计算节点应用得越来越多。对于数据库的选择，由于从设备端采集的大量数据是时序数据，因此一般选择时序数据库，如 Influx DB；对于图片、文件等非结构化数据的存储，可以选择 MongoDB 或者基于内存存储的 Redis 等。

2. 高级数据分析

数据分析包括大数据分析，在传统的商务行业，特别是在电子商务中已有多年的应用和实践。随着智能制造的兴起和发展，工业分析（或工业大数据）在工业环境里的应用具有加速发展之势，如对设备的预测性维护、产品质量的监管、生产流程优化等。

3. 功能安全 FuSa

在现代工业控制领域中，可编程电子硬件、软件系统的大量使用，大大提升了自动化程度。但由于设备设计的缺失，以及开发制造中风险管理意识的不足，这些存在设计缺陷的产品大量流入相关行业的安全控制系统中，已经造成了人身安全、财产损失和环境危害等。为此，各国历来对石化过程安全控制系统、电厂安全控制系统、核电安全控制系统全领域的产品安全性设计技术非常重视，并且将电子、电气及可编程电子安全控制系统相关的技术发展为一套成熟的产品安全设计技术，即“功能安全”技术。

IEC 61508 是一项由国际电工委员会发布的用于工业领域的国际标准，其目的是要建立一个可应用于各种工业领域的基本功能安全标准。它将功能安全定义为：是受控设备（EUC）或受控设备系统总体安全中的一部分；其安全性是依赖于电气、电子、可编程电子（E/E/PE）安全相关系统、其他技术的安全相关系统或外部风险降低措施的正确机能。

EN62061 标准用于设计电气安全系统，它是 IEC 61508 标准针对机器部分的特定标准。它也包含机器设备的整个安全链，机器设备安全完整性等级如表 5-3 所示。安全完整性等级表示一个系统的安全功能性能等级，共分为 1 级、2 级、3 级和 4 级。SIL 4 最高，SIL 1 最低，在机器安全里只用到了 1 级～ 3 级。

表 5-3 机器设备安全完整性等级

SIL	低需求模式：无法回应需求动作的平均概率（φ）	高需求模式或连续模式：每小时出现危险失效的概率（φ）
1	$10^{-2} \leqslant \varphi < 10^{-1}$	$10^{-6} \leqslant \varphi < 10^{-5}$
2	$10^{-3} \leqslant \varphi < 10^{-2}$	$10^{-7} \leqslant \varphi < 10^{-6}$
3	$10^{-4} \leqslant \varphi < 10^{-3}$	$10^{-8} \leqslant \varphi < 10^{-7}$
4	$10^{-5} \leqslant \varphi < 10^{-4}$	$10^{-9} \leqslant \varphi < 10^{-8}$

4. 时间敏感网络（TSN）

随着智能制造进程的推进，制造业现场设备间的互联互通变得越来越重要，迫切需要有一种具备时间确定性且通用的以太网技术。而在 IEEE802.1 标准框架下制定的 TSN 子协议标准，就是为以太网协议建立“通用”的时间敏感机制，以确保网络数据传输的时间确定性，为不同协议（异构）网络之间的互操作提供可能性。TSN 仅仅是关于以太网通信协议模型中的第二层，即数据链路层（MAC 层）的协议标准，这个标准涉及的技术内容非常多，在协议实施时并非每一种都需要用到。其中，对于工业制造领域来说，比较重要的部分主要包括以下几个方面：

- 802.1ASrev 时钟同步，确保连接在网络中各个设备节点的时钟同步，并达到微秒级的精度误差。

- 802.1Qbv 时间感知调度程序，为优先级较高的时间敏感型关键数据分配特定的时间槽，并且在规定的时间节点，网络中所有节点都必须优先确保重要数据帧的通过。
- 802.1Qcc 网络管理和配置，用于实现对网络参数的动态配置，以满足设备节点和数据需求的各种变化。

在智能制造边缘计算应用中，一般在与智能控制设备进行直接通信时，需要具备支持 TSN 的以太网节点，这个节点至少能够支持 IEEE 1588 精度时钟协议。而对于主要以数据存储和分析的节点而言，只需具备标准千兆网络的 TCP/IP 协议即可。

值得一提的是，TSN 仅仅是为以太网提供了一套 MAC 层的协议标准，它解决的是网络通信中数据传输及获取的可靠性和确定性问题；而如果要真正实现网络间的互操作，还需要有一套通用的数据解析机制，如 OPC UA。

5. 实时性

日常网页浏览可以接受秒级时延。在工业场景下，机器操作越快意味着越高的商业收益。机器操作可以达到毫秒甚至微秒级，要求连接必须能够匹配实时的通信需求。

在 OT 系统中，实时性主要是满足诸如实时控制等功能需求。在 IT 系统中，实时性主要是要满足诸如实时信息处理等功能需求。边缘设备域作为 IT 与 OT 融合的节点，要同时满足上述两方面的要求。实时控制需要利用在自动数据采集和生产过程监测中收集的数据来控制执行机构，处理的时延在毫秒级甚至微秒级。实时信息处理会利用传感器、控制器等多种信息源采集的数据，利用智能计算与信息处理、机器视觉、人工智能技术来优化控制模型，为生产决策提供支持。在时延要求方面，比实时控制更宽松，但所需要处理的计算量将超过前者。例如，工业系统检测、控制、执行的实时性高，部分场景实时性要求在 10ms 以内。如果数据分析和控制逻辑全部在云端实现，则难以满足业务的实时性要求。

6. 运行环境

对于靠近工业现场部署的边缘计算节点，需要达到长时间稳定运行，具体要求包括宽温设计、防尘、无风扇运行、具备加固耐用的外壳或者机箱等。而部署在企业机房或者温度控制环境内的分析边缘节点要求与传统服务器一致。

5.6.3 案例分析

1. 阿里巴巴云边一体化工业边缘计算

在 2018 年工博会上，阿里云 IoT 和英特尔联合推出了云边一体化边缘计算平台。如图 5-40 所示，其中包括了英特尔硬件、人工智能技术，以及阿里云 IoT 平台、操作系统等。英特尔通过提供处理器配合软件优化，以发挥英特尔架构的优势，满足边缘处理数据所需的高计算能力需求。同时，英特尔还提供了专注于边缘侧的深度学习 OpenVINO 工具包，将视觉数据转化为业务洞察。阿里云 IoT 则提供边缘计算产品 Link IoT Edge 和物联网操作系统 AliOS Things。Link IoT Edge 可部署于不同量级的智能设备和计算节点中，提供了设备与云之间高效、安全、智能的通信连接能力。AliOS Things 是阿里云 IoT 推出的轻量级物联网嵌入式操作系统，提供云端一体设备的应用管理等关键能力。

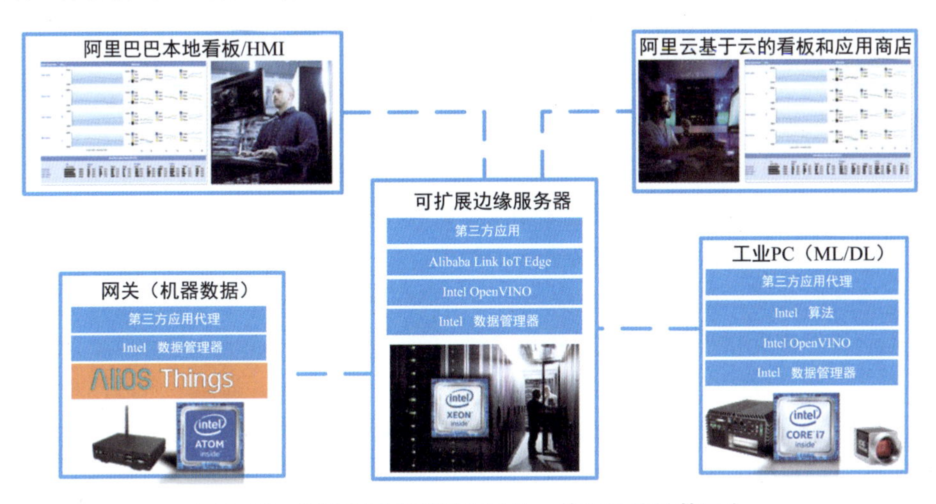

图 5-40 阿里巴巴和英特尔云边一体化边缘计算平台

该产品已率先在重庆瑞方渝美压铸有限公司（简称渝美）投入使用并获得收益，帮助渝美用“机器视觉 + 人工智能”的边缘视觉检测方案取代传统对于压铸件缺陷的人工目检方式。如图 5-41 所示为渝美边缘视觉检测整体方案的架构。

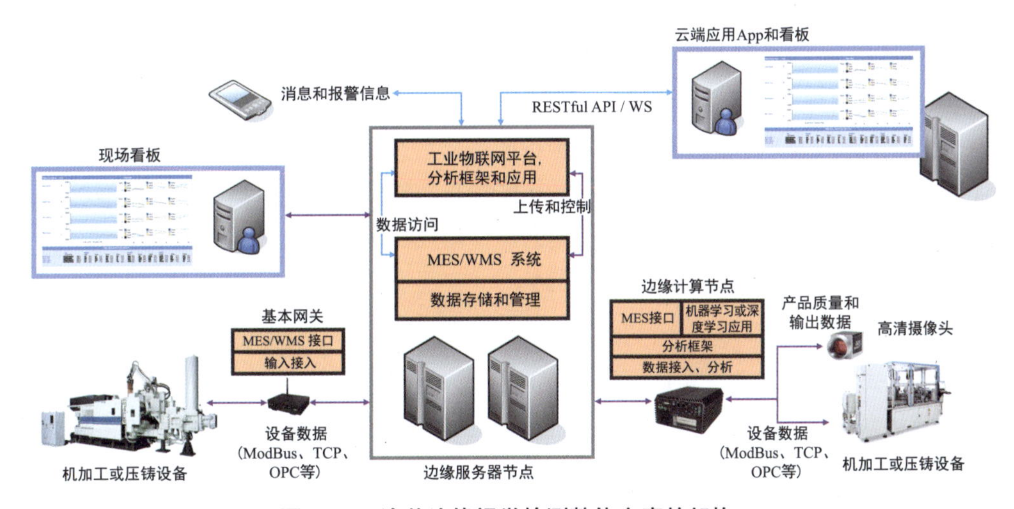

图 5-41 渝美边缘视觉检测整体方案的架构

这个系统主要包括以下部分：

（1）基本网关。实现与车间内各类机加工或压铸设备的连接和协议对接，采集设备数据，并转成标准的协议（如 ModBus、TCP 或 OPC UA 协议等），然后输出给边缘服务节点进行数据存储和管理，或作为 MES 系统的数据源。基本网关一般靠近设备部署，需要支持工业环境长时间稳定运行。但由于不需要具备分析或数据存储等功能，因此不需要很强的计算能力。一般成本较低，每台设备旁都会部署一个基本网关。

（2）边缘计算节点。边缘计算节点除了能够进行设备数据的接入，主要的功能还在于不断采集高清摄像头数据流。通过传统机器视觉算法或基于深度学习模型对压铸件的表面进行实时的缺陷检测，若发现缺陷则会通过声光报警，或根据预设值的规则直接控制 PLC 将压铸机停机，以免产生更多的瑕疵品。由于数据采集、分析和输出的过程都是在压铸生产过程中的，并且需要至少检测三个压铸件的面来覆盖所有的情况，要求边缘计算节点能够快速实时地识别出缺陷并保证检测的精度。在实际测试中，人工智能视觉检测解决方案可以在 0.695s 的时间内识别制造缺陷，检测精度接近 100%，很好地达到了客户的期望。另外，高清摄像头采集的视频或图片数据（包括元数据和内容）需要暂存在边缘计算节点中，并通过一定的同步策略同步到边缘服务器，用于长时间保存，以及后期的产品追溯或算法的重新训练。边缘计算节点部署在靠近设备并带有温度调节的控制室内。

（3）边缘服务器节点。车间内分布式部署的基本网关和边缘计算节点的数据都汇集到边缘服务器节点，用于存储和进一步分析。它集成了阿里巴巴的 Link IoT Edge、英特尔的 OpenVINO 及数据管理器等功能，可以进行全局的数据管理和更高级的数据分析，并提供全局的数据查询、配置服务以及数据访问接口。人机界面根据客户的需求定制开发，对于本案例，人机界面可以实时查看检测到的缺陷，并允许操作人员对检测到的缺陷图片添加注释、详细分类等。它也可以接收边缘侧 MES 系统的数据请求，或将数据同步到云端 PaaS 和应用 App。

此方案将检测环节提前到铸件制作的第一步，即模具检测，通过部署在压铸机附近的边缘计算节点和边缘计算服务器，实时进行数据收集、整合、算法分析和设备控制，整个过程在 700ms 内完成。同时结合云端数据的训练，不断优化边缘侧算法，以提升检测的准确率。借助这个方案，渝美的产品检测能力得到显著提升，检测成功率从原先低于 20% 提升到 99.6%，并有效提高了成品率、降低了损耗以及人工成本。

2. 美的端到端 AI 方案

利用机器视觉进行工业检测是智能制造的重要方向之一，但传统机器视觉方案面临着诸多问题：一方面，复杂的生产环境带来大量非标准化特征识别需求，导致定制化方案周期长、成本高；另一方面，检测内容多样化也造成参数标定烦琐，工人使用困难的问题；再一方面，传统方案往往需要机械部件配合定位，因此占用生产线空间大，对工艺流程有影响。

来自生产一线的海量数据资源让美的具备了利用 AI 技术解决问题的基础。为此，美的正全力构建基于 AI 技术，集数据采集、模型训练、算法部署于一体的工业视觉检测边缘平台。除了具备工件标定、图像定位及校准等功能，美的还希望通过部署优化的深度学习训练模型和预测模型，缩短开发周期并降低成本，并提高设备易用性和通用性。

针对美的的这一需求，英特尔公司为其提供了基于 Apache Spark 的英特尔 Analytics Zoo 大数据分析和 AI 平台，以端到端的方式，帮助美的工业视觉检测边缘平台快速、敏捷地构建从前端数据预处理，到模型训练、推理，再到数据预测、特征提取的深度学习全流程。

基于 AI 技术的美的工业视觉检测云平台主要由前后端两部分组成。如图 5-42 所示，其中工业机器人、工业相机以及工控机等设备构成了图像采集前端，部署在工厂生产线上。而边缘化部署的英特尔架构服务器集群则撑起了该边缘平台的后端系统。

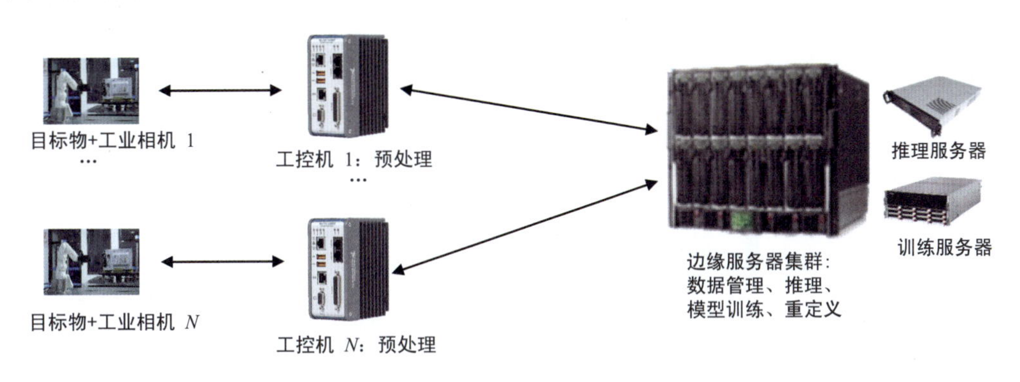

图 5-42　美的工业视觉检测云平台硬件部署

在前端，执行图像采集的机器人装有 N 套工业相机，每套里又有两台工业相机：一台进行远距离拍摄，用于检测有无目标和定位；另一台进行近距离拍摄，用于 OCR 识别。以微波炉检测为例，当系统开始工作时，通过机器人与旋转台的联动，先使用远距离相机拍摄微波炉待检测面的全局图像，并检测、计算出需要进行 OCR 识别的位置，再驱动近距离相机进行局部拍摄。

对于相机采集到的不同图像，会首先交由基于英特尔酷睿处理器的工控机进行预处理，根据检测要求，确定是否需要传输到边缘服务器端。如果需要，则通过网络传送到后端边缘服务器。

在后端边缘服务器，首先系统会利用英特尔 Analytics Zoo 提供的 SSD（Single Shot Multibox Detector）模型对预处理过的图像进行识别，提取出需要进行检测的目标物，例如螺钉、铭牌标贴或型号等。之后，英特尔 Analytics Zoo 帮助云平台进行海量数据管理、分布式模型训练、模型重定义等一系列操作，如图 5-43 所示。通过英特尔 Analytics Zoo 集成的 TensoFlow、BigDL 等深度学习开发框架，系统可以通过不断地迭代分布式训练，提升对检测物的识别率。

将深度学习的方法引入工业检测，不仅可以让工业视觉检测云平台快速、敏捷、自动地识别出待测产品的诸多缺陷，例如螺钉漏装、铭牌漏贴、LOGO 丝印缺陷等问题。更重要的是，该云平台能够对非标准变化因素有良好的适应性，即便检测内容和环境发生变化，云平台也能很快地予以适应，省去了冗长的新特征识别和验证时间。同时，这一方案也能有效地提高检测的鲁棒性，令识别率高达 99.8%，克服了传统视觉检测过于依赖图像质量的问题。

图 5-43 基于英特尔 Analytics Zoo 的端到端 AI 解决方案

目前，这一边缘视觉检测平台已在美的多个生产基地部署。来自一线的反馈表明：它不仅大大提高了检测率，显著提升了产品品质，更帮助美的降低了设备成本，延长了设备生命周期。来自美的微波炉视觉检测项目的数据统计表明：部署基于 AI 的工业视觉检测云平台方案后，美的的项目部署周期缩短了 57%，物料成本减少了 30%，人工成本减少了 70%。这对传统制造业而言，无疑是一项意义深远的生产工艺革新。

3. 富士康工业互联网 SMT 产线边缘计算方案

富士康工业互联网旗下子公司海纳智联科技公司专注于 Level6-SMT 智能制造与 SMT 工业互联网的落地和导入。海纳智联 SMT 智能制造以六个流程（人流、物流、过程流、金流、讯流、技术流）及 4T 技术（Data Technology、Analytic Technology、Platform Technology、Operation Technology）为基础架构，采集关键有效的微观纳米的数据，利用新技术如 5G 传输及 8K 海量影像，大量使用人工智能建模与分析优化流程，打造由数据驱动的决策价值链。

如图 5-44 所示，传统的 SMT 机台是孤岛式的数据采集，没有机台相互间的沟通串联

（M2M）。依靠工程师的调整经验设定参数，机台检测分析使用人工或 SPC/6 Sigma 判断辅助。同时，产线上仍需要大量人员进行机台的维护和检测，如 SPI/AOI 误判点数过多，造成产线直通率下降，需要目检人员二次复判。大量的目检造成成本提升且产能下降。建立基于 SMT 大数据的边缘计算方案是解决上述问题的关键。通过边缘计算可以解决由于复杂的线体配置、异种的数据输出格式不相容等导致的数据孤岛问题，如 CAMX、KIC、SECS/GEM、OPC UA 等输出协议通过边缘网关统一为 JSON 文件格式，并通过 AMQP 进行数据交换（消息代理）。同时，通过在 SMT 产线的各工站导入边缘计算平台，结合机器学习与深度学习算法，对 SMT 大数据进行分析，建立各机台模型及算法。这样可以取代人员经验和人力投入，从而达到降低成本和提高产能的目的。

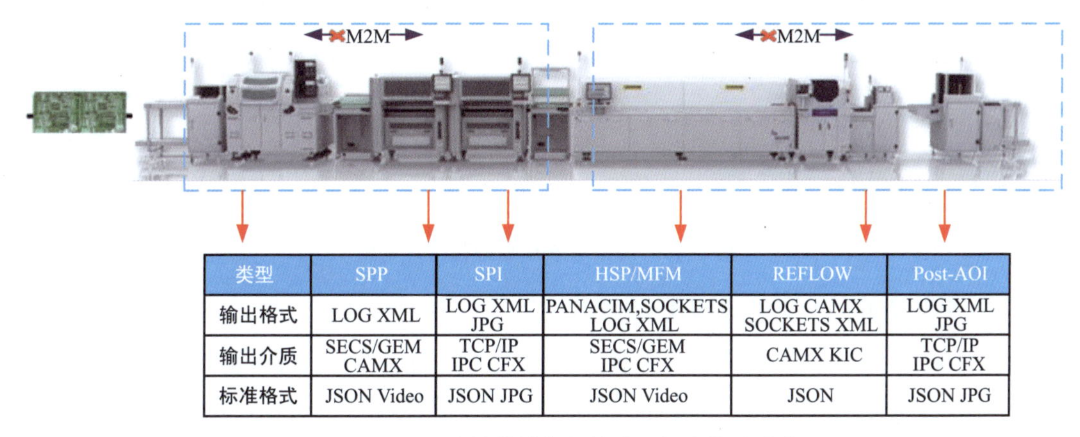

类型	SPP	SPI	HSP/MFM	REFLOW	Post-AOI
输出格式	LOG XML	LOG XML JPG	PANACIM,SOCKETS LOG XML	LOG CAMX SOCKETS XML	LOG XML JPG
输出介质	SECS/GEM CAMX	TCP/IP IPC CFX	SECS/GEM IPC CFX	CAMX KIC	TCP/IP IPC CFX
标准格式	JSON Video	JSON JPG	JSON Video	JSON	JSON JPG

图 5-44　SMT 产线传统数据格式和标准格式输出

每条 SMT 产线平均每天可产生大约 1TB 的数据量。如图 5-45 所示，海纳智联在 SMT 产线边缘的数据采集硬件采用边缘网关（SMT 黑盒子），软件使用基于 RESTful 的标准 API 接口。SMT 黑盒子负责采集、缓存 SMT 数据，并利用千兆有线网络及无线（如 LTE 或 Wi-Fi）将标准 JSON 格式的数据传输到边缘服务器及后台区域大数据中心。运行在服务器的数据管理软件会对采集的数据进行分析和利用。例如，结合海纳智联在 SMT 领域多年积累的行业知识，运用机器学习和深度学习的算法，对 SMT 制程、SMT 机台参数、SPI/AOI 检测数据等进行分析，及时侦测与处理 SMT 生产线的异常与不良，减少大量人力与现场异常，并在新产品发展阶段快速优化制程参数，如优化 SPI/AOI 检测软件时间，减少贴片机抛料损耗，降低因炉温过高而引起的品质不良等。将 SMT 环境与其他异常的数据传送至云端存储与计算，建立长期分析模型，加速 SMT 智能制造与无忧生产。

在 2018 年的工业互联网导入过程中，海纳智联已达到工业互联网导入的目的，具体包括：

- 导入 SMT 自动化与设备智能化，并达到减少人力 30% 以上的目标。

- 运用机器学习与深度学习等人工智能手段进行智能分析并优化 SMT 制程参数，达到提质增效 30% 以上的目标；
- 透过智能看板与手机 App 可视化系统，进行即时管理与调配，达到降本减存 30% 以上的目标。

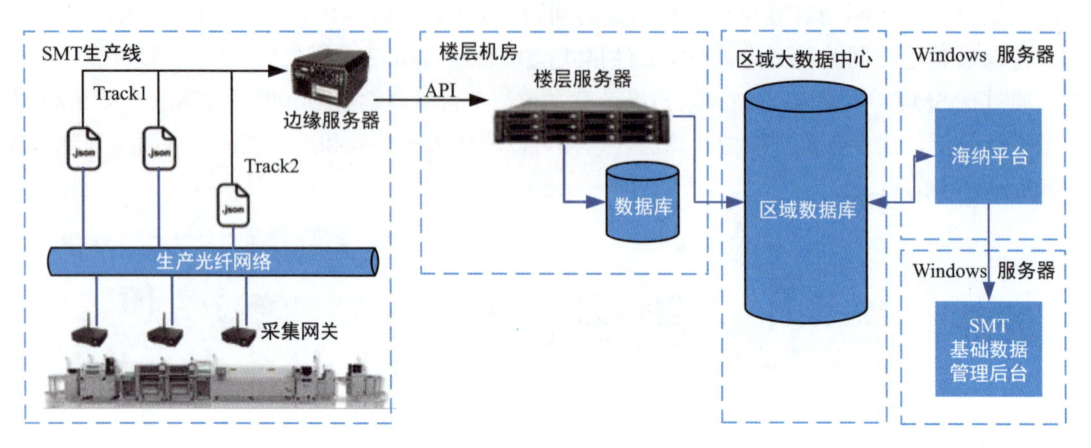

图 5-45 海纳智联边缘计算硬件平台

4. 九州云机加工行业边缘计算解决方案

数控机床是机械加工领域最重要也是最普及的重复制造设备，代表了未来机电制造的方向。根据数控机床的行业特点和挑战，九州云结合工业互联网、边缘计算、云计算和大数据等技术，根据重复型制造行业的典型需求，实现了基于工业互联网平台的边缘智能应用模式。满足机械加工企业在生产执行、状态监控、大数据智能平台融合方面的深度需求，满足机械加工领域在数控技术上上下料自动化、设备联网化、过程无人化和运维智能预测化的需求，并实现这一模式的边缘 SaaS 化。

（1）边缘计算在机械加工行业中的架构。如图 5-46 所示，根据 ETSI MEC 设计框架，基于 OpenStack 和 Docker 技术，提供计算、存储和网络的能力，结合 MEC 设备和边缘网元，实现边缘的底层基础架构（Edge-Host）。

如图 5-47 所示，Edge-Host 以 OpenStack 和 Docker 为核心，集成 Ceph 分布式存储、OVS 虚拟网络、Linux 操作系统等组合，实现边缘云基础架构平台。

1）边缘云基础平台

- 计算服务。提供 Edge-App 和 Edge-VNF 的底层计算资源。
- 存储服务。提供边缘所需的存储资源。
- 网络服务。提供边缘所需的网络资源。

- 集成能力。与 Edge-PNF 设备集成，实现网络导流、网络分配等和边缘云平台的虚拟资源映射。根据 ETSI 边缘应用的部署指导架构，部署基础架构，如图 5-48 所示。

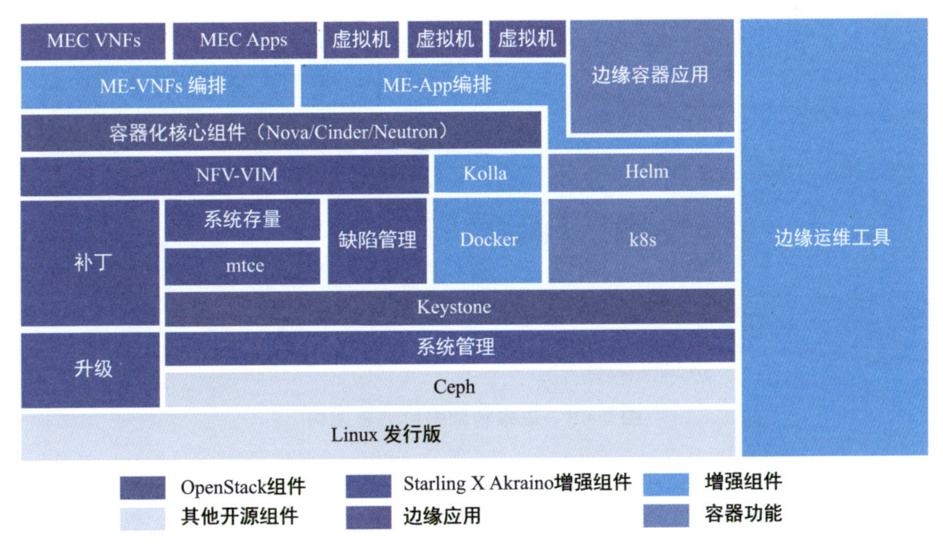

图 5-46　边缘基础平台技术架构

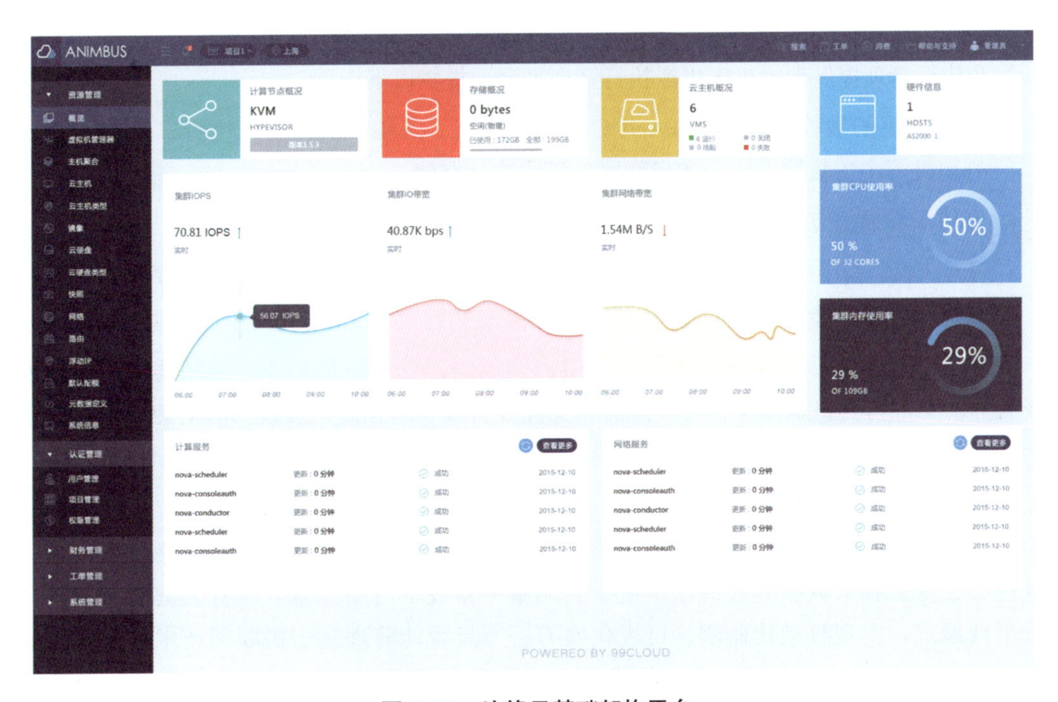

图 5-47　边缘云基础架构平台

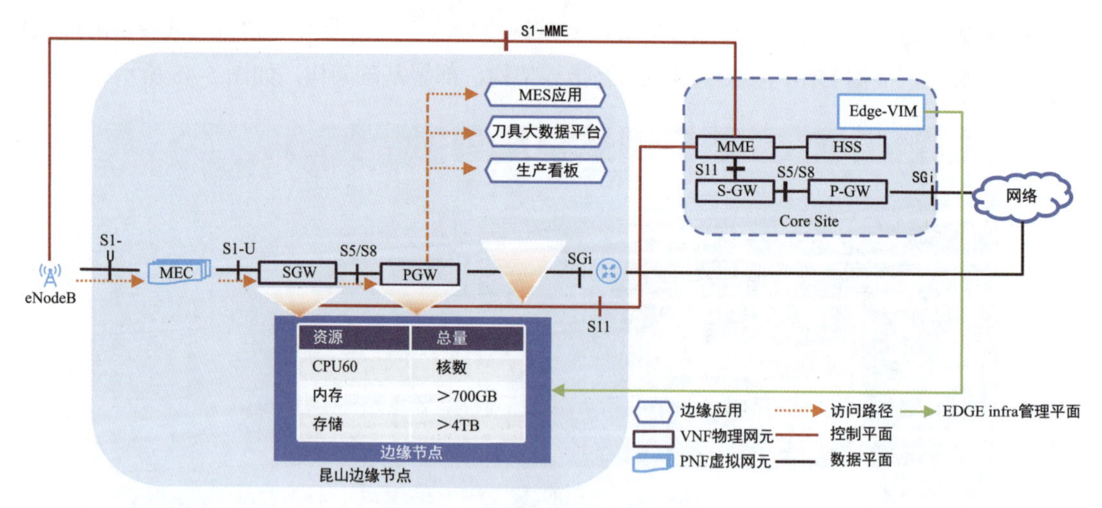

图 5-48　边缘基础平台部署架构

Edge-VIM 提供边缘 NFVI 的生命周期管理、边缘应用（Edge-App）的生命周期管理和边缘网元（Edge-VNF）的生命周期管理。

2）平台应用服务能力。平台应用服务能力主要提供生产执行管理、状态监控看板、大数据智能平台。

生产执行管理提供数据机床生产执行管理平台，提供以下应用：

- 兼容主流的数控设备，如 FANUC、SIEMENS、三菱、Brother、牧野、新代、Mazak、海德汉等主流数控系统，实现数据采集和统一存储。
- 支持多种通信方式，如 TCP/IP、RS232、CF 卡转网口等多种通信方式。
- 基于 CNC 程序精益管理方式，能够有效管理程序版本、上传时间、程序删除、程序上传与下载等功能；西格 DNC 提供 SQL API 接口，支持 ERP、MES 及其他系统对接。

如图 5-49 所示，大数据智能平台（刀具寿命 AI 检测）通过对 CNC 控制系统的数据采集集成服务，支持刀具扭矩监测、刀具寿命相关性分析及实时预测，实现刀具对刀仪产品测量数据的采集，刀具负载数据集成及智能补偿，构建刀具参数信息库及智能选刀系统，支持 CNC 数字化、智能车间一体化服务等。

基于和 NC 系统的通信协议连接，采集出刀具主轴负载数据。对采集的负载数据进行流式处理、云计算和大数据等处理，集成于云端服务器或本地服务器。所有刀具数据集中在边缘云平台展现，实现移动化监测、可视化换刀。刀具智能管理基于机联网技术，基于历史趋势数据对刀具寿命进行预测与集中化管理，刀具寿命预测准确率达到 95% 以上。刀具智能管理解决方案可对断刀、磨损、崩刃等现象进行实时监控与分析，刀具过程监控曲线可实现自学习、可视化呈现，准确率为 99%。刀具智能管理云平台集成了强大的大数据分析和挖掘技术，可以自主设置，将正常加工时间段内的数据经过算法训练、自学习，成为一块置信区域。

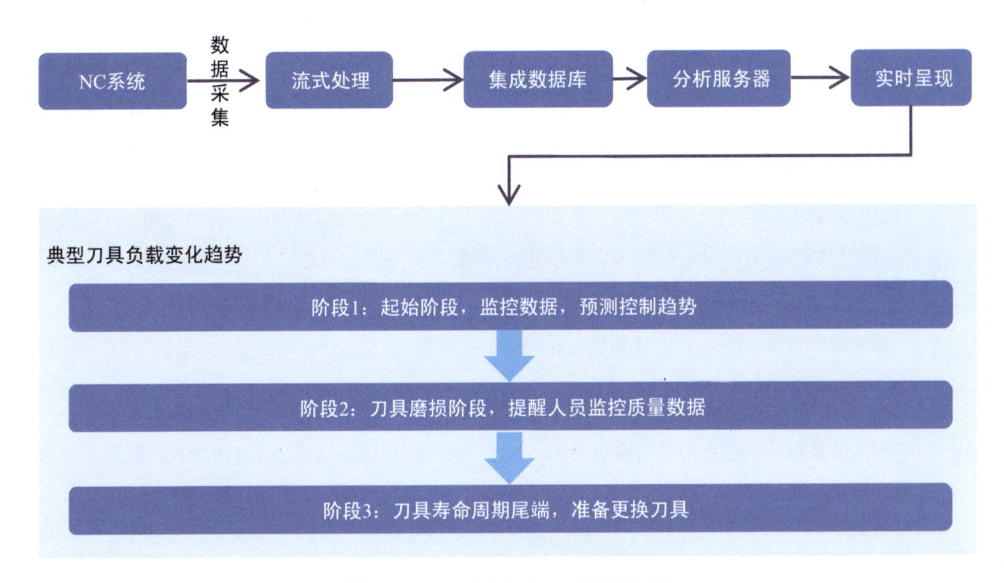

图 5-49　刀具寿命 AI 检测流程

（2）实际案例分析。针对数控加工上下料自动化、设备联网化、过程无人化和运维智能预测化的需求，九州云选取苏州工业园区为试点区域，联合西格数据推出了基于 StarlingX 的刀具监测与寿命预测智能管理边缘计算平台。如图 5-50 所示，该解决方案基于 StarlingX 技术，以 CNC 机加工设备的物联为基础，对主轴负载数据进行采集与分析，实现边缘侧刀具在加工过程中的实时状态监测、寿命预测管理和数据信息可视化。边缘数据能够统一在核心云平台进行管理，集成了市场上约 85% 的不同品牌类型的 CNC 系统，可实现车间看板、PC 端、移动端同时在线监控和索引。

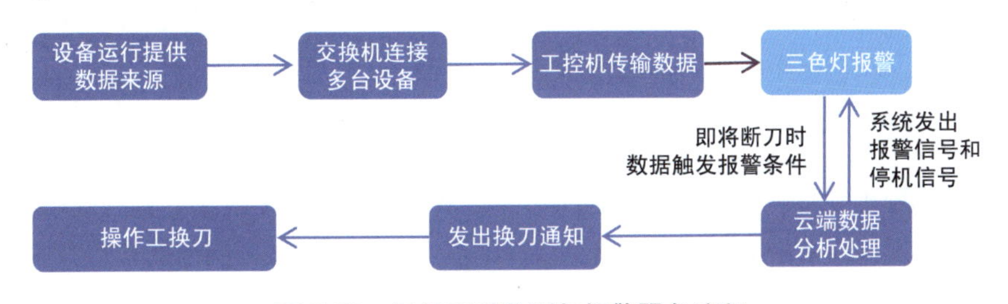

图 5-50　刀具实时监测与报警服务流程

如表 5-4 所示为项目实施效果比较。

表 5-4　项目实施效果比较

比较项目	实施前	实施后
解决方案	传统制造企业对工业互联网化、数字化的需求强劲，缺乏低时延、全方位的解决方案	通过整合互联网服务和边缘应用，为客户提供全方位的边缘数字化工厂服务
协议兼容性	数控机床新旧不一、接口多样，老旧机床容量小，无法保存大量程序，需要手工反复编辑、删除才能更新加工程序。机床内存容量状态不明晰，需要反复确认。程序版本号没有统一管理，程序管理缺乏授权，存在质量风险 基于互联网的数字化工厂解决方案存在时延高、安全性差的问题	提供兼容性强、低时延的边缘侧的数字化工厂方案，提升传统制造行业的工业数字化能力和自动化能力，提高生产效率 通过边缘网络专有切片的方式，提升传输安全性，保障客户数据安全
网络设施	增加额外投资成本，如需计算机、转换器、U 盘等设施以完成程序上传 CF 卡等硬件频繁插拔导致更换频繁，成本高，信息不同地址来源的信息在传输过程中导致不必要的时间成本损失 基于 Wi-Fi 等无线网络干扰大、信号不稳定、覆盖面小等情况，无法解决企业在无线传输上的需求	通过提供基于边缘网络、4G/5G 无线技术和边缘存储的边缘工业方案，打通工业总线并解决制造行业数据传输的痛点
工业大数据	企业采用工业大数据分析平台的成本高，且投入后使用率低	通过提供基于边缘网络和边缘存储的工业大数据平台，提升企业效率。按需使用的模式有利于降低成本。部署速度比传统刀具监测模式提高 90% 以上
基础设施	工厂信息化建设落后，机房等级低，常发生因断电等因素造成的工业机房异常，影响生产，造成企业损失	基于边缘数据中心，提供可靠稳定的基础设施环境，提供有服务等级保障的基础架构平台
计费模式	计费模式为按年计费，一次性成本高，无法根据使用量调整，成本投入大	按需付费、按量使用的模式，为企业提供更加灵活、更为经济的服务，降低制造行业的 CAPEX，硬件成本比传统模式节约 50% 以上

5.7　边缘 CDN 应用

CDN 的基本原理是将网络计算从中心向边缘扩散，本质上属于边缘计算的范畴。搭配 P2P、P2S 和 P2SP 技术发展而来的 PCDN，将边缘计算的概念进一步扩散到网络的最边缘用户层面。

5.7.1　边缘 CDN 技术演进

CDN 位于网络层和应用层之间，是一种基于互联网的缓存网络，它通过在网络边缘部署缓存服务器来降低远程站点的数据下载时延，从而对网络传输进行加速。CDN 的基本设计思路就是尽可能地避开互联网上有可能影响数据传输速度和稳定性的瓶颈和环节，使内容传输得更快、更稳定。

传统的网络访问实现过程如图 5-51 所示。用户向浏览器提供要访问的域名；浏览器调用域名解析函数库对域名进行解析，以得到此域名对应的 IP 地址；浏览器使用所得到的 IP 地址，域名的服务主机发出数据访问请求；浏览器根据域名主机返回的数据显示网页的内容。

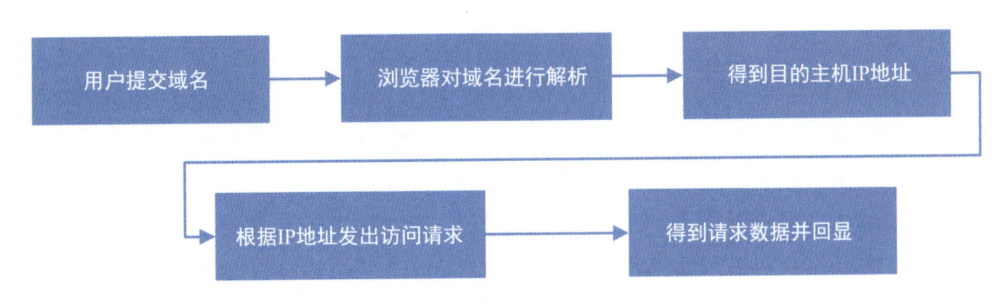

图 5-51　传统的网络访问实现过程

通过以上四个步骤，浏览器完成从用户处接收要访问的域名到从域名服务主机处获取数据的整个过程。应用 CDN 的网络，在用户和服务器之间增加了缓存层，CDN 的工作流程如图 5-52 所示。

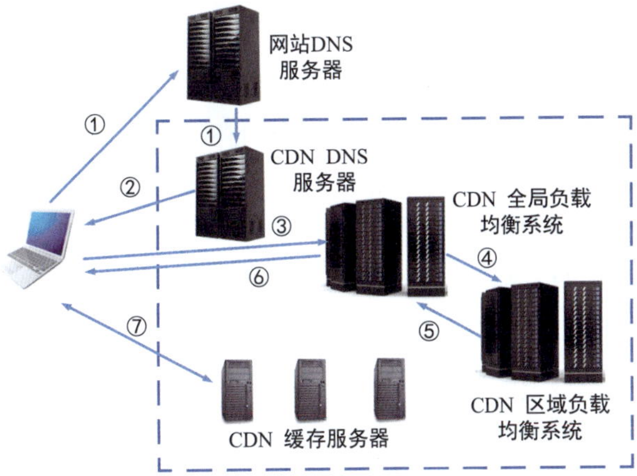

① 当用户点击网站页面上的内容 URL 时，经过本地 DNS 系统的解析，DNS 系统会最终将域名的解析权交给 CNAME 指向的 CDN DNS 服务器。

② CDN DNS 服务器将 CDN 的全局负载均衡设备 IP 地址返回给用户。

③ 用户向 CDN 的全局负载均衡系统发起内容 URL 访问请求。

图 5-52　CDN 的工作流程

④ CDN 全局负载均衡设备根据用户 IP 地址，以及用户请求的内容 URL，选择一台用户所属区域的区域负载均衡设备，告诉用户向这台设备发起请求。

⑤ 区域负载均衡设备会为用户选择一台合适的缓存服务器提供服务，选择的依据包括：根据用户 IP 地址，判断哪一台服务器距用户最近；根据用户请求的 URL 中携带的内容名称，判断哪一台服务器上有用户所需的内容；查询各个服务器当前的负载情况，判断哪一台服务器尚

有服务能力。基于以上这些条件并综合分析后，区域负载均衡设备会向全局负载均衡设备返回缓存服务器的 IP 地址。

⑥ 全局负载均衡设备把服务器的 IP 地址返回给用户。

⑦ 用户向缓存服务器发起请求，缓存服务器响应用户请求，将用户所需内容传送到用户终端。如果这台缓存服务器上并没有用户想要的内容，而区域均衡设备依然将它分配给了用户，那么这台服务器就要向它的上一级缓存服务器请求内容，直至追溯到网站的源服务器将内容拉到本地。

为了更好地理解 CDN，还可以举个更简单的例子。如果将网络传输的信息想象为货物，那么云计算中心就是卖家最大的仓储基地。在没有 CDN 之前，所有买家的订单都是从中心仓储基地发货的，于是大部分买家都需要相当长的时间等待货物发到手中。为了解决买家快速收货的需求，卖家就在全国各地部署了一些仓储分部。通过合理的卖家仓储管理，某一地的买家就可以收到从距离最近的仓储分部发来的货物。因为相比于中心仓储基地，仓储分部离买家很近，物流时间就被大大地缩短。这个业务的架构其实就是 CDN 的原理，而其中的各个仓储分部就相当于边缘计算的节点。

CDN 带来的好处是显而易见的。首先，因为内容被缓存在边缘节点，对用户的响应速度得到了大大提升；其次，具有可扩充性，将流量分流到 CDN，将更容易管理流量峰值并可以在短时间内扩能，这是分布式网络的一个特点；再次，具有可靠性，请求总是被分配到最近的可用处理节点，如果一个服务器不可用，请求将自动发送到下一个可用服务器；此外，成本降低，CDN 需要部署较少的可以自我管理的基础设施，更容易降低成本，对于使用 CDN 的客户来说，可以有效地减少对主干网络带宽的占用，也是一个降低成本的利器；最后，还可以提升搜索引擎网站的排名。Google 搜索引擎已经把网站的打开速度当作一个重要的指标，所以网站的打开速度会影响到排名。利用 CDN，由于网站打开速度变快，既可以减小跳出率，也可以提升用户的体验。

PCDN 即在 CDN 的基础上，利用 P2SP 技术，挖掘网络上闲置的带宽资源，组建庞大稳定的 P2P 网络，进行网络传输多级加速，提高边缘质量，得到更高的加速效果，同时成本更低。

P2S 网络架构和 P2P 架构对比如图 5-53 所示。根据网络拓扑结构的关系，P2P 有集中式对等网络、全分布式非结构网络、全分布式结构网络和半分布式结构网络，并有如下技术特点：

- **分布式**：网络中的资源和服务分散在所有的节点上，信息的传输和服务的实现也直接在节点之间进行，可以无须中间环节和服务器的介入，避免了资源集中可能带来的网络传输瓶颈。

- **易扩展性：**在 P2P 网络中，用户的加入意味着服务需求和系统整体资源的同步扩充，理论上其可扩展性几乎是无限的。

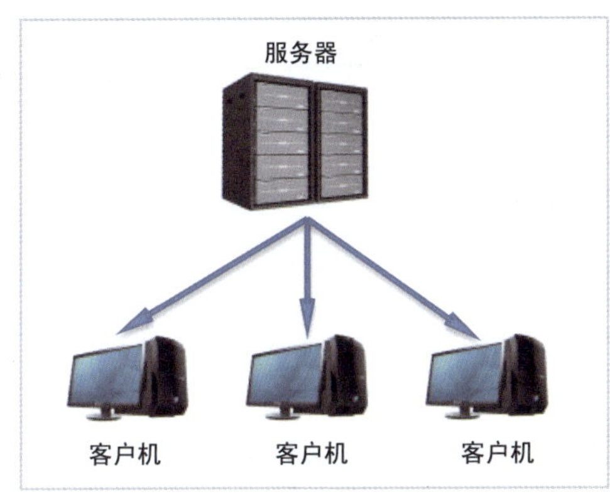

P2S 网络架构

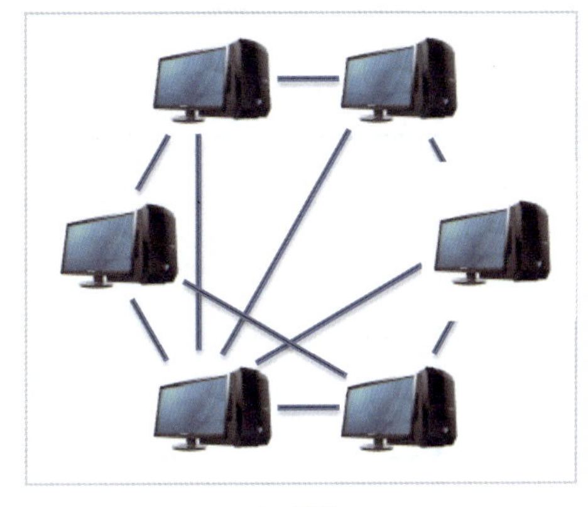

P2P 架构

图 5-53　P2S 网络架构和 P2P 架构对比

- **健壮性：**P2P 架构天生具有耐攻击、高容错的优点。由于服务是分散在各个节点之间进行的，所以部分节点或网络遭到破坏对其他部分造成的影响很小。
- **高性价比：**随着硬件技术的发展，个人计算机的计算和存储能力以及网络带宽等性能依照摩尔定律高速增长。采用 P2P 架构可以有效地利用互联网中散布的大量普通节点，将计算任务或存储资料分布到所有的节点上。这也正是 PCDN 的重点。
- **隐私安全：**在 P2P 网络中，信息的传输和处理在各个节点之间进行而无须经过某个集中环节，用户的隐私信息被窃听和泄露的可能性大大缩小。

当然，P2P 也有不足之处。首先是网络节点互相联系，不易于管理。而对于 P2S 网络，只需要在中心点进行管理。另外，由于对等点可以随意地加入或退出网络，会造成网络带宽和信息保存的不稳定。

P2SP 可通过多媒体检索数据库把原本孤立的服务器和其镜像资源整合到了一起。在传统的传输技术中，用户一次只能连接一个服务器进行下载，而 P2SP 技术能搜索某一内容在其他服务器上的镜像并将其存储于数据库中，用户能同时从多个服务器上下载内容。在 P2SP 中，引入服务器作为资源数据来源的方法，解决了 P2P 资源提供不稳定的问题。

P2SP 应用通过资源服务器将 C/S 和 P2P 两种体系结构进行了整合。P2SP 的应用包括两部分：第一部分是 P2S（Peer to Server），属于传统的 C/S 体系结构，第二部分是 P2P（Peer to Peer），也就是 P2P 体系结构。P2SP 文件下载应用的工作原理如图 5-54 所示。

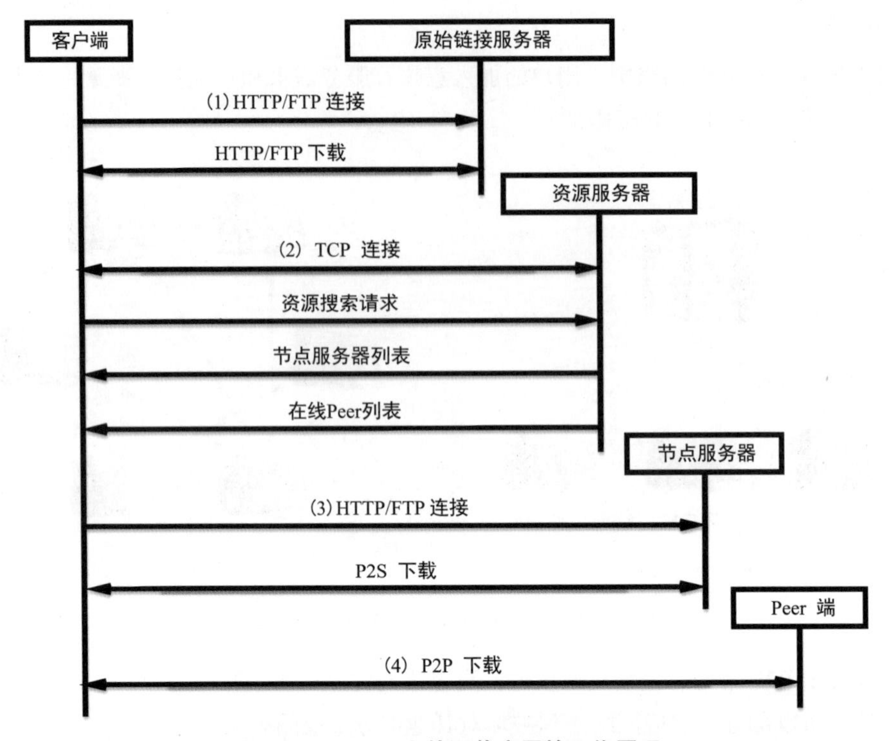

图 5-54　P2SP 文件下载应用的工作原理

（1）HTTP/FTP 连接。客户端在网络上找到下载资源的链接，链接可以通过下载软件的站点获取，这个链接所指向的资源为原始资源。客户端通过 HTTP 或者 FTP 请求原始资源，从原始资源地址获取数据。

（2）TCP 连接。客户端根据原始资源的名称、大小等信息计算其散列值，此散列值能够唯一地标识该资源。然后，通过散列值向资源服务器发出请求，请求具有该资源的其他节点服务器列表和在线的客户端列表。资源服务器分别返回这两种地址列表。

（3）HTTP/FTP 连接。客户端向节点服务器发起请求，从这些节点服务器获取数据，进行 P2S 下载。

（4）P2P 下载。客户端向其他客户端发起请求，从这些在线客户端获取数据，进行 P2P 下载。

可以发现，基于 P2SP 的下载实际上是一种多资源多协议的下载方式，可以博采众长，因而具有很高的下载速度和稳定性。而 P2SP 与 CDN 技术融合发展而成的 PCDN 架构将 CDN 的高可用性、可管理性和可运维性与 P2P 和 P2SP 的加速性、可靠性及突发处理能力进行有机结合，布局多层级加速方案，在网络层面提高系统的可靠性、可扩展性，降低成本，减少跨域、跨流量的问题。基于以上这些优势，PCDN 成为目前 CDN 行业广受关注的新技术。

如图 5-55 所示为 PCDN 网络拓扑实例。当网络中的用户发出请求时，首先在最边缘层的 P2P 网络中寻找资源，如果没有会继续传递到由二级和三级的计算节点组成的 P2P 网络，只有当这些节点也找不到资源时才会最终通过传统 CDN 网络向源站发出请求。其中，PCDN 调度中心对 P2P 资源节点、身份识别等进行管理。将 P2P 和 CDN 融合使用，进一步提升了服务响应速度和服务质量。对于视频产品提供方来说，大部分的资源调配可以在二级、三级和四级 P2P 的 CDN 网络中实现，减少了对传统 CDN 流量的占用，可以大大节省 CDN 的费用。

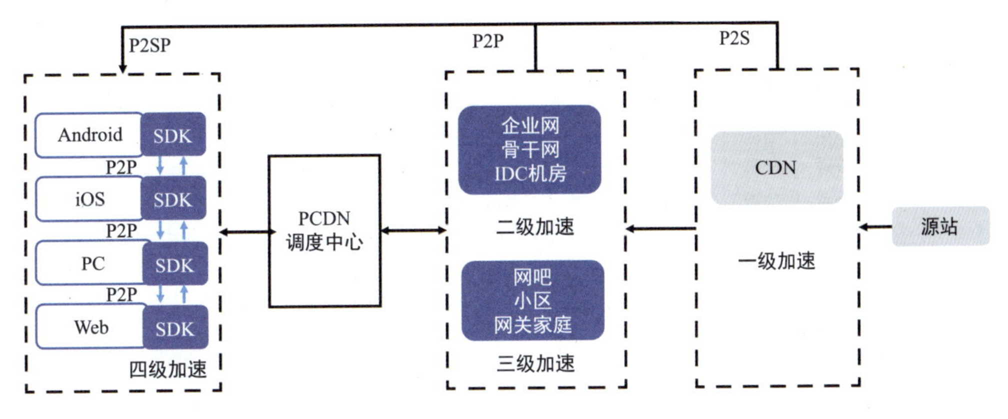

图 5-55　PCDN 网络拓扑实例

5.7.2　边缘 CDN 市场背景

CDN 产业在近些年来发展迅速，根据研究机构的数据显示，预计在 2020 年达到 157.3 亿美元，从营收贡献来看，北美地区是最大的市场，而亚太地区将会是增长最快的市场。在中国，从 2006 年开始，随着网络视频应用的普及，CDN 进入快速发展时期。CDN 网络就是以存储换空间。尤其是在大视频时代，网络压力太大，亟须新的技术支撑，存储下沉到边缘应运而生。目前，CDN 行业处于竞争激烈的状态，面对这样一块大的市场蛋糕，专业的 CDN 服务商通过综合性解决方案维系领先地位。与此同时，电信运营商利用管道优势大举进入 CDN 市场，互联网企业也利用云计算发力 CDN，整个 CDN 市场一片繁荣。同时也致使入局者逐渐增多，目前 CDN 产业中主要有三种类型的企业。第一类为网宿、蓝汛等专业 CDN 服务商；第二类为以阿里云、腾讯云、金山云、百度云为代表的互联网公有云厂商；第三类为以网心科技、云帆加速为代表的共享型新兴厂商。PCDN 作为 CDN 行业的热点技术，市场上有很多 CDN 厂商已经在加速部署。

5.7.3　边缘 CDN 工程设计实例

PCDN 架构可支持的业务包括短视频、音视频点播加速、音视频直播加速、文件下载加速，将流媒体、下载文件等互联网内容信息，根据访问频次动态地推向网络边缘，减轻了源站服务器负载，提升源站可用性，也在成本和安全性方面体现优势。

1. PCDN 架构具体实施方案

如图 5-56 所示为 PCDN 架构图，PCDN 节点的智能硬件组建 P2P 网络，用于提高业务响应速度和质量。业务端内嵌 SDK 之后也可以构建 P2P 网络，用于提升弱网环境下的服务质量。PCDN 后端服务则提供用户管理、P2P 调度、日志和计费等服务。

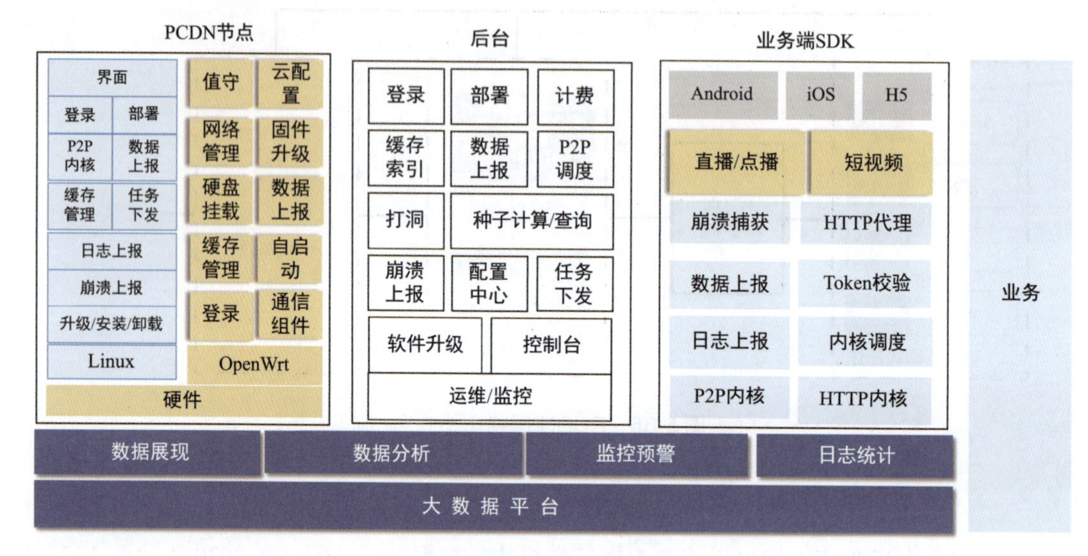

图 5-56 PCDN 架构图

2. 针对 PCDN 的硬件重构

效益一直是企业部署新方案的出发点，同时也不断推进着技术在整个链路上的创新和改进。PCDN 在部署和实施过程中虽然取得了客观的效果，但其中也碰到了不少难点。节点如何随带宽的需求稳步扩充就是值得研究的重点，希望可以在带宽和用户收益之间达到一个相对的平衡。

从性能和长期的管理来看，P2P 节点、性能不均衡，服务不确定因素太多。CDN 厂商需要在 PCDN 的管理模块，即调度中心，花费越来越多的精力，推出一些标准化定制的边缘计算节点将成为很多厂商的选择。如阿里云推出的优酷路由宝、星域的赚钱宝、云帆的流量宝盒。这些标准化定制的边缘计算节点可以在硬件的设计上根据厂商的业务需求做出优化，有效地提高边缘节点计算的能力和计算能力的一致性。大批量的定制和采购都可以有效降低整体的维护成本和管理成本，对比市场普通采购已有节点，总体效益还是相当可观的。实际上，对比网络带宽成本的下降速度，计算节点的硬件资源（CPU、内存等）成本下降速度更快，为部署边缘计算节点提供了可行性。

3. 边缘运算节点的硬件系统配置

英特尔针对边缘计算节点进行了硬件优化分析，提出了 PCDN 边缘服务器系统（以下简称 Intel 盒子）的参考设计。不同于舒适的数据中心环境，PCDN 边缘节点设计必须承受严酷的环境条件，如需要适应温度在 -5 ～ 45℃的环境工作，可以承受更多的冲击和振动，需要提供远程管理功能。如图 5-57 所示为 PCDN 边缘节点 Intel 盒子，采用无风扇设计，既可以排除风扇故障影响，也将系统节能做到最优。全底盘兼做导热功能，同时对内部硬件提供坚固的保护，可以抵御更多的冲击和震动，甚至人为故意破坏。

图 5-57　PCDN 边缘节点 Intel 盒子的参考设计

PCDN 边缘节点内部布局示意图如图 5-58 所示。采用基于 IntelXeon-D1539 处理器的 COM Express Type 7 模块作为边缘服务器计算模块，包括 CPU、控制集线器、内存、USB、多个 10 千兆以太网等功能单元，以及多达 32 条 PCIe 通道，用于快速 NVMe 存储和 AI 干扰加速器。Xeon D1539 提供极其优异的每核性能，得益于 Intel AVC2 和 Intel TSX-NI，前者可以在多个数据对象同时做相同操作（比如 AI 相关的运算）的运行时提高性能，后者则专注于多线程性能扩展，并有助于提高并行操作的效率。该定制化设计采用了模块化设计策略，设计了起到连接作用的承载板，使得仅通过交换模块就可以在不同的性能个体间转换，可利用尽可能已有的设计，为未来的升级带来了好处。模块板设计示意图如图 5-59 所示，两个高速连接器（A–B 连接器和 C–D 连接器）将模块和承载板连接在一起。模块和承载板设计为支持 -40℃～ 85℃的作业温度，已经在实验中得到了验证。

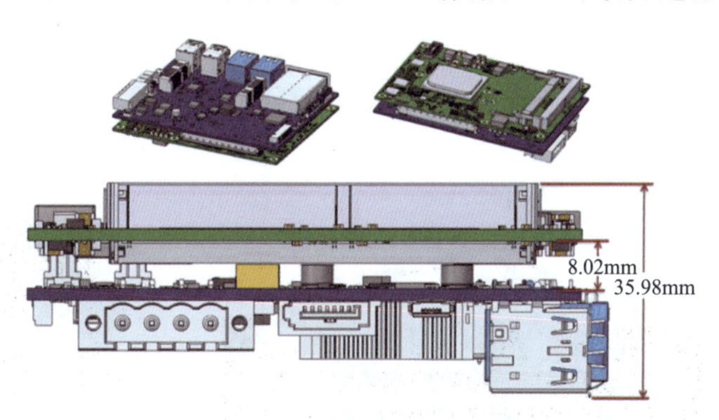

图 5-58　PCDN 边缘节点内部布局示意图

边缘计算系统的散热设计面临着巨大的挑战，需要满足高可靠性和恶劣环境的要求。风扇是

IT 基础设施设备中故障率最高的部件之一。在边缘节点系统设计中，最终选择了无风扇的被动冷却方案，既能达到极高的可靠性、防尘、抗震性，同时无风扇耗电达到最佳的节能效果。为了获得最佳的散热性能，同时节约成本和减少振动，最终选择了热管嵌入式散热器，而不是纯铜设计。为了使传热系数最大化，设计了两层散热器。如图 5-60 所示为整体散热设计，采用带翅片的底盘作为第二层散热器。实时温度图仿真结果显示，所有热量都很好地扩散到了底盘外表面。

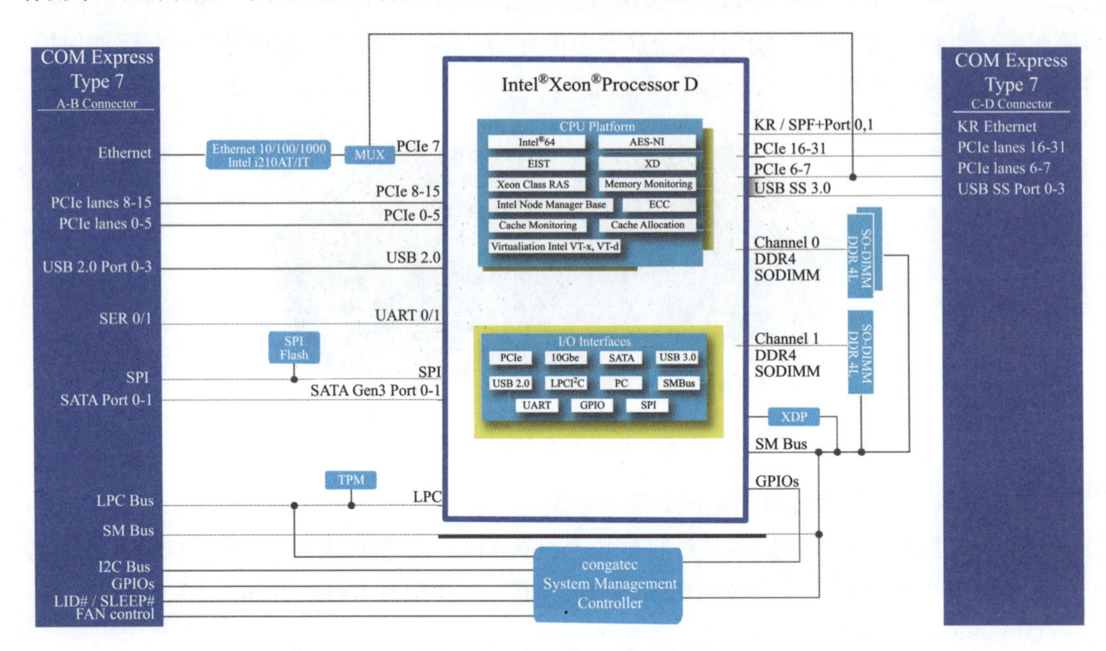

图 5-59　模块板设计示意图

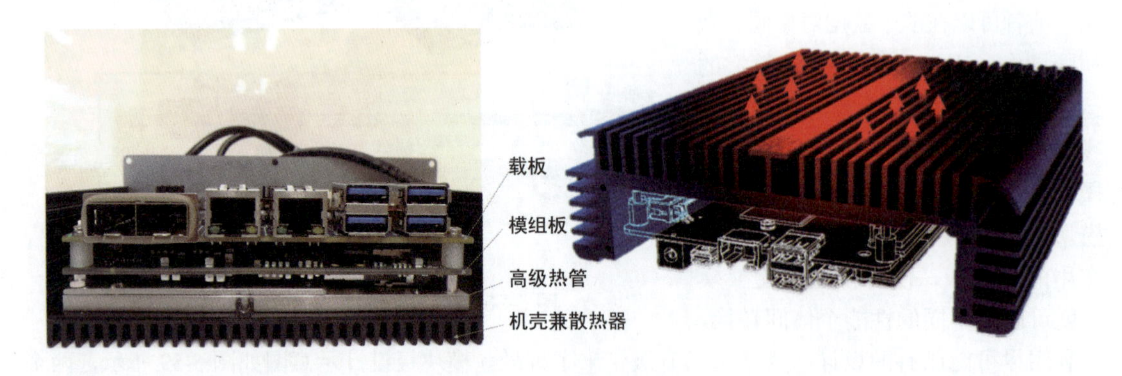

图 5-60　整体散热设计

如图 5-61 所示为首层预埋式散热器的详细设计。每个关键部位都有不同高度的散热块与其贴合，从而可以使热量全部转移到第 1 层散热器。采用间隙填料，可以使弹状体与零件保持良好接触。为了支持在高温环境下使用，本产品在比ASHRAE-A4 高 5℃的环境下进行了测试，实测数值表明，CPU、PCH、板温均可满足规范要求。

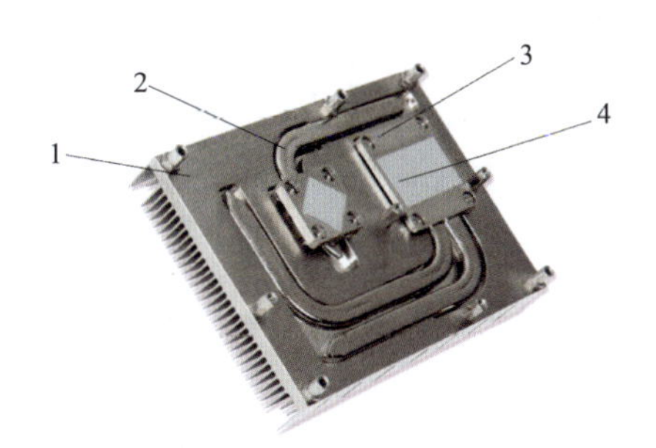

图 5-61　首层预埋式散热器的详细设计

1—带散热翅片的单块散热器；2—热管；3—弹簧铜块；4—相变材料

4. 实测对比

视频直播是 CDN 比较典型的支持业务，下面以直播业务为例，介绍其在 PCDN 架构下的实现过程，分析其 TCO，并验证实测结果。如图 5-62 所示为 PCDN 支持直播业务过程。

- 将主播信号实时推流到媒体云服务器。
- 媒体云将直播流多路转发到边缘节点进行加速。
- PCDN 节点拉取直播流，同时缓存进行 P2P 上传，PCDN 后台进行用户认证管理等工作（拉流指纹计算等），为下层 P2PCDN 网络直播节点进行调度和后台管理。
- 直播 App 端通过集成 PCDN SDK，进行 P2P 和 HTTP 的调度，在保证质量的同时，部分流量从 PCDN 节点进行 P2P 下载。
- 最终用户发起直播访问请求，并获得直播业务。用户全程并无感知 PCDN 与 CDN 的融合。

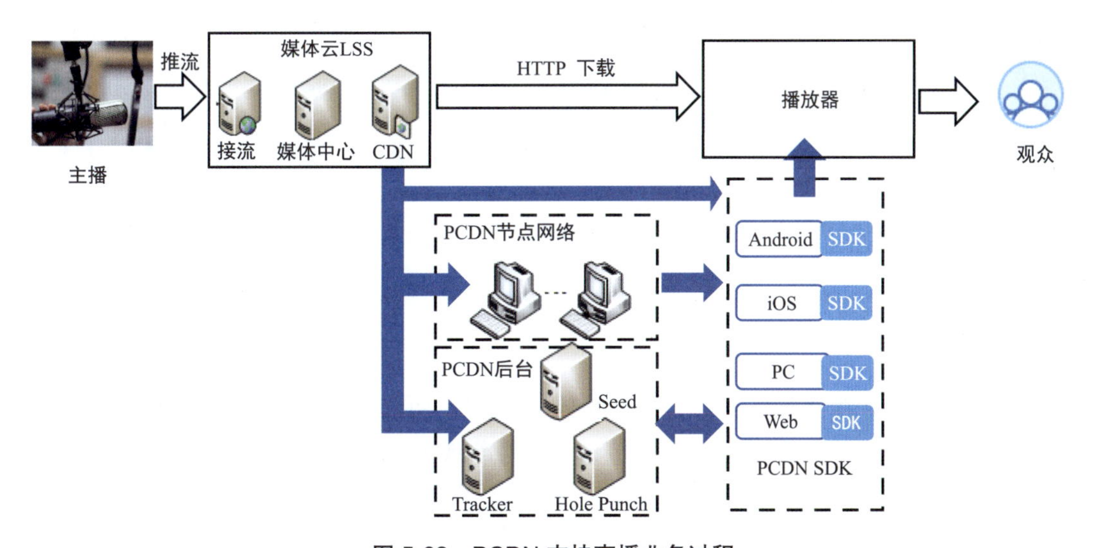

图 5-62　PCDN 支持直播业务过程

与传统的 CDN 相比，PCDN 架构对于直播业务的支持不改变现有的直播流程，节省 TCO 的主要原因是成本较低的 PCDN 边缘节点和可用的本地网络带宽利用率。

该边缘计算节点 Intel 盒子参考样机功能已调试成功，并在实际的 PCDN 网络上进行了实测对比。对比测试选取了 3 款硬件，分别是两台同样配置的边缘计算节点（Intel 盒子样机）、两台不同配置的数据中心 CDN 主机（ODM 主机 1 和 ODM 主机 2）。分别将一台 Intel 盒子样机和 ODM 主机 1 放置于浙江边缘接入机房，另外一台 Intel 盒子样机和 ODM 主机 2 放置于安徽边缘接入机房，然后接入 PCDN 网络进行业务性能对比测试。测试机器接入网络的拓扑结构如图 5-63 所示，硬件配置对比如表 5-5 所示。

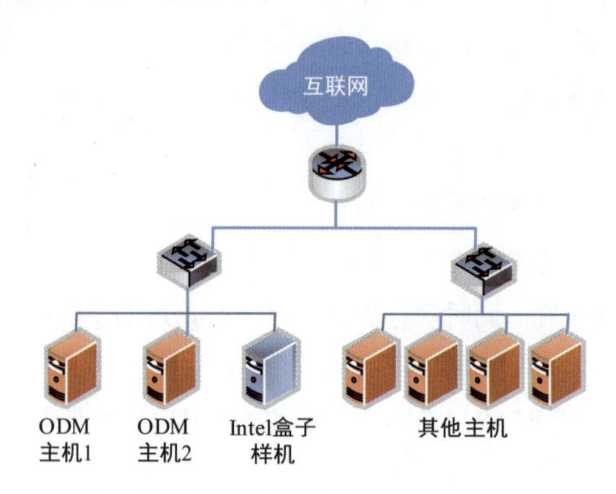

图 5-63 测试机器接入网络的拓扑结构

表 5-5 硬件配置对比

硬件	Intel 盒子样机	ODM 主机 1	ODM 主机 2
CPU	单 CPU 8 核心 1.6GHz	2 CPU 6 核心 2.0Hz	2 CPU 8 核心 2.2Hz
内存	32GB（16GB×2）	64GB（8GB×8）	64GB（8GB×8）
硬盘	M.2 1TB	10000r/min SAS 600GB SSD 1TB	SSD 512GB SSD 1TB
配置带宽 /(Gb/s)	2	2	2
整机价格 / 元	16000	24700	6700（考虑折旧）
整机功耗 /W	45	90	105

在三款系统的在线性能测试比较中，为排除高温导致两台数据中心 CDN 服务器（ODM 主机 1 和 ODM 主机 2）的性能下降影响，测试人员将测试环境温度控制在 27℃以下，保证在同等条件下对各款机器的 CPU、内存吞吐量、存储 I/O 和网络上行带宽的性能测试。图 5-64 显示了网络上行带宽比较。图 5-65 总结了 3 个系统共 4 台主机的硬件性能结果对比。边缘节点 Intel 盒子样机在浙皖两地的性能均相当于或高于两台 CDN 服务器，组网带宽等于 ODM 主机 2，高于 ODM 主机 1。这表明，边缘节点 Intel 盒子样机达到了基于 PCDN 构架实时视频流服务水平协议（SLA）的要求。测试人员将测试环境温度增加到 40℃时，两台 CDN 服务器由于散热问题，均发生处理器降频现象，性能下降。

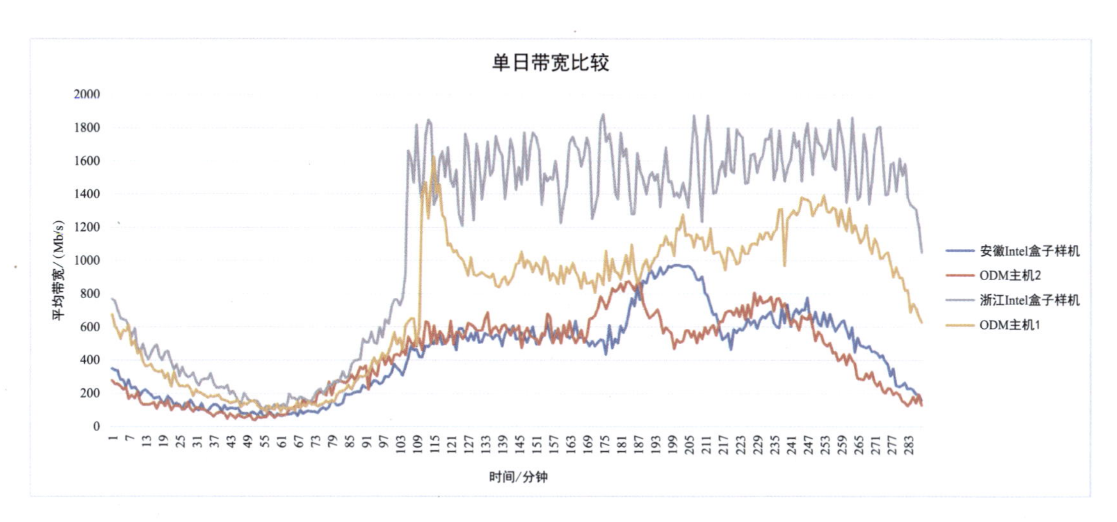

图 5-64　网络上行带宽比较

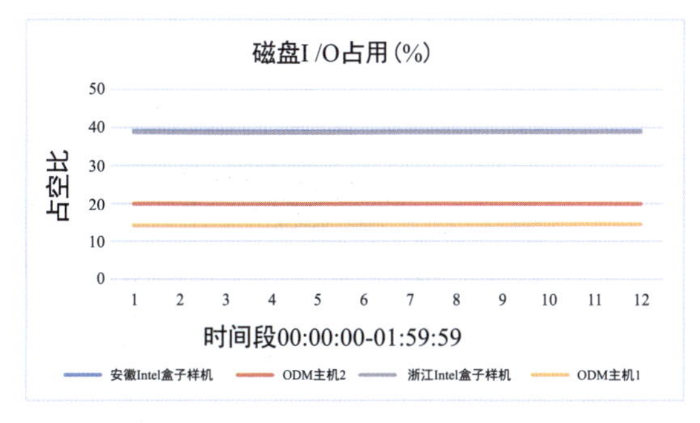

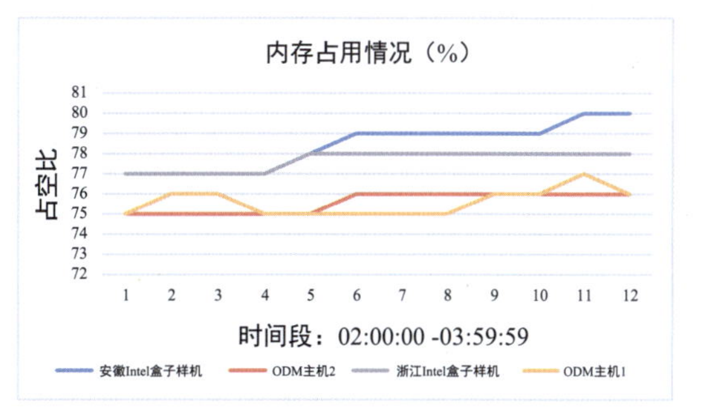

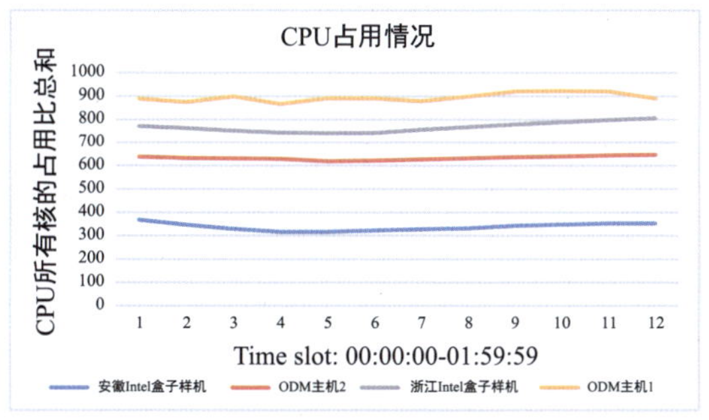

图 5-65　硬件性能结果对比

网络技术的发展就是在不断地集中和分散中交替的。在“云”概念出现前，有大型主机（集中），随后个人计算机（分散）变得流通起来。有互联网（分散），也有大型的主管部分，比如负责分配网络域名的互联网公司（集中）。有基于区块链的合约和机密协议（分散），同时政府和银行也在试图控制它们（集中）。有集中的云端服务器，现在边缘计算和雾计算就在试图分散云。在PCDN应用场景下，从初始的市场采购普通节点（分散），到考虑整体的收益比而选择定制规模化的运算节点（集中），也体现了集中和分散的交替。PCDN作为边缘计算的应用已经取得了有效的进展，并且对于PCDN的改进也正在扩展到整个产业链，包括从网络架构到业务模式，再到硬件的重构，必定会为CDN行业的发展带来创新和增长点。

5.8 uCPE通用客户端边缘设备

传统CPE（Customer Premises Equipment）通常布置于家庭或企业客户的一侧，所以叫作客户端设备，如图5-66所示。CPE通过DSL、PON和无线等提供外部网络服务，包括有线宽带、IPTV和VOIP等业务的综合接入。传统企业分支网络部署是一个比较复杂的环境，原来一个网络功能的需求是用一个设备完成的，比如网关、路由器和交换机等。由此导致整个网络企业设备无论在分支，还是总部，部署复杂且管理维护不方便，采购成本高。随着通用处理器处理能力的增强，NFV和云服务的快速发展，企业分支网络部署可以把大量的功能通过软件化、虚拟化来承载。例如，使用Intel通用Atom和Xeon-D系列多核CPU，通过虚拟化技术，不同的CPU核实现不同功能，替换传统网关、防火墙、交换机、路由器和服务器等，把之前的不同设备统一到一个单独的设备并在用户侧部署。从而优化网络功能，加快业务部署速度，大幅降低设备采购价格，简化管理维护成本，灵活支持新业务。这个统一独立的设备，就是uCPE（Universal CPE）。

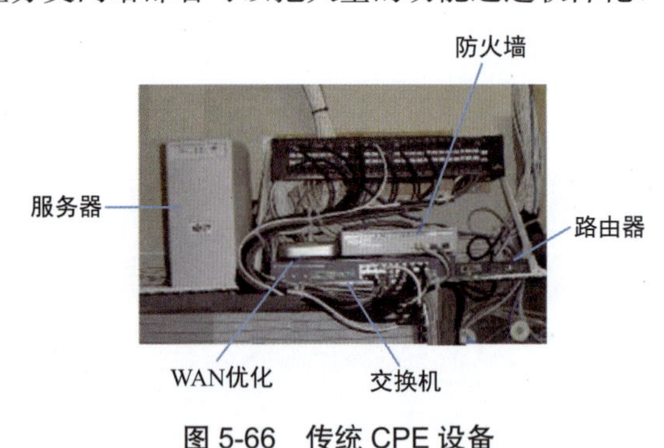

图5-66 传统CPE设备

uCPE除提供增强型网络功能之外，也预留额外的计算能力，对物联网和5G定义的mMTC海量IoT设备的互联和计算等是有益的补充，也使后续边缘计算的部署更加灵活。

5.8.1 uCPE主要支持业务

1. SD-WAN

WAN由于是远距离组网，主要通过光纤连接，导致WAN的部署成本非常高。政企单位在不同地方存在许多分支，有异地互联的需求，出于安全、时延、带宽等可靠性的考虑，一般会租用运营商昂贵的专线业务来实现。而Internet或者LTE网络的使用成本相对低很多，但是时延、带宽和安全等稳定性也比专线差很多。SD-WAN支持多种连接方式如MPLS、DSL、PON和LTE链路的动态选择，以达到负载均衡和带宽优化的目标，如图5-67所示。例如，将一些重要的应用流量分流到 MPLS，以保证应用的可用性。对于一些对时延和可靠性要求不高的网络流量，可以分流到 DSL 和 PON 宽带接入上。对于语音、视频会议、高机密文件等使用专线传输。从而优化企业分支网络带宽，减少企业的专线使用成本。另外，DSL 和 PON 也可以作为专线接入的备用接口，一旦专线业务出现故障，企业的 WAN 网络不至于也随之断连。

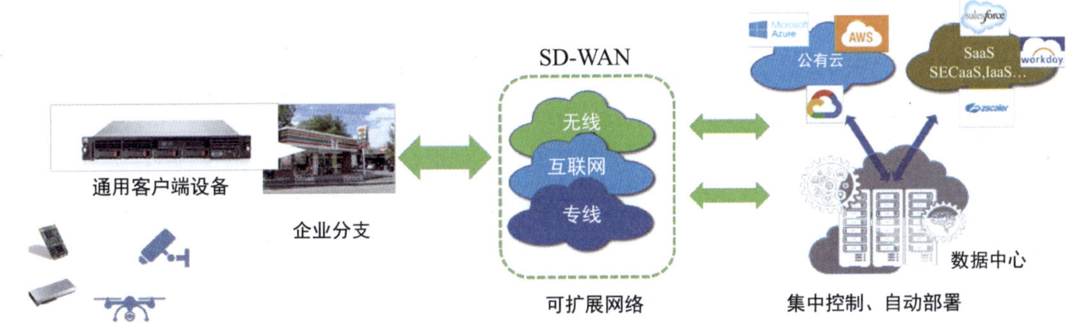

图 5-67 SD-WAN 负载均衡

2. 虚拟交换机功能

随着通用处理器处理能力的增强，一个物理主机支持越来越多的虚拟机运行，虚拟机间的相当一部分数据交换发生在主机内部，这就需要在物理主机上通过软件来实现虚拟交换的功能，从而提高数据交换性能，节省成本。当大量虚拟机与外部设备交换数据时，由于空间和成本的限制无法线性增加物理网卡的数量，需要物理网卡支持更多数量的虚拟网卡来适配虚拟机，从而节省 CPU 的软件开销。虚拟交换机通过软件实现，部署方便灵活，可扩展性好。

一般传统 CPE 设备具有的 LAN（Local Area Network）接口偏少，企业分支部门需要额外增加独立交换机设备来扩展网络规模，相应地增加了网络部署成本。uCPE 设备一般具备 4 ～ 8 路 LAN 以太网接口。一般国内电信运营商偏向于使用低成本的硬件 Switch 芯片扩展到 8 路 LAN，但是这种方案对虚拟交换的支持不够，而且客户反映低成本 Switch 芯片可靠性不高。所以一般会用于可靠性要求不是特别高的消费类客户，但是企业用户无法部署，而使用高可靠性 Switch 芯片将导致系统整体成本偏高。云运营商偏向使用 CPU 的 PCIe 接口，通过外界 ETH PHY 扩展 8 路 LAN，不同的 LAN 口之间天然支持 Isolation 隔离功能。uCPE 设备使用 CPU 的核来实现虚拟交换的功能，通过一些加速技术，如 DPDK 等，提高 CPU I/O 接口的数据转发能力，能够更好地支持虚拟的功能。相比传统的 CPE 方案，节省了额外部署独立交换机的费用。

3. 虚拟防火墙

互联网由于是开放的网络，有各种有用的资源，也包含各种恶意软件攻击。保护内部的网络不受外部网络的攻击是防火墙的主要功能。随着信息安全越来越重要，防火墙也成为实际网络部署中不可或缺的一环。防火墙功能就是对不同网络区域的数据流进行分析、过滤，通过不同的访问控制策略，控制不同网络区域间的数据交流，从而隔绝内外的恶意网络攻击，提高网络的安全级别。传统防火墙设备相当一部分就是在 CPU 上运行具有数据包过滤的软件。对于 uCPE 来说，可以使用 CPU 核直接支持防火墙软件功能，而且可以增加支持从云端直接下载部署，从而简化部署、节约成本。

4. 深度包检测

传统的网络运维管理一般对网元进行管理，然后扩展至局部网络，主要基于简单网络管理协议 SNMP 或者流量识别进行数据流的分析和管理。普通报文检测只能进行简单网络识别，如数据的源地址、目的地址、源端口、目的端口，以及 UDP、TCP 等协议类型。近年来，网络新业务层出不穷，有对等网络、VoIP、流媒体、Web TV、音视频聊天、互动在线游戏和虚拟现实等。这些新业务的普及和广泛使用也给网络的信息安全监测管理带来了极大的挑战。

深度包检测（Deep Packet Inspection，DPI）是一种对应用层的数据流进行检测和控制的技术，相对普通报文检测，还增加了应用层数据的分析，能够识别各种不同的应用内容。DPI 通过直接对报文的净荷完成对信息的识别，然后按照定义好的规则和策略对报文进行操作处理。DPI 可以将流量分类为低时延高可靠（比如语音、视频会议等）、中等时延（视频直播、邮件等）、尽可能交付（Internet 和网页访问）等不同等级，更好地实现 SD-WAN 的负载均衡和流量的动态调整。另外，配合防火墙功能，能够更好地实现网络的安全管理。

5. 网络统一管理

传统企业分支部署的独立网关、防火墙、交换机和路由器等都使用专用芯片，各个设备的配置部署复杂，后续维护管理不方便。而且对于多分支企业，如连锁型超市、酒店和银行等，单分支的维护人力成本很高。uCPE 使用统一的硬件平台，可以借助云网络实现不同分支部门的各种业务的在线升级部署和后期的统一运维管理，极大地节省人力成本和管理维护费用，另一方面也可以加快云计算的推广。

6. 开放平台

传统企业分支部署的设备使用专用芯片，针对客户的不同应用需求，实际部署中经常需要额外配置服务器。uCPE 相当于在企业分支的一个小型化的云数据中心，可以使用额外的 CPU 核来运行，满足不同客户的不同需求，降低硬件平台配置成本。额外的计算资源也是对多种 IoT 设备和雾计算的有益补充。

5.8.2 uCPE 一站式开放架构和参考方案

根据以上主要支持业务的描述，uCPE 的产品必须具备以下主要特点：

（1）统一的硬件白盒设计。传统 CPE 设备的硬件和软件都由一个厂家提供，软件和硬件高度耦合，导致运营商无法根据自身利益灵活地选择不同设备商的方案。运营商希望 uCPE 设备能够实现软件和硬件完全解耦，最好不同厂家的硬件平台能够与不同厂家的软件方案无缝衔接配合，避免被单一设备商绑定，从而降低总体部署成本。

（2）统一的软件 SDK。uCPE 的不同功能可能来源于不同设备商，例如 CPU 的一个核运行一家厂商的虚拟交换机 VNF，另外一个核运行另外一个厂商的防火墙 VNF。两个 VNF 由不同的设备商提供，软件必须基于统一的软件架构，如 OS、VPP 和 OpenWRT 等，便于运营商从不同设备商选购适合自己的方案。

（3）远程部署和管理。传统 CPE 设备可能分属于不同的设备商，实际部署工作复杂，维护管理一成不变。随着云计算的普及，uCPE 必须支持远程部署，即联网后可以直接从远程云服务器下载更新配置信息，自动上报运行状态和错误信息，降低实际运维成本。

（4）可扩展性。uCPE 基于统一的硬件平台，通过升级 CPU 或者更换软件即可方便地支持不同的新特性、新业务，具有极强的可扩展性。

uCPE 作为一项新兴的网络应用，由于大量的网络应用都是以 VNF 形式承载的，所以基于通用处理器的 uCPE 平台具有最佳的 VNF 支持和灵活的扩展能力。目前，北美市场应用 uCPE 比较早，主要是通过 SD-WAN 的负载均衡来实现 WAN 的带宽优化和降低运营成本，主要提供商有 CloudGENIX、Citrix 和 VeloCloud 等。而国内比较成熟的产品方案不多，有些厂家拿之前针对安防视频设计的产品直接作为 uCPE 的硬件平台，但是接口定义不一，特别是对无线和 WAN 的 PON 接入缺乏支持，而且单机价格较高。但是传统的 CPE 部署量巨大，以中国电信为例，每年 CPE 部署数量在百万级，所以作为替代品的 uCPE 部署数量也会非常大，相应对成本价格要求非常严苛。为了更好地推动 uCPE 中国市场发展，英特尔联合 ODM 推出了 uCPE 一站式开放架构和参考方案，如图 5-68 所示。

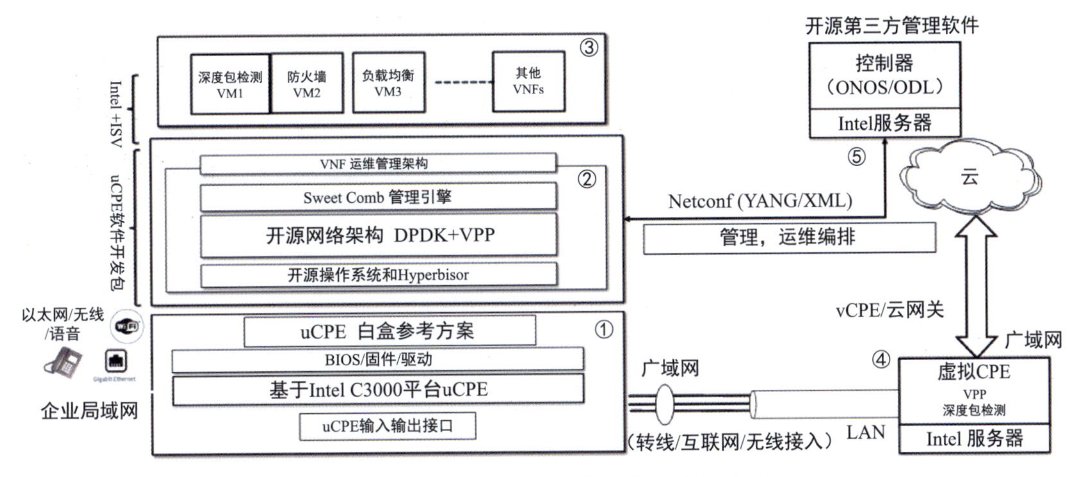

图 5-68　uCPE 一站式开放架构和参考方案

uCPE一站式开放式参考方案主要包括硬件白盒设计、软件SDK和应用软件POC等。uCPE通过WAN汇聚到CO（Central Office）局端侧vCPE（Virtual CPE）或者Cloud Gateway。vCPE对企业各分支汇聚过来的数据进行更高级别的DPI、虚拟交换、防火墙等处理，然后进入云端或者Internet。根据数据处理能力的不同，企业分支接入侧的uCPE主要基于中低端的Atom系列处理器，比如Denverton或者Snow Ridge，CO局端vCPE可以运行在基于Xeon-D和-SP的新边缘云服务器平台。同时，软件SDK提供支持Netconf的管理接口，便于支持开放的第三方管理。

5.8.3 uCPE硬件白盒方案

为了提供标准化的开放硬件平台，推广uCPE在中国市场的发展，基于Intel Atom C3000处理器平台，英特尔联合两家ODM推出了低成本uCPE硬件白盒方案。C3000系列的芯片第一个特点是渗透能力强，从最低端2个CPU核，到最高端16个CPU核，用户可以使用一套软件，根据网络性能的要求选择不同的CPU型号，做到最大限度的兼容。另外，C3000本身不是一个专门针对网络设计的芯片，它是一个非常通用的芯片，除网络应用以外，在服务器和存储、网络方面应用非常广泛。因为目前国内对uCPE成本的控制非常严格，所以前期uCPE C3000的白盒方案主要针对2/4C CPU做了特别的成本优化，可以支持两路内存通道。eMMC用于OS安装，M.2和SATA硬盘存储日常工作记录等。支持双路Combo光电混合千兆WAN口和多路千兆LAN电接口。预留接口支持Wi-Fi和LTE功能，光口SFP可以后续支持SFP PON模组，预留扩展接口支持VoIP模组，保留无风扇设计能力。

针对不同大小的应用场景，建议采用Atom SOC Denverton 2C/4C，1-2VNF支持SOHO和小的分支机构应用；2-4 VNF的中型分支机构数量相对有限，建议可以直接采用市面上已有的Denverton12/16C设计产品；大型分支机构采用Xeon-D支持>6 VNF的应用，比如DELL VEP-4600等。uCPE硬件参考平台如图5-69所示。

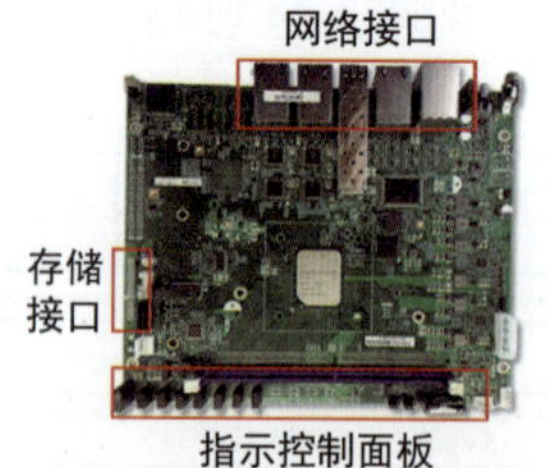

图5-69　uCPE硬件参考平台

5.8.4 uCPE软件参考SDK

如图5-70所示，英特尔的uCPE软件参考SDK主要基于开源的OS和Hypervisor，开发了针对DPDK和VPP的网络堆栈的各种网络应用和管理引擎。主要具有以下优点：

- 基于CentOS 7.x，在uCPE硬件平台实现并验证QAT、LTE、Wi-Fi、PON模组等外围器件的驱动，并优化配置等。

- Toolkit 主要提供各种编译好的软件包和安装应用等文档，缩短产品的开发和市场推广时间。
- 网络堆栈主要在 VPP 基础上，通过 DPDK 和 QAT，提供各种网络功能，如 DHCP、DNS、IPSec VPN、VxLAN、NAT、QoS 和数据实时分析等。
- 软件定义的 I/O。针对电信运营商需要的语音和 PON 宽带接入，硬件白盒预留 PCIe 接口支持 VoIP 模组，SFP 接口支持 SFP PON 的接入。开发相关的 VoIP 和 GPON 模组的驱动，并验证相关功能，加速 VoIP 和 PON 的部署应用。
- 管理。SDK 包含基于 SweetComb 的网管功能，能够支持第三方的远程统一管理接口。
- POC 参考设计。提供各种网关、路由器、VPN、无线和负载均衡等业务的 POC，方便终端客户开发实际部署。

图 5-70 uCPE 软件开发包

5.8.5 案例分析

1. 阿里智能接入网关

随着阿里云业务的发展，如何便捷地支持大量企业分支的智能网络接入是拓展云业务至关重要的一环。智能接入网关是阿里云提供的一站式快速上云解决方案，是 uCPE 的一种应用。企业可就近加密接入，并通过基于运营商的专线资源，提供比 Internet 更高的网络通信质量，直接成本可降低 60%。智能接入网关可实现各种政企分支机构、连锁超市、酒店等无缝接入阿里云数据中心，灵活完成各种混合云的构建。所有分支的业务部署、升级和管理都由云来统一部署，尽可能实现一键开机配置，方便故障排查，降低运营和维护开销。

对于区域内的多分支互联场景，通过智能终端设备将各分支和总部接入通信运营商的接入网，然后，接入最近的阿里云部署于运营商机房的网络接入点（POP 点），各分支和总部可以组成星型网络或对等联网（P2P）网络接入阿里云数据中心场景，智能终端设备通过就近 POP

点可以直接接入阿里云，访问全球范围内的阿里云资源，也可以通过专线访问本地 IDC，从而构建混合云，如图 5-71 所示。

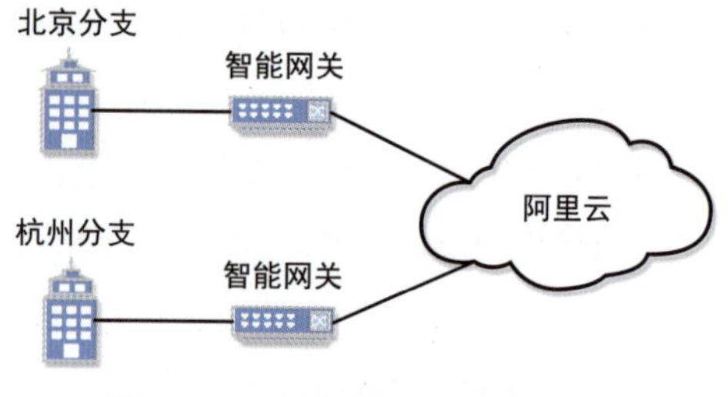

图 5-71　多分支机构接入多 VPC

2. 平安科技携手华为 SD-WAN 快速上线 AI 客服业务

之前，平安分支门店通过座席直接办理客户业务，很容易出现有的热门门店业务办理拥挤，而另一些偏僻门店业务不足的情况。为更好地提高服务质量和客户满意度，平安计划推出全新的 AI 客服业务。通过 App，用户可以远程接入平安的数据中心，通过人脸、声纹等各种生物认证技术和大数据筛查，远程实时识别客户身份信息和业务类型，然后基于定位信息，匹配对应门店的客服资源，实现“在线一次性业务办理”业务。

AI 客服生物认证、大数据、语音语义识别等 AI 技术的使用，导致企业网内视频和语音等流量大增。但是现有分支专线带宽较小，无法支持增加的 AI 流量，然而新增 MPLS 专线成本高，开通周期长，严重制约了 AI 客服业务的进度。华为 SD-WAN 解决方案及系列接入网关通过提供多种分支和云之间的互联，并通过智能选路、VAS（增值业务）获取和智能运维等优化企业网络。

平安科技通过华为 SD-WAN 解决方案，设备即插即用，实现开机一键部署，单站开通仅需 30min。方案支持编排、策略、运维、优化等全流程自动化，并支持全网状态可视，大幅提升运维效率，降低运维成本；通过使用 Internet 专线替代 MPLS 专线承载 AI 客服，实现了 AI 客服业务的快速上线，并大幅降低了专线成本。另外，通过负载均衡优化网络时延和质量，出单时间从 2h 减少到 10min，大幅提升了效率，提升了业务能力和客户的服务体验。

5.9　Kata Containers 百度边缘网络计算应用

在传统的云计算方案中，虚拟机是主流的解决方案，相比于传统的物理实体机，具有启动快、部署简单、低成本等显著优势。但是随着技术的演进，和目前急剧增长的数据带宽和计算需求相比，虚拟机已经无法满足在目前已有的边缘网络计算中的低成本、低时延、高并发等特性，因此符合上述要求的容器技术成为了新趋势。容器界主流的 Docker 相比于传统的虚拟机而言具有更快的启动速度、更低的单位成本、更轻量级的资源切分等显著优势，很好地满足了云计算场景对技术演进的实际需求。

在此大背景之下，边缘网络计算也会采用主流的 Docker 作为通用的技术解决方案。Docker 容器虽然可以对宿主机的资源按需求进行隔离和分配，但是运行在同一个宿主机上的所有 Docker 容器是共享宿主机内核的。在这种情况下，容器与容器之间的数据安全性得不到充足的保证，容器内的数据对于宿主机而言也是内部可见的。在对数据安全和算法私密性日趋严格的情况下，Docker 容器的缺点会被放大。Kata Containers 是基于虚拟机的安全容器技术，它既具有可以媲美 Docker 容器的启动速度和低资源消耗，又具有虚拟机对数据安全和数据私密性的保护，很好地结合了虚拟机的安全性和容器的轻量级优点。因此，不仅仅是边缘网络计算，在更多的云计算场景中，Kata Containers 已经受到业界越来越多的关注和实际应用。

下面介绍百度边缘网络计算系统框架和计算容器的结构，并通过反爬取用户案例说明在百度边缘网络计算上实现 FaaS 功能的方法和收益。

5.9.1 百度边缘网络计算架构

百度边缘网络计算为用户提供了在网络边缘运行的 FaaS 服务平台，如图 5-72 所示为百度边缘网络计算架构图。百度边缘网络计算系统可以部署在互联网边缘（如 CDN 节点）以及移动边缘（如 MEC 服务器），支持接入多种网络协议。在百度边缘网络计算中，同时支持运行 Kata Containers 和 Docker 两种容器，根据具体的业务场景选择合适的容器 Runtime。在计算容器内，百度边缘网络计算提供了各种功能的 API，用户可以非常方便地通过调用开发接口来使用这些功能，其包括 CDN、安全、存储、流计算、AI 推断以及第三方功能。用户可以通过 Web 控制台编写和调试函数，也可以通过 OpenAPI 或命令行 cli 工具，将开发过程集成在自身的 CI/CD 环境中。

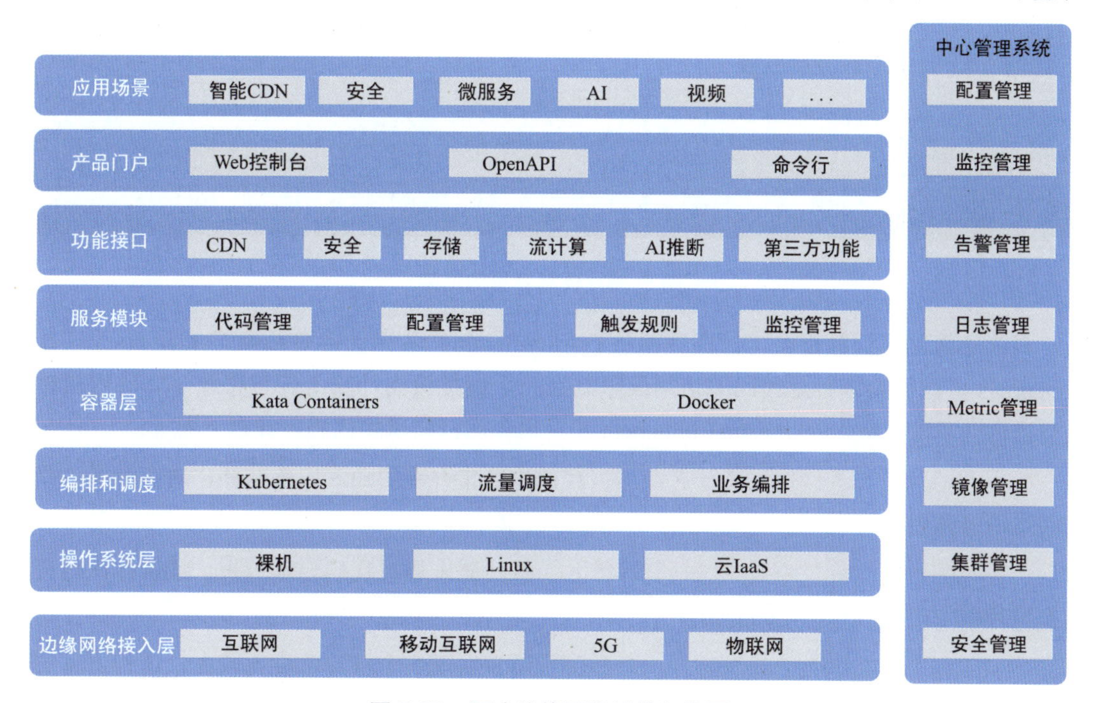

图 5-72 百度边缘网络计算架构图

5.9.2 百度计算容器框架

百度边缘网络计算通过计算容器运行用户代码，从而实现用户业务在网络边缘运行，在节点服务器中部署的各种程序都是围绕容器编排和管理进行的。图5-73展示了百度边缘网络计算中计算容器的框架。在计算容器中，为每种编程语言都实现了语言沙箱，用户代码在沙箱中运行，从而可以防止一部分恶意代码对系统的攻击。但是沙箱的安全防护并不能做到绝对安全，攻击者通过语言的特殊用法可以从沙箱的运行环境中逃逸出来，从而访问容器的运行环境。

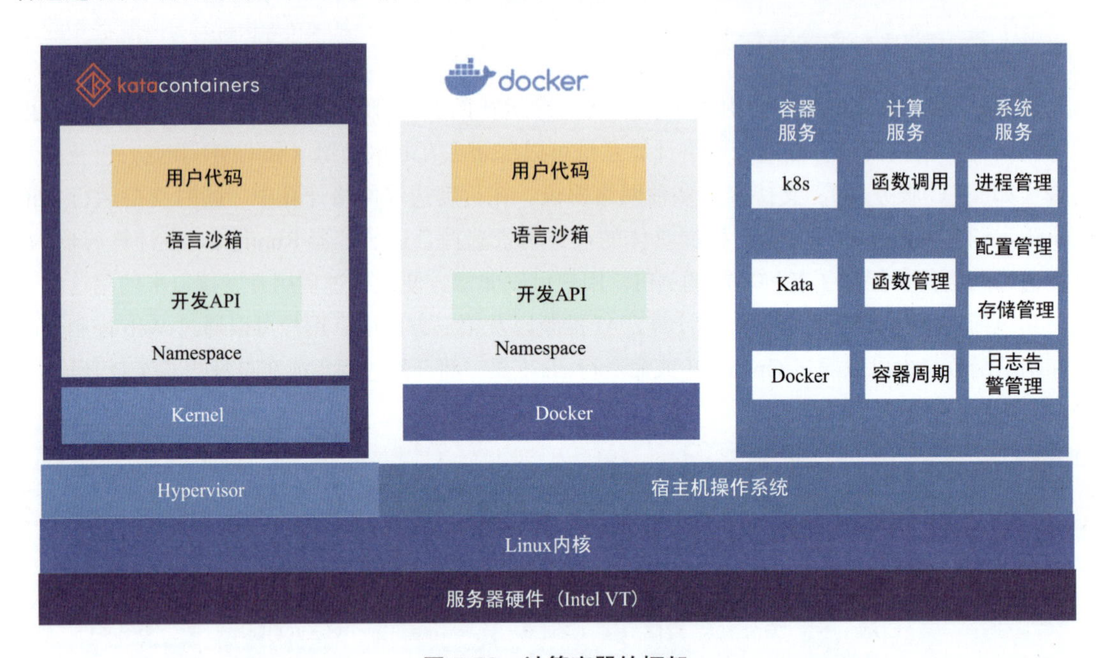

图5-73 计算容器的框架

百度边缘网络计算正在将计算容器从Docker的runC逐步迁移到Kata Containers上，Kata Containers可以做到将恶意代码的访问面限制在一个虚拟机内，攻击者想突破VM的内核再攻击宿主机会非常困难。因此Kata Containers非常适合运行高风险代码，如以下场景：

（1）用户开发和测试代码的计算容器。代码中经常存在Bug，如死循环、内存泄漏、错误的网络请求调用等。

（2）可能存在高危风险代码的计算容器。一些代码未通过代码自动检查，或者在代码自动检查过程中发现疑似恶意代码的情况。

（3）无安全沙箱语言的计算容器。一些编程语言实现安全沙箱难度比较大，这种语言的代码都在Kata Containers容器中运行。

（4）单独隔离业务的计算容器。一些业务希望有独立安全的计算容器执行，不受其他容器的影响。

（5）对内核有特殊要求的计算容器。一些业务需要特殊的内核版本支持，宿主机的内核无法满足，可以通过替换为 Kata Containers 的 Kernel 实现。

5.9.3　Kata Containers 应用在边缘反爬取安全案例

有数据显示，当前互联网 80% 以上的流量都是爬虫的访问请求，一些有益的爬虫可以提高人们的工作效率，如搜索引擎。而一些恶意爬虫却在盗取别人的劳动成果或者进行恶意竞争，如对知识产权保护的内容进行爬取或者爬取非法的商品价格。

爬取与反爬取的对抗已经进行了很多年，近年来随着边缘计算技术的兴起，百度边缘网络计算将反爬取技术从源站服务器端迁移到了边缘节点，取得非常好的防御效果。

在网络边缘进行反爬取防护的优势：

- 在源站进行反爬取检查会消耗源站大量的计算资源，拖慢源站处理速度；而边缘节点依赖大量分布式机房和主机，可以轻松处理海量请求，减轻源站负载。
- 爬取数据极大浪费源站的带宽，导致产生额外费用；而在边缘节点拦截恶意爬取，以及缓存策略的使用，可以极大减少源站带宽使用量。
- 由于边缘节点的物理位置离用户更近，所以可以提供比源站更短的响应时延，稳定的访问有助于提升源站搜索引擎的 SEO。

图 5-74 展示了百度边缘网络计算在反爬取场景中的应用。在百度边缘网络计算的边缘节点上，支持运行多个租户的反爬取业务，通常反爬取的内容涉及用户网站的核心数据或敏感信息，并且需要保证数据请求时的稳定性和性能。为了多租户之间不相互影响，百度边缘网络计算使用 Kata Containers 作为用户的反屏蔽计算容器，并可以根据请求量动态分配多个容器承载用户业务，如图 5-74 中用户 A 拥有 2 个计算容器。Kata Containers 使多租户间资源完全隔离，并且每个租户使用的资源严格受限。即使一个租户的处理逻辑出现问题（如占用过多 CPU 或者网络资源），其他租户的业务仍然可以正常运行。

在百度边缘网络计算中，提供各种安全 API，支持用户业务集成，通过这些安全 API 再加上用户特有的业务逻辑，可以非常容易地实现反爬取 FaaS 功能。同时，用户反爬取函数也可以调用云端的反爬取服务，叠加边缘安全数据可以实现对爬虫更精准的判断，检测出真正的恶意爬虫。对恶意爬虫的请求可以转发到伪造的源站，既保护了源站数据，同时也防止恶意爬虫探测出反爬取策略。

图 5-75 展示了从用户源站检测到的爬虫访问量情况，在上线百度边缘网络计算反爬取功

能前，爬虫的请求量大概占据整体请求量的一半，上线反爬取功能后，恶意爬虫被有效拦截，整体爬虫的请求量下降并维持在一个正常水平，网站正常业务无影响。在几天后，由于 SEO 的提升，网站流量还有一定提升。

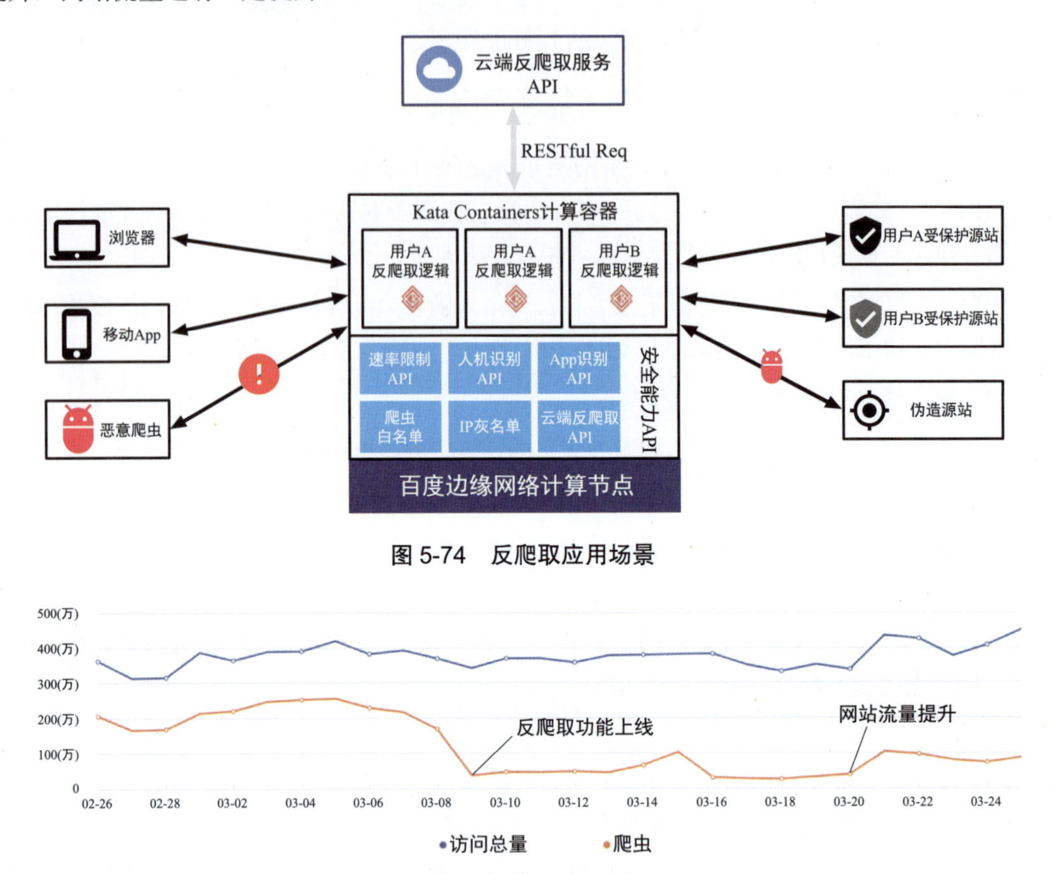

图 5-74　反爬取应用场景

图 5-75　反爬取效果

5.9.4　Kata Containers 百度边缘网络安全技术迭代方向

由于边缘计算的部署位置和硬件资源的限制，容器成了承载边缘计算的最优选择，Kata Containers 提供了虚拟机级别的隔离和容器级别的启动速度，从众多容器方案中脱颖而出，被百度边缘网络计算平台选择为多租户环境下的计算容器。同时，容器技术也需要进行不断的迭代以适应更多、更广的边缘计算场景。

1. 容器安全隔离

在边缘计算场景中，通过容器提供用户程序的执行环境，既要求容器与容器之间，容器与宿主机之间完全隔离，又可以通过安全策略控制其相互间的访问。现有容器间访问策略技术还在不断演进中，更灵活、更具细粒度的控制策略有待实现。

2. 容器度量

边缘计算的计费模式是按使用量计费的，其计费依据在于计算资源（如 CPU 和内存）以及带宽的使用量，这就要求可以从容器层面采集这些计费信息，同时还需要有限制手段解决超量使用的问题。

3. 容器轻量化

容器占用资源越少，意味着同等物理资源下可以部署的计算容器越多，在降低用户成本的同时，可以实现更大的收益。在一些资源有限、功耗有限的环境中，如基站、物联网等，迫切需要资源占用更低的容器技术。

4. AI 加速硬件支持

AI 推动边缘化有广阔的市场前景，AI 加速硬件也在推动这个市场前进，AI 硬件的虚拟化且支持容器内访问也是目前容器技术的一个研究方向。

5. 可信赖容器计算环境

在高安全等级的边缘计算场景中，用户不希望将自己的代码或者密钥交给云计算服务商，这就要求云计算服务商可以提供可信赖的计算容器。英特尔的 SGX 技术就是一种可信计算环境，如何应用在边缘计算场景中是一个很好的研究方向。

参考文献

[1] 中国人工智能系列白皮书——智能驾驶 . https：//www.leiphone.com/news/201710/x7tHyZS8lsohsatP.html.

[2] 智能网联汽车信息安全解决方案与实践 . https：//wenku.baidu.com/view/c725c63130b765ce0508763231126edb6f1a762d.html.

[3] https：//www.visualcapitalist.com/everything-need-know-autonomous-vehicles/.

[4] Smith Bryant Walker，Svensson Joakim. Automated And Autonomous Driving：Regulation Under Uncertainty.Highway Safety，2015.

[5] Society of Automotive Engineers（SAE）；National Highway and Traffic Safety Administration（NHTSA）.

[6] https：//github.com/ApolloAuto/apollo.

[7] http：//www.apollo.auto/platform/security_cn.html.

[8] https：//github.com/ApolloAuto/apollo.

[9] 李建功，唐雄燕 . 智慧医疗应用技术特点及发展趋势 . 医学信息学杂志，2013，34（6）：1-7.

[10] 薛青 . 智慧医疗：物联网在医疗卫生领域的应用 . 信息化建设，2010，（5）：56-58.

[11] 何秀丽，任智源，史晨华，等 . 面向医疗大数据的云雾网络及其分布式计算方案 . 西安交通大学学报，2016，50（10）.

[12] 段玉聪，宋正阳，邵礼旭 . 一种面向边缘计算的类型化医疗资源处理系统设计方法 .

[13] GU L，ZENG D，GUO S，et al. Cost-efficient resource management in fog computing supported medical cps. IEEE Transactions on Emerging Topics in Computing，2015，5（99）.

[14] CHEN M，LI W，HAO Y，et al. Edge cognitive computing based smart healthcare system. Future Generation Computer Systems，2018.

[15] Dubey H，Constant N，Monteiro A，et al. Fog Computing in Medical Internet-of-Things：Architecture，Implementation，and Applications. Handbook of Large-Scale Distributed Computing in Smart Healthcare，2017.

[16] 小米 IoT 开发者平台 . https：//iot.mi.com/new/index.html.

[17] Edge Computing Reference Architecture 2.0：Jointly issued by the ECC and AII，2017.

[18] 郑宇铭 . 解析时间敏感网络 TSN，2018（2）. http：//kzcd.chuandong.com/article.aspx?id=4232.

[19] COM-E Type 7 module-conga-B7XD. https：//www.congatec.com/en/products/com-express-type7/conga-b7xd.html.

[20] 时维 . 首次揭秘！阿里无人店系统背后的技术 . https：//102.alibaba.com/detail/?id=232.

[21] 雷葆华，孙颖，王峰，等 . CDN 技术详解 . 北京：电子工业出版社，2012.

[22] https：//www.zhihu.com/question/37353035/answer/175217812.

[23] 许东海 . 基于 CDN 的 P2SP 下载系统的研究与实现 . 江西师范大学，2008.

[24] James F Kurose，Keith W Rose. 计算机网络：自顶向下方法 . 陈鸣，译 . 第 6 版 . 北京：机械工业出版社，2014.

[25] 曹元植，吕廷杰 . P2P 网络模型和 C/S 网络模型的比较 . 北京邮电大学，2005.

[26] 于树香 . 基于 P2SP 技术的迅雷下载干扰方案的设计 . 中国科技论文在线，2010.

[27] D Evans. The internet of things how the next evolution of the internet is changing everything. White Paper by CiscoInternet Business Solutions Group（IBSG），2012.

[28] WEN Z R，YANG P Garraghan，LIN T，et al. Fog orchestration for internet of things services. IEEE Internet Computing，2017，21（2）：16-24.

[29] Evi Nemeth. Web hosting，content delivery networks//UNIX and Linux system administration handbook，Fifth ed. Boston：Pearson Education. 2018：690.

[30] How Content Delivery Networks Work. CDN Networks. Retrieved 22 September 2015.

[31] Nam Giang，Rodger Lea，Michael Blackstock. Fog at the Edge：Experiences Building an Edge Computing Platform. 2018 IEEE International Conference on Edge Computing，2018.

[32] Hofmann Markus，Leland R Beaumont. Content Networking：Architecture，Protocols，and Practice. Morgan Kaufmann Publisher，2005.

[33] D S Touceda，J M S CÆmara，S Zeadally，et al. Attributebased authorization for structured peer-to-peer（P2P）networks// Computing Standards Interfaces. 2015，42：71-83.

[34] LI Jin. On peer-to-peer（P2P）content delivery. Peer-to-Peer Networking and Applications.2008，1（1）：45-63.

[35] Daniel Stutzbach，Daniel Zappala，Reza Rejaie，et al. The scalability of swarming peer-to-peer content delivery. NETWORKING 2005：Networking Technologies，Services，and Protocols. Lecture Notes in Computer Science，Springer，2005，3462：15-26.

[36] James F Kurose，Keith W Rose. Computer Networking A Top-Down Approach. Fifth Edition. Pearson，2013.

[37] 奈玟 . 阿里云智能接入网关发布 . https：//yq.aliyun.com/articles/583558? spm=a2c4e.11153940.blogcont603401.13.341c606aWhpZzJ.

[38] 平安科技携手华为 SD-WAN 快速上线 AI 客服业务 . https：//e.huawei.com/cn/case-studies/cn/2018/201804251551.

第6章

边缘计算发展展望

6.1　边缘计算规模商用部署面临的挑战

互联网厂商、电信设备和运营商、工业互联网厂商三大阵营已经进入边缘计算商业开发阶段，目前已经取得了初期的部署成果。但是打造健康稳定的边缘计算产业生态不可能一蹴而就，需要整个业界紧密协作和推动。边缘计算规模部署主要面临以下六个方面的挑战：

（1）体系架构规范化。目前，固定互联网、移动通信网、消费物联网、工业互联网等不同网络接入和承载技术，导致边缘计算各具体应用的技术体系存在一定的差异性和极限性。边缘计算的系统架构需要不断整合容纳各领域技术，加快边缘计算体系标准化、规范化建设，从而实现跨行业系统的互通信、网络的实时性、应用的智能性、服务的安全性等。

（2）一套系统架构满足不同业务需求。学术理论和工程应用技术日趋完善，以业务特性定义系统架构的设计思路成为主流。边缘计算业务特性呈现多样化，试图以一套商用边缘计算系统架构满足不同的业务需求成为难点和挑战。针对完整的“云－边－端”商业应用部署，边缘计算系统架构需要联动云和端设计，打破边界或模糊边界的架构需求，对从事边缘系统设计和开发的技术人员的知识深度和广度提出了更高的要求。若要基于软件定义设备、虚拟化、容器隔离、微服务等关键技术，打造一个支撑边缘计算的通用型操作系统，能实现云端业务扩展到边缘，并可部署在电信设备、网关或者边缘数据平台等不同位置，还需要更多的商业应用案例去验证。

（3）产业推进难度很大。从实施角度来看，行业设备专用化，过渡方案能否平滑升级、新技术方案能否被企业接受还需考验；从产业角度来看，工业互联网、物联网技术方案碎片化，跨厂商的互联互通和互操作一直是很大的挑战，边缘计算需要跨越计算、网络、存储等方面进行长链条的技术方案整合，难度更大。

（4）边缘计算规模部署商业模式需要进一步探索。边缘计算平台将传统的云服务业务下沉，在边缘侧提供计算、网络、存储、应用和智能，现有的网络运营商需要重新制定计费规则；同时，边缘计算相关技术研发、标准化工作涉及互联网企业、通信设备企业、通信运营商、工业企业等多方利益，如何建立共赢的商业模式也面临挑战。

（5）安全隐私存在挑战。边缘计算中基于多授权方的轻量级数据加密与细粒度数据共享，多授权中心的数据加密算法复杂，目前可借鉴的工程案例很少。边缘计算分布式计算环境下的多源异构数据传播管控和安全管理是业界前沿课题，由于数据所有权和控制权相互分离，通过有效的审计验证来保证数据的完整性尤为重要。由于边缘设备资源受限，传统较为复杂的加密算法、访问控制措施、身份认证协议和隐私保护方法在边缘计算中无法适用；同时，边缘设备产生的海量数据均涉及个人隐私，安全和隐私保护是边缘计算商用部署必须解决的问题。

（6）创新和风险并存。边缘侧实现增值服务、价值创新的关键在于数据的分析和应用、能力的开放和协同。作为一种创新的计算架构，实现边缘计算的增值服务，需要桥接云和端，架构需要启用微服务、智能化分层等技术。新技术的演进对于商业应用落地势必存在风险。

6.2 边缘计算核心技术走势

6.2.1 SDN 发展趋势

1. SDN 在 5G 和 WAN 中的应用

5G 和其他以城域网为重点的网络变革，为数据中心之外的 SDN 应用提供了发展土壤。5G 的特定功能的实现，推动了 SDN 的部署。5G、网络功能虚拟化、边缘托管、内容交付和流媒体等技术的组合使得城域网中 SDN 的部署需求越来越高，新的可管理城域网部署是引入新技术的理想场所，这使得 WAN 对 SDN 越来越开放。

如果移动网络中的移动管理功能（如 5G 中的 EPC）依赖 SDN 连接的数据中心托管功能，则很容易理解 SDN 实现这些功能的方式。EPC 技术基于移动用户漫游站点之后的隧道实现，SDN 转发可以实现同样的功能，并且相同的 SDN 设备可以直接将移动内容消费者与其缓存节点连接。SDN 可以基于白盒设备而不是定制化设备，支持重新构建的移动性和内容交付。

5G 技术中使用 SDN 可能会促进城域网的爆炸式发展，这一任务至少是未来 5 年内运营商 5G 部署的投资重点。运营商表示，他们在广域网和城域网扩展中应用 SDN 最大的问题是 SDN 控制器东西向和控制器 API 之间缺乏成熟和广泛接受的标准。随着网络运营商部署 5G、物联网和其他边缘托管密集型服务的发展，新的基础设施投资将给 SDN 提供新的机遇。

2. 调试和故障排查

网络与软件不同，其调试和故障排查十分复杂，所以 SDN 的调试和故障排查一直是研究热点。由于计算机网络的分布和异构特点，在网络中进行故障排查一直以来都是非常困难的事情。而 SDN 也带来了更多的问题，不仅需要检查网络的故障，控制器、VNF、交换机等软件的实现是否存在 Bug 也成为新的问题。

3. 大规模扩展性

SDN 的控制平面能力是有限的，当 SDN 的规模扩展到足够大的时候，就需要对其进行分域治理。而且出于业务场景的要求，许多大网络的子网络分别使用着不同的网络技术和控制平面，所以就需要实现多控制器之间的合作。多域控制器的协同工作一直是 SDN 研究领域的一个大方向，同时也是一个艰难的方向。

4. 容错和一致性

由于 SDN 是一种集中式的架构，所以单节点的控制器成了整个网络的中心。当控制器产生故障或错误时，网络就会瘫痪。为了解决控制器给网络带来的故障，分布式控制器等多控制器方案早已被提出。相比单控制器而言，多控制器可以保证高可用性，从而使得在某个控制器实例发生故障时，不影响整体网络的运行。另外，为保障业务不中断、不冲突，多控制器之间的信息还需要保持一致性，才能实现容错。

当故障发生时，多控制器之间的信息一致性能为接管的控制器提供正确管理交换机的基础。然而，当前的一致性研究内容还仅关注于控制器状态信息方面，而没有考虑到交换机的状态信息，这将导致交换机重复执行命令等问题。然而，许多操作并非幂等操作，多次操作将带来更多问题，所以不能忽略命令重新执行的问题。而且由于没有关于交换机状态的记录，交换机也无法回退到一个安全的状态起点，所以简单状态回退也是不可取的。更好的办法是记录接收事件的顺序以及处理信息的顺序及其状态。此外，还需要利用分布式系统保持全局的日志信息一致性，才能让交换机在切换控制器时不会重复执行命令。

5. SDN 和大数据

SDN 与大数据等其他技术的结合也是一个研究方向。当大数据和 SDN 结合时，SDN 可以提高大数据网络的性能，而大数据的数据处理能力也可以给 SDN 决策提供更好的指导。

6.2.2 信息中心网络

在边缘计算中一个重要的假设是终端设备（物）的量非常大，在边缘节点上运行着许多应用，每个应用都有自己的服务组织架构。与计算机系统类似，在边缘计算中，对于程序设计、寻址、物体识别以及数据通信而言，命名原理是非常重要的。例如，由于计算服务请求者的移动性和动态性，计算服务请求者需要感知周边的服务，这是边缘计算在网络层面中的一个核心问题。但是，传统的基于DNS的服务发现机制主要应对静态服务或者服务地址变化较慢的场景。当服务发生变化时，DNS的服务器通常需要一定的时间以完成域名服务的同步，在此期间会造成一定的网络抖动，因此并不适合大范围、动态性的边缘计算场景，同时对于那些资源受限的边缘设备，也无法支持基于IP地址的命名原理。

信息中心网络（Information Centric Networking，ICN）打破了TCP/IP以主机为中心的连接模式，变成以信息（或内容）为中心的模式。通过ICN，数据将与物理位置相独立，ICN网络中的任何节点都可以作为内容生产者生成内容。作为一项正在研究的技术，目前ICN技术并没有明确的定义，但这些ICN研究有一些共同目标：提供更高效的网络架构促使内容分发到用户，提高网络的安全性，解决网络大规模可扩展性，并简化分布式应用的创建。

第一代网络技术的建立主要为承载语音业务，这些电路交换网络建立了专用的点对点连接。为连接数据，基于分布式控制协议，互联网带来了新的互联网协议（IP）的数据网络模型，即第二代网络技术。为支持网络的扩展，无类别域间路由（CIDR）诞生了，它减缓了路由表的增长，延长了IPv4的寿命；迁移到IPv6，可承担由边缘计算引发的大规模连接设备数量增长压力。这个才刚刚开始的第三代网络，重点是SDN和NFV物理网络设备的虚拟化和抽象化：SDN通过将数据包的转发逻辑转移到虚拟集中控制器的一个抽象软件层，带来了一个更加集中的网络架构；NFV促使网络功能从专有物理网络元素转变成虚拟机中的虚拟化元素。

新的第四代网络则很可能改变过去25年来的互联网络的基础模式。以往在TCP/IP协议中，客户机首先需要确定一个可以提供内容服务的服务器IP地址，而ICN打破了这种以主机为中心的模式，通过端到端的连接和基于内容分发架构的唯一命名数据代替了传统方式，建立了一个可扩展、灵活、更安全的网络，并支持位置透明性、流动性和间歇性连接等。

ICN研究小组（ICNRG）由互联网研究任务组（IRTF）在2012年成立，是一个利用ICN概念合作解决互联网问题的论坛。许多正在进行的ICN的研究项目获得了全球学术界和行业组织的支持，其中最有名的便是“命名数据网络”（Named Data Networking，NDN）项目。2014年9月，美国、韩国、中国、瑞士、法国、日本的各大高校，以及包括阿尔卡特朗讯、思科、华为、英特尔、松下和Verisign在内的商业机构共同成立了NDN联盟。

命名数据和带名称的路由组成了ICN网络。ICN网络使用命名数据运行，其内容的请求来自一个具有唯一名字的发布者，而不是主机IP地址。同时，数据的命名格式是不固定的，命名数据可以识别任何数据，包括文本、视频、指令以及一个网络端点。IP网络可转发任何接入网络的通信，数据包的安全性通常基于固定端点的保障和通过网络层上的网络协议（例如IPSec）的分组路径来保护。ICN不依赖安全通道，在一个ICN网络中，所有命名数据都由提供者加密保护，请求者均可以通过签名验证内容，而无论其来源。原则上，ICN允许用户按名称查找数据，而不是识别和连接到特定物理主机检索数据。ICN 工作模式为发布或订阅模式，用户提出内容要求，而发布者将内容发布接入网络，其内容按名称发布与订阅，提供者和请求者并不需要知道对方的网络位置。

在 ICN 网络中，订阅用户将命名数据请求发送到网络，路由器根据名称而不是 IP 地址转发请求。ICN 路由器通过这个名字来匹配数据请求与数据发布源，网络中所有数据请求的节点都可以代表发布者提供内容，同时扮演 CDN 的功能。如果 ICN 路由器接收的多个请求对应同一个名称，那么只需要转发一个并缓存命名数据，然后将命名数据返回给所有请求者，因为命名数据在网络中与物理位置是独立的，数据的高速缓存与复制可以更容易地支持广播、多播，便于网络的存储和转发。

ICN 技术的发展还处于研究阶段，美国国家科学基金会的未来互联网体系结构项目组、欧盟第七框架计划资助了许多项目，每个研究项目都采取了不同方法开发采用 ICN 概念的网络体系结构的框架。目前正在进行的研究包括 ICN 命名体系发展、扩展路由方案、网络指标、应用协议设计，网络拥塞、QoS 和缓存策略，安全与隐私、商业、法律和监管框架等。为了能够更好地应用边缘计算场合，ICN 也需要解决边缘计算中终端设备的可移动性、网络拓扑的高度变化性、隐私和安全保护，以及对于大量不确定物体的可扩展性等问题。

6.2.3　服务管理

对于网络边缘的服务管理，为了保证系统稳定，需要具备以下几个特性：可区分性、可扩展性、隔离、负载部署和均衡、可靠性。

（1）可区分性。网络边缘会部署多个服务，不同服务应该具备不同的优先级，关键服务应该在普通服务之前被执行。

（2）可扩展性。可扩展性对于网络边缘是巨大的挑战。由于用户和计算设备动态地增加，以及由于用户和计算设备的移动造成的计算设备动态注册和撤销，服务通常也需要跟着进行迁移，由此将会产生大量的突发网络流量。与云计算中心不同，边缘计算的网络情况更为复杂，带宽可能存在一定的限制，这些问题需要通过设计灵活、可扩展的边缘操作系统来实现服务层的管理。

（3）隔离。在边缘端，如果一个程序崩溃，可能会导致严重的后果，甚至对生命财产安全造成直接损失。因此，边缘设备需要通过有效的隔离技术来保证服务的可靠性和服务质量。隔离技术需要考虑两个方面：计算资源的隔离，即应用程序间不能相互干扰；数据的隔离，即不同应用程序应具有不同的访问权限，例如无人驾驶汽车的车载娱乐程序不允许访问汽车控制总线数据。目前在云计算场景下，主要使用虚拟机和 Docker 容器技术等方式保证资源隔离。边缘计算可汲取云计算发展的经验，研究适合边缘计算场景下的隔离技术。

（4）负载部署和均衡。边缘程序开发人员必须解决同时将不同的工作负载部署到多个边缘服务器或集群的问题，一种方法是通过隐式部署（把应用程序放到流量中），而不必考虑成千上万个边缘微数据中心实际在运行哪个应用程序。为了解决跨集群的流量负载均衡问题，可以将每个请求都解析到最近的边缘服务器。边缘集群还应该能够自主地跨集群加载工作负载，这就需要边缘站点之间具有一些“邻居意识”。边缘管理员还可以将这些微数据中心组织为复杂的拓扑结构，以便在本区域或本地部署不同的工作负载。

（5）可靠性。可靠性是边缘计算的挑战之一。包括服务、系统和数据三个角度。

- 服务角度。在实际场景中，有时很难确定服务失败的具体原因。例如，当节点断开连接时，系统的服务很难维持。但当节点出现故障后，可采取方法降低服务中止的风险，如边缘操作系统告知用户哪一个部件出现了问题。
- 系统角度。边缘操作系统需要能够很好地维护整个系统的网络拓扑结构。系统中每个组件都需要能够将诊断、状态信息发送到边缘操作系统。这样用户可以方便地在应用层部署故障检测、设备替换或质量检测等服务。
- 数据角度。在边缘节点大规模分布和网络高度动态的条件下，如何实现在不可靠连接和通信的情况下参考数据源和历史数据并提供可靠的服务仍然是一个难题。

6.2.4 算法执行框架

深度学习作为智能应用的关键技术，是当下最火热的机器学习技术。由于深度学习模型的高精度和可靠性，其在机器视觉、语音识别和自然语言理解等方面得到了广泛的应用。然而，由于深度学习模型推理需要消耗大量的计算资源，当前的大部分边缘设备由于资源受限而无法以低时延、低功耗、高精度的方式支持深度学习应用。

不过，随着人工智能的快速发展，边缘设备需要执行越来越多的智能算法任务，例如家庭语音助手需要进行自然语言理解，无人驾驶汽车需要对街道目标检测和识别等。在支撑这些任务的技术中，机器学习尤其是深度学习算法占有很大的比重，设计面向边缘计算场景下的、高效的算法执行框架是一个重要的方法。目前，有许多机器学习算法执行框架，例如谷歌公司于2016 年发布的 TensorFlow、依赖开源社区力量发展的 Caffe 等，但这些框架并不是为边缘设备专门优化的。如表 6-1 所示，云服务和边缘设备对算法框架的需求有很大的不同。在云数据中心，算法框架更多地执行模型训练的任务，它们的输入是大规模的批量数据集，关注的是训练时的迭代速度、收敛速度和框架的可扩展性等。而边缘设备更多地执行预测任务，输入的是实时的小规模数据，由于边缘设备计算和存储资源的相对受限性，它们更关注算法框架预测时的速度、内存资源占用率以及能效等。

表 6-1　云服务和边缘设备的算法执行框架对比

要素	云服务	边缘设备
输入	大规模，批量	小规模，实时性
任务	训练，推理	推理
	训练速度	推理时延
重点考虑	收敛速度	内存资源占用率
	可扩展性	能效

为了更好地支持边缘设备执行智能任务，一些专门针对边缘设备的算法框架应运而生。2017 年，谷歌公司发布了用于移动设备和嵌入式设备的轻量级解决方案 TensorFlow Lite，它通过优化移动应用程序的内核、预先激活和量化内核等方法，来减少执行预测任务时的时延和内存占用。Caffe2 是 Caffe 的更高级版本，它是一个轻量级的执行框架，增加了对移动端的支持。此外，PyTorch 和 MXNet 等主流的机器学习算法执行框架也都开始支持在边缘设备上的部署。算法执行框架的性能提升空间还很大，开展针对轻量级的、高效的、可扩展性强的边缘设备算法执行框架的研究十分重要，也是实现边缘智能的重要技术趋势之一。

除此之外，另一个重要趋势是基于边端协同，按需加速深度学习模型推理的优化框架，从而满足新兴智能应用对低时延和高精度的需求。目前，主要采取以下两方面的优化策略：一是分割深度学习模型，基于边缘服务器与移动端设备间的可用带宽，自适应地划分移动设备与边缘服务器的深度学习模型计算量，以便在较低的传输时延代价下将较多的计算卸载到边缘服务器，从而同时降低数据传输时延和模型计算时延；二是精简深度学习模型，通过在适当的深度神经网络的中间层提前退出，以便进一步降低模型推理的计算时延。然而，值得注意的是，虽然模型精简能够直接降低模型推断的计算量，但模型精简同样会降低模型推断的精确率，因为提前退出神经网络模型减少了输入对数据的处理，所以降低了精确率。

6.2.5　区块链

物联网终端设备有限的计算能力和可用能耗是制约区块链应用的瓶颈，但边缘计算可以解决这一问题。以移动边缘计算为例，移动边缘计算服务器可以替终端设备完成工作量证明（Proof-Of-Work）、加密和达成可能性共识等计算任务。

边缘计算与区块链融合能提高物联设备整体效能。以物联网设备群为例，一方面移动边缘计算可以充当物联设备的“局部大脑”，存储和处理同一场景中不同物联设备传回的数据，并优化和修正各种设备的工作状态和路径，从而达到场景整体应用最优。另一方面，物联终端设备可以将数据“寄存”到边缘计算服务器，并通过区块链技术保证数据的可靠性和安全性，同时也为将来物联设备按服务收费等方式提供了支持。

边缘计算与区块链的融合对于物联网是有效的补充，提供了安全性，以及提高多设备下的运作效率。但也存在需要解决的问题：

（1）需要解决安全、计算资源分配不均等问题。在边缘计算应用场景下，受边缘计算服务器实际计算力的限制，在具有私有性的物联网体系中，比较现实可行的方法是采用“白名单制”。即免去“挖矿”达成共识机制过程，但如果有设备冒充物联网终端白名单设备与移动边缘计算服务器进行交互，则很容易引发安全问题。

（2）共识机制。因为移动物联设备本身 PoW 能力较弱，或者根本不具备“挖矿”能力，所以需要通过移动边缘计算服务器实现。当多个物联终端通过委托统一的边缘计算服务器进行计算时，如何分配资源？通过什么样的共识机制能实现最优？

此外，云计算、边缘计算的基础设施都在转向以数据为中心的场景，区块链技术具有实现数据确权的潜力，这是下一阶段大数据的核心问题。引用谷歌公司董事长斯密特的说法，他认为区块链技术最大的价值就是实现数据的稀缺性，也就是不可以篡改和随便拷贝。目前，区块链技术尚未具有支撑大数据的能力，这是下一代数据网要解决的难题。

6.3 边缘计算未来发展典型场景探讨

6.3.1 智能家居发展趋势

智能家居边缘计算的发展可以而分为三个阶段：

- 执行和反馈。在用户期望的时间内正确地执行用户想做的事情。
- 理解和感知。能够感知并理解用户的动作和意图。
- 自主系统。能够无缝地理解和预见用户的需求，主动并及时地提供服务和体验。

特别是随着人工智能和计算力的发展和提升，使得智能家居中所有互联的智能设备都成为家庭成员之外的一种延伸。它能够通过自身的“眼睛”、“耳朵”和“大脑”来不断感知和学习家庭的整个环境，以及用户的生活习惯，从而在一定程度上替代人类来完成家庭的工作并进行优化。

目前，智能家居边缘计算的技术发展方向和趋势包括以下几方面。

1. 可连接性

网络连接是智能家居的神经网络。随着家庭中智能设备越来越多，消费者需要快速、安全和可靠的家庭网络将每个设备连接起来，从而保证用户体验和隐私安全。特别是对于一些新兴的应用，例如虚拟现实、计算机游戏以及 4K 多媒体等，它们要求网络带宽更大、时延更低。智能家居中的网络连接主要包括：

（1）WAN。用于连接公网和云服务，至少支持一个千兆自适应网口。

（2）LAN。有线局域网网络，用于将家庭设备通过有线方式稳定地接入家庭路由器，一般需要支持多个千兆自适应网口。

（3）WLAN。无线局域网，一般是指通过 Wi-Fi 接入家庭的智能设备，例如家庭个人计算机、智能冰箱等。目前比较成熟的有 IEEE 802.11ac（Wi-Fi 5）和新一代 Wi-Fi 标准 802.11ax wave（Wi-Fi 6）。802.11ax 支持 2.4GHz 和 5GHz 频段，向下兼容 802.11a/b/g/n/ac，在 2.4GHz 频段上的最大值为 1148 Mb/s，在 5GHz 频段速率可以达到 4804Mb/s，支持在室内外场景、提高频谱效率和密集用户环境下将实际吞吐量提高 4 倍。华为公司在 2019 年 1 月发布的 5G 商用终端 CPE Pro，搭载自研 5G 多模基带芯片 Balong 5000，支持 802.11ax，覆盖增强约 30%，多设备上网速度提升约 4 倍，并集成 HiLink 智能家居协议。IEEE 802.11ad 标准或称为 WiGig 是另一项无线局域网接入技术，使用高频载波的 60GHz 频谱，可提供接近 7Gb/s 的高吞吐率，满足多路高清视频和无损音频超过 1Gb/s 码率的要求，但由于 60GHz 频率的载波穿透能力很差，有效连接只能局限在一个不大的范围内。

（4）PAN。个人局域网，用于连接智能家居中各种智能传感器和终端设备，例如门禁传感器、烟雾报警器等，具备低速率和低功耗等特点，协议类型包括 ZigBee、Zwave 和蓝牙等。

2. 语音识别

自然语音接口是最自然和方便的人机交互界面，可以释放用户的双手，并实现用户意图的精准理解和应答。特别是近几年随着深度学习在 NLP、NLU 领域的突破性发展，智能音箱越来越被消费者接受，成为家庭自动化控制的核心，典型的如亚马逊的 Echo 智能音箱，可以在远场实现精准的语音识别和回复，结合亚马逊云端服务 Alexa Skills Kit，还可以通过语音接口控制家庭中其他智能网关或设备。

3. 边缘视觉

边缘视觉和处理是智能家居的眼睛，用于识别家庭中的物体、人或发生的事件等。例如，通过边缘视觉的人脸识别，可以识别家庭门口的来访者，判断是否能够让其进门或需要通知家庭主人。

4. 理解和认知

理解和认知能力是实现智能家居大脑的重要功能，通过边缘计算连接和汇集所有智能设备的数据，然后进行分析并理解场景上下文，从而自动执行某项操作。例如，通过识别和理解日历中的航班信息，自动地将家庭设置为度假模式，从而保证家庭安全和节能。

从智能家居主要产品形态角度出发，上述主要核心技术的应用情况如表 6-2 所示。

表 6-2　智能家居的核心技术的应用情况

核心技术	智能家居 Hub	个人云网关	家庭 Hub+路由器	智能征程器	智能音箱	智能显示器
Zwave，ZigBee，BLE	√	√	√	√	可选	可选
有线网络	√	√	√	可选		可选
无线客户端	√	√	√	√	√	√
无线 AP		√	√	√		
远场语音，扬声器		可选	可选	可选	√	√
摄像头					可选	可选
环境传感器		可选	可选	可选	可选	可选
3G，LTE，5G					可选	可选

将智能家居的主要技术趋势归纳为三点，包括：

- 互联的家庭智能设备会持续增长，对于网络带宽和实时性要求会越来越高。
- 智能家居服务碎片化，对于各个智能家居方案提供商无法兼容统一使用的问题，会由于边缘计算的发展得到改善。
- 随着人工智能的发展，语音交互将成为家庭中的主要交互手段。

6.3.2　智慧医疗未来场景

随着 5G、区块链和 AI 等前沿科技的发展，它们在智慧医疗中的应用已经开始出现，未来会更加广泛。

1. 5G 在智慧医疗中的应用

5G 代表了一种全新的数字医疗网络，并很有可能提升患者的医疗体验，实现医疗个性化。它通过三大能力帮助用户保护健康：医疗物联网（IOMT）、增强型移动宽带和关键任务服务。当这三者汇聚在一起时，能够随时随地为用户提供全面、个性化的服务。5G 在智慧医疗的具体应用案例包括：

（1）移动医疗设备的数据互联。支持实时传输大量人体健康数据，协助医疗机构对非住院穿戴者实现不间断身体监测。同时，也可通过医疗平台，对医疗监护仪、便携式监护仪等设备统一传输数据。

（2）远程手术示教。通过对手术和医疗过程等进行远程直播，结合 AR，帮助基层医生实现手术环节的异地实习。

（3）超级救护车。通过超高清视频和智能医疗设备数据的传输，协助在院医生提前掌握救护车上病人的病情。

（4）高阶远程会诊。通过传输的高清视频和力量感知与反馈设备结合，为医生提供更真实的病况，为病人提供高阶会诊。

（5）远程遥控手术。医生通过 5G 网络传输的实时信息，结合 VR 和触觉感知系统，远程操作机器人，实现远程手术。

在 5G 网络下，诊断和治疗将突破地域的限制，健康管理和初步诊断将居家化，医生与患者实现更高效的分配和对接，传统医院向健康管理中心转型。

（6）从传统的疾病诊断和治疗延伸为健康管理。5G 的低时延、高可靠的特点能更好地支持连续监测和感官处理装置，支持医疗物联设备在后台进行不间断且强有力的运行，收集患者的实时数据。而数据正成为新型的医疗资本，医院可以基于此向健康管理服务转型，提供不同的远程服务，如日常健康监控、初步诊断和居家康复监测。

（7）个性化医疗服务。例如定期的居家门诊、远程全球专家咨询和会诊等。

（8）弱化地域的限制，增加就医渠道，实现医疗资源的共享。远程实时通信使得不同的医疗机构之间形成互联，让患者能够得到权威医生的远程诊断和会诊、远程手术和手术协助、术后康复支持等。

（9）急救改善。5G 的高频率传输特点在未来将实现毫秒级传输速度。搭载 5G 网络的急救通信系统和影像诊断设备，可以更好地保证医院在患者到达前做好充分准备，从而快速投入抢救。

（10）VR 应用提高手术成功率，改善医患关系。

2. 区块链 + 数字医疗

在医疗领域，区块链技术有三个可以直接应用的核心优势：

（1）安全和不可篡改的信息储存。对于饱受黑客袭击和勒索软件困扰的医疗领域来说，安全的信息存储是当下所需的。当区块链技术的潜力得到完全的施展时，病人和医生便可以摆脱对黑客袭击的担忧，自由地分享和交换医疗数据，将医疗数据放入一个基于区块链的安全数据仓库中。还有另一个好处，它会让数据变得更加透明。过去，由于医疗领域缺乏足够的透明度，医保和账单欺诈造成的损失高达上百亿美元。在诊疗的过程中，由于所有医疗支出和诊疗流程的数据都可以被加密签名，区块链有望大大降低欺诈和失误产生的概率。基于区块链的系统有望极大地增进所有利益主体间的信任，因为他们将共享一份完整的、一模一样的医疗历史信息。过去，医疗专家需要基于相对有限的信息做出决策，病人则需要绞尽脑汁地回忆病史，还得不厌其烦地将病史的具体细节传达给医生，而将来，这些都不再需要了。

（2）去中心化的交易。由于可以将医疗数据分布式地同步给多元的主体，从数据的获取、扩展和安全方面来看，基于区块链的分布式账本（DLT）比现有的中心化系统强得多。去中心化的系统也可以简化成本结构，缩短交易时长，免除不必要的中间商和管理费用，性价比也更高。因为监管方面的限制，也许无法将医疗系统完全地去中心化，但一些可信的生态玩家依然会成为塑造新系统的重要组件，因为它们都可以扮演存储和处理病人数据的角色。

（3）内嵌的激励机制。服务的通证化以及通证的应用创造了很多新的激励机制，可以用通证“付报酬”给病人或其他生态里的利益相关方，从而激励他们去做某些对系统有益的行为。从狭义的角度来看，有益的行为包括保障系统安全性或帮助处理交易，这些节点将因为对系统的贡献获得区块奖励（共识协议奖励）。除此之外，广义的有益行为也可以是追求更健康的生活方式或与医疗社区或医药公司分享医疗数据。

3. 边缘 AI 协助临床诊断

尽管很多人担心人工智能的发展可能让许多人的饭碗不保，但如果有个行业是个例外，那就是医疗行业。PwC 最新报告指出，医疗保健行业将是人工智能的最大赢家，可望创造出近 1000 万个就业机会。资深首席经济学家 John Hawksworth 指出，当社会越来越富裕，加上人口逐渐老龄化，虽然部分产业会被机器取代，但医疗产业人力需求却会持续增加。报告指出，主要原因是人口高龄化以及医疗服务水平提升，医疗人员、社工都需要更加人性化及专业化，这些特质都是机器难以取代的。人工智能在医疗行业主要是以加速医疗创新为主，其中协助“医疗影像诊断”更是近年来成长最快的项目。

以超声波影像检查甲状腺结节为例。超声波影像是诊断甲状腺结节的常用方法，而活体检视是一个痛苦而昂贵的过程，但通常又是确定患者是否患癌所必需的。能够进行此类影像读片的放射科医生的数量还无法满足需求，而具备能力的放射科医生承受了过重的工作负担，可能导致疲劳和降低分析准确度。浙江大学联合浙江 DE 影像解决方案公司与英特尔公司合作，开发和部署基于人工智能的解决方案，用于鉴别甲状腺结节并区分它是良性还是恶性的。浙江大学测试了模型，用于读取甲状腺超声波图像，基于人工智能的医疗影像推理解决方案确认甲状腺肿瘤的准确度，比中国甲等医院的放射科医生至少高出 10%。放射科医生能够更快速地分析影像，提高工作流程效率，让经验丰富的医生有更多的时间专注于复杂病例。该解决方案已用于 5000 多名患者，随着广泛部署，该解决方案将有助于提高医疗系统的诊断能力，改善患者的治疗效果。

人工智能的医疗影像判定并不是和医生抢工作，而是希望能发挥人类的潜能，提高诊断的精准度。投身医学图像分析近 20 年的北卡罗来纳大学的沈定刚教授指出，目前深度学习在医学影像中的应用越来越多，但有一点至关重要，那就是跟医生的密切合作。他以自身在美国的经验为例，当初在医学院放射科的技术人员都必须跟医生们一起工作，从中知道医生的整个临床流程，才能把人工智能的技术恰当地应用到临床流程的相应部分。

6.3.3 智能制造发展趋势

1. OPC UA + TSN

尽管 OT 和 IT 融合是一个产业共识，然而真正推动却并非想象中的简单，当讨论智能制造的各种实现途径，包括边缘计算、大数据、工业互联网、工业物联网的时候，遇到的第一个问题实际上是连接问题，如果不解决这个问题，其他问题更无从谈起。

相对于传统的 PLC 集中式控制，现场总线为工业控制系统带来了很多便利，比如接线变得更为简单，系统的配置、诊断的工作量也因此下降。然而，由于各家公司都开发了自己的总线，在 IEC 的标准中也有多达 20 余种总线，不同的总线又造成了新的壁垒。因为各家公司的业务聚焦、技术路线不同，使得各个现场总线在物理介质、电平、带宽、节点数、校验方式、传输机制等多个维度都不同，因此造成了不同的总线设备无法互联。实时以太网解决了物理层与数据链路层的问题，但对于应用层而言仍然无法联通。各个实时以太网是基于原有的三层网络架构（物理层、数据链路层、应用层），在应用层采用了诸如 Profibus、CANopen 等协议，而这些协议又无法实现语义互操作。

如图 6-1 所示，OPC UA 和 TSN 在整个 ISO/OSI 模型中分别解决了多个层次的问题。OPC UA 扮演语义互操作层的任务，包括了会话、表示和应用层，例如建立主从、Pub/Sub 的连接，以及安全的数据传输 TLS 机制等。而 TSN 则实现了实时与非实时数据的统一网络传输。虽然看上去 TSN 仅处于第 2 层，但实际上它是一个桥接网络，网络会由各个节点通过 RSTP- 快速生成树的方式形成一个路径表，这有点类似于路由表，每个节点都会存储这个路由表，然后对转发的数据进行中继传输。

OPC UA 是为了解决异构网络间的语义互操作问题。为了实现这个目的，OPC UA 包括了多个功能与职责：

（1）连接。OPC UA 支持两种模式的连接，对于 MES/ERP、SCADA 或其他任何来自局域网、私有云架构、边缘计算侧的节点而言，都可以通过 Client/Server 架构和 Pub/Sub 机制相互建立连接。OPC UA 支持针对 HTTP、WebSocket、UA TCP 的连接，并支持 JSON，而 Pub/Sub 的机制如 MQTT/AMQP 也在最新的 OPC UA 中获得了支持，使得 OPC UA 具有了广泛适用性。

（2）信息模型。信息模型是 OPC UA 的核心，包括以下几方面：

- 元模型。包括基础的对象、参考、数据、类型与结构定义。
- 内嵌信息模型。包括用于设备的信息，如历史数据、报警、趋势、日志等数据规范。
- 伴随信息模型。OPC UA 与各个行业的技术组织合作，将各种垂直行业的信息模型集成到 OPC UA 架构下，如 MTConnect 针对机床行业、PackML 针对包装工业、Euromap 针对塑料工业，而 Automation ML 则针对汽车工业中的生产线中机器人、控制器等的连接。信息模型简少了工业互联网中的数据处理的工程量，否则需要大量的时间用于网络数据的配置、驱动的编写、测试接口等环节，无法快速扩张应用，使得工业互联没有经济性。

- 安全。传统的实时以太网等技术由于采用非标准以太网的机制，导致无法与 IT 网络同时运行。这两种网络通常是完全隔开的，外界很难访问实时网络，因此数据安全问题不大。而对于工业互联网，安全就变得非常重要，因此 OPC UA 在整个架构设计中贯穿了安全机制，包括加密、角色管理等多重机制。

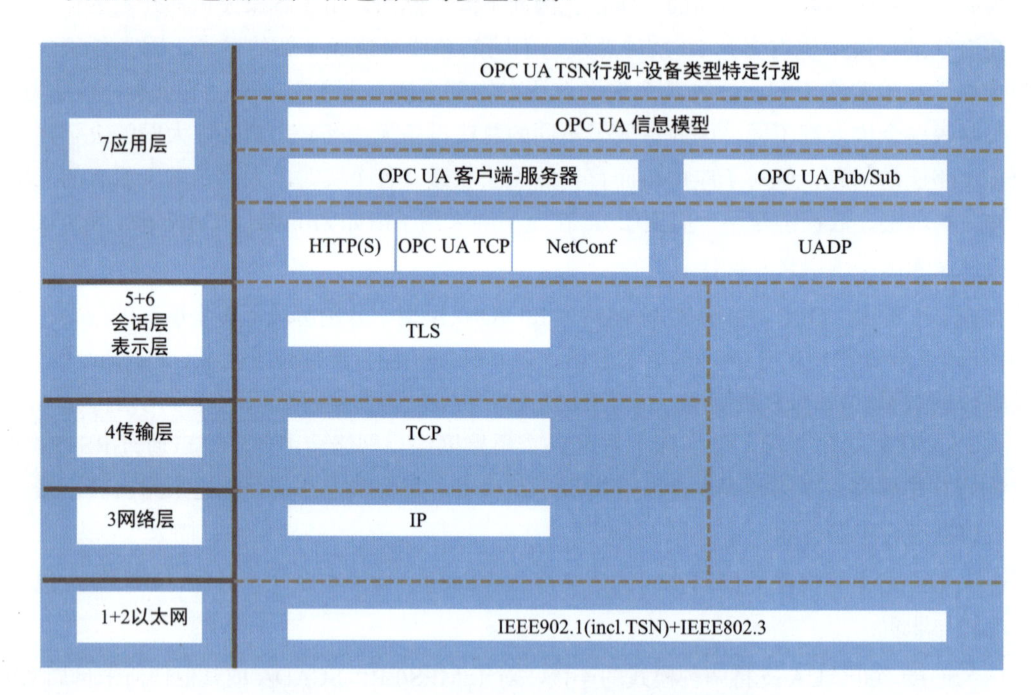

图 6-1 OPC UA TSN 在 ISO/OSI 模型中的定义

OPC UA 与 TSN 的结合代表了未来工业互联网的技术趋势，也代表着 OT 和 IT 融合的实现道路。对于 IT 端的应用而言，OPC UA+TSN 提供了访问的便利，然后才能产生业务模式的创新，基于边缘计算的产业应用场景，基于云连接的智能优化，以及产业业务模式的转变等，真正实现数字化转型。

2. 工业互联网

工业软件不同于普通软件，是工业创新知识长期积累、沉淀并在应用中迭代的软件化产物，其核心是工业知识。工业软件是制造业数字化、网络化、智能化的基石，是新一轮工业革命的核心要素。经过几十年的发展，工业软件也在不断变化。目前，工业软件呈现以下主要发展趋势：

（1）软件形态方面。工业软件朝着微小型化发展，软件模块→软件组件→ App →小程序→微小应用。

（2）软件架构方面。大平台、小应用成为发展趋势。一方面，在工业软件微小型化发展的趋势下，软件架构朝着网络化、组件化、服务化方向发展，从面向服务的架构到基于微服务架构；另一方面，基础工业软件朝着平台化发展，工业软件向一体化软件平台的体系演变，特别是基于技术层面的基础架构平台。工业互联网平台就是某种意义上的工业软件平台。

（3）软件开发方面。工业软件的开发环境已从封闭、专用的平台走向开放和开源的平台；开发模式从专业集中开发走向群智化协同开发，向大规模群体协同、智力汇聚、持续演化的软件开发模式演进。

（4）软件使用方面。工业软件朝着云化发展，软件和信息资源部署在云端，使用者根据需要自主选择软件服务。

（5）工业知识方面。工业软件朝知识化发展，从通用工业知识到特定工业知识，从工业知识创造、加工、使用的分离到统一。

工业互联网包括平台、网络、安全三大体系。对于工业互联网平台，从边缘层来看，生产过程控制、通信协议的兼容转换、数据采集、边缘计算等都离不开工业软件的支持；从 IaaS 层来看，数据、存储、计算等资源的利用都由软件来实现，软件定义基础设施已成为发展趋势；从 PaaS 层来看，工业 PaaS 平台本身是开源软件二次开发而来的，平台上的开发环境、开发工具是一套云化的软件，平台上的微服务将工业技术、原理、知识模块化、封装化、软件化，是一系列可调用的、组件化的软件；从应用层来看，工业 App 本身就是面向特定工业应用场景的软件程序，是一系列软件化、可移植、可复用的行业系统解决方案，与工业 SaaS 一起支撑了工业互联网平台智能化应用，是实现工业互联网平台价值的最终出口。

对于工业互联网网络，5G 窄带互联网、软件定义网络、时间敏感网络等基础设施处处离不开软件这一重要使能技术，通过软件定义的方式对网络基础设施进行重塑与重构，赋予其新的能力和灵活性；标识解析体系的编码与存储、解析、异构互操作等功能主要由软件来实现。

对于工业互联网安全，正是各种软件组成了工业互联网，工业软件的安全性在很大程度上影响了工业互联网的安全性。目前，工业互联网安全的潜在攻击方式多是通过恶意软件进行攻击的，工业互联网的安全技术体系和管理体系也是围绕工业软件构建的。

工业互联网带来了知识沉淀、复用与重构。通过工业互联网，创新的主体可以高效便捷地整合第三方资源，创新的载体变成可重复调用微服务和工业 App，创新方式变成基于工业互联网和工业 App 的创新体系。而工业知识是工业软件的基础，高质量的工业知识将有助于工业软件的发展。

工业互联网带来新的软件研发方式。传统工业应用软件往往开发难度大、开发要求高，不能灵活地满足用户的个性化需求。在工业互联网中，一方面，传统架构的工业软件拆解成独立的功能模块，解构成工业微服务；另一方面，工业知识形成工业微服务。工业应用软件未来的开发和部署将可能以围绕工业互联网体系架构为主。工业互联网适应工业软件网络化、App 化、云化、知识化等发展趋势。

工业互联网带来了新的软件生态。工业互联网以统一的架构体系，实现了对生产现场的 SCADA 系统、嵌入式工业软件，工厂级的 ERP、PLM、SCM、MES 等系统，云计算、大数据处理平台，以及上层应用软件的集中管理、协调配合和统一展现，对底层物理设备管控、核心数据处理和上层应用服务提供等至关重要。工业应用软件未来将吸引海量第三方开发者，基于软件众包社会化平台，通过工业互联网进行共建、共享和网络化运营，形成新型的工业软件生态。

工业互联网也带来了新的价值呈现平台。基于工业互联网，面向特定工业应用场景，激发全社会资源形成生态，推动工业技术、经验、知识和最佳实践的模型化、软件化和封装，形成海量工业 App；用户通过对工业 App 的调用实现对特定资源的优化配置。工业 App 通过工业互联网进行共建、共享和网络化运营，支撑制造业智能研发、智能生产和智能服务，提升创新应用水平，提高资源的整合利用。

工业互联网所承载、包含的工业应用软件并不能包含所有工业软件门类；工业 App 以及云化的形式并不适用于所有的工业应用软件，比如某些大型 CAD、CAE 软件等，对耦合的要求不同。工业互联网与工业应用软件具有各自独立的体系。

一方面，工业软件是工业互联网的灵魂，另一方面，发展工业互联网为工业应用软件提供了新机遇。我们应高度重视工业互联网带来的发展工业应用软件的契机，在大力建设和发展工业互联网的同时，把工业应用软件的短板补齐，把工业 App 的培育推向高潮！也唯有把工业应用软件做好，才能实现工业互联网的高质量发展。

6.3.4 边缘计算赋能视频行业

据拓墣产业研究院预估，2018—2022 年，全球边缘计算相关市场规模的年复合成长率将超过 30%，其中视频业务被视为驱动边缘计算快速发展最现实的市场需求。

2019 年 3 月，由工信部、国家广播电视总局、中央广播电视总台联合印发《超高清视频产业发展行动计划（2019—2022 年）》，明确将按照“4K 先行、兼顾 8K”的总体技术路线，大力推进超高清视频产业发展和相关领域的应用。到 2022 年，我国超高清视频产业总体规模将超过 4 万亿元，4K 产业生态体系基本完善，8K 关键技术产品研发和产业化取得突破，形成一批具有国际竞争力的企业。日本 2020 年东京奥运会和北京 2022 年冬奥会都宣布将采用 8K 直播。从数字电视到高清、全高清、超高清 4K，再到 8K，显示像素越来越密，画面也就越来越清晰。超高清显示效果不光需要一块超高清屏幕，还需要新技术支撑。由于超高清显示包含更大的数据量、需要更快的信息传输速度，因此对现有硬件设施提出了一定挑战。但边缘计算恰恰可以进一步解决传输问题，带动整个采集、制作、播放内容的升级，让超高清电视真正走进百姓家中。仅在超高清视频领域，提高视频的数据处理能力，就为边缘计算打开了一个广阔的应用场景。

边缘计算的主要价值是低时延与带宽节省，另外还具有移动网络感知（解析移动网络接口的信令来获取基站侧无线相关信息）、IT 计算存储通用环境等特点，可以节省终端能耗、减少终端计算存储、屏蔽远程云服务网络连接故障（与云端数据中心网络连接故障时，MEC 本地临时服务可用）。对于超高清视频领域，边缘计算主要是优化视频传输业务。

目前，互联网业务与移动网络的分离设计，导致业务难以感知网络的实时状态变化，互联网视频直播和视频通话等业务都是在应用层自行基于时延、丢包等进行带宽预测和视频传输码率调整的，这种调整一般是滞后的，并且由于无线接入层网络的无线侧信道和空口资源变化较快，特别是高密集流动人群地区，难以和带宽预测评估算法的码率调整做到完全匹配，视频传输难以达到最佳效果。

部署边缘计算平台，利用边缘计算的移动网络感知能力如无线网络信息服务 API 向第三方业务应用提供底层网络状态信息，第三方业务应用实时感知无线接入网络的带宽从而可以优化视频传输处理，包括选择合适的码率、拥塞控制策略等，实现视频业务体验效果与网络吞吐率的最佳匹配。

在网络拥堵严重影响移动视频观感的情况下，边缘 CDN 和移动边缘计算是一个非常好的解决方法。

（1）本地缓存。由于移动边缘计算服务器是一个靠近无线侧的存储器，可以事先将内容缓存至移动边缘计算服务器上。当有观看移动视频的需求，即用户发起内容请求时，移动边缘计算服务器立刻检查本地缓存中是否有用户请求的内容，如果有就直接服务；如果没有，就去网络服务提供商处获取，并缓存至本地。当其他用户下次有该类需求时，可以直接提供服务。这样便缩短了请求时间，也解决了网络堵塞问题。

（2）跨层视频优化。此处的跨层是指“上下层”信息的交互反馈。移动边缘计算服务器通过感知下层无线物理层吞吐率，服务器（上层）决定为用户发送不同质量和清晰度的视频，在减少网络堵塞的同时提高线路利用率，从而提高用户体验。

（3）用户感知。由于移动边缘计算的业务和用户感知特征，可以区分不同需求的客户，确定不同的服务等级，实现对用户差异化的无线资源分配和数据包时延保证，合理分配网络资源，提升用户体验。

除了超高清视频领域，视频监控领域也备受重视。随着中国对平安城市、“雪亮工程”以及交通运输等领域的投入，对于安防产品的需求不断提升，安防市场规模也在不断扩大。视频监控是整个安防系统最重要的物理基础，视频监控系统位于最前端，很多子系统都需要通过与其结合才能发挥自身的功能，是安防行业的核心环节。

传统视频监控系统前端摄像头内置计算能力较低，而现有智能视频监控系统的智能处理能力不足。为此，以云计算和万物互联技术为基础，融合边缘计算模型和视频监控技术，构建基于边缘计算的新型视频监控应用的软硬件服务平台，以提高视频监控系统前端摄像头的智能处理能力，进而实现重大刑事案件和恐怖袭击活动预警系统和处置机制，提高视频监控系统防范刑事犯罪和恐怖袭击的能力。

边缘计算 + 视频监控技术其实是构建了一种基于边缘计算的视频图像预处理技术，通过对视频图像进行预处理，去除图像冗余信息，使得部分或全部视频分析迁移到边缘处，由此降低对云中心的计算、存储和网络带宽的依赖，提高视频分析的速度。此外，预处理使用的算法采用软件优化、硬件加速等方法，提高视频图像分析的效率。

除此之外，为了减少上传的视频数据，基于边缘预处理功能，构建基于行为感知的视频监控数据弹性存储机制。边缘计算软、硬件框架为视频监控系统提供具有预处理功能的平台，实时提取和分析视频中的行为特征，建立监控场景行为感知的数据处理机制；根据行为特征决策功能，实时调整视频数据，既减少无效视频的存储，降低存储空间，又最大化存储“事中”证据类视频数据，增强证据信息的可信性，提高视频数据的存储空间利用率。

6.4 边缘计算前沿整体方案展望和探讨

Baidu OTE（以下简称 OTE）是百度提供的边缘计算整体方案的参考标准，其目的是希望面向 5G，从互联网公司角度出发，致力于多运营商边缘资源的统一接入，通过虚拟化和智能调度，提高资源利用率，降低使用成本；同时，作为边缘基础设施的参考标准，支撑“云 - 边 - 端”算力的全局统一调度，为 AI 提供低时延和最优的边缘算力支持。OTE 作为典型的边缘计算系统参考方案，已于 2019 年年中开源，加速推进业界边缘计算大规模商用进程。

6.4.1 OTE 标准参考架构

如图 6-2 所示，OTE 的参考架构分为 5 个层次：硬件层、资源层、IaaS 平台、Web 平台以及边缘产品和场景。AI 计算优化和边缘安全植入整个架构平台。

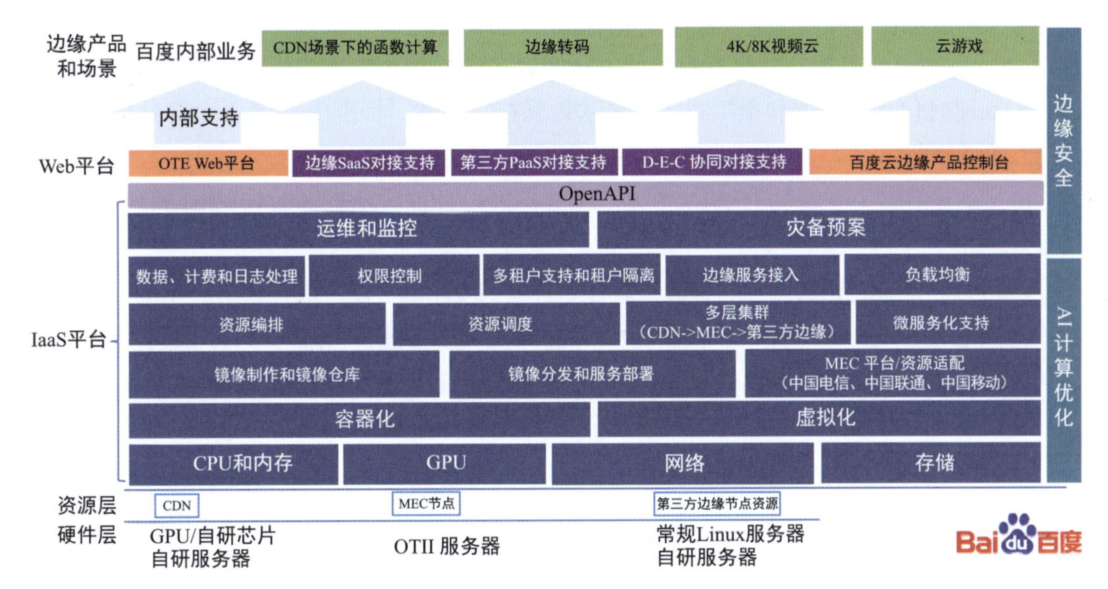

图 6-2　OTE 参考架构

1. 硬件层

作为边缘云参考标准，OTE 要求支持各种标准及非标准的 x86 服务器，包括自研服务器和运营商 OTII 标准服务器；支持各个厂家的 GPU，集成各主流自研 AI 芯片的虚拟化和调度。

2. 资源层

OTE 标准对边缘资源的地域、规格等无明显地限制，支持 CDN 机房资源、MEC 机房资源以及第三方平台提供的资源，当然也可以是一些边缘虚拟机实例。目前，CDN 加速服务主要使用的是存储和网络，而 CPU 和内存部分闲置，因此 OTE 认为可以先以 CDN 资源为基础，做 CDN 的资源统一管理，将 CPU、内存等计算资源释放出来进行 CDN 边缘的计算加速支持。

伴随着运营商 5G MEC 平台的完善，OTE 标准提出了多运营商 MEC 平台的对接适配，以实现移动边缘、云边缘的多层级调度：根据业务不同的优先级和时延要求，调度不同的边缘资源来支撑算力。考虑在一些混合云场景或工业场景中存在着私有的服务器集群，或者从第三方边缘平台采购了一部分虚拟机实例，OTE 要兼容这批机器，并提供一键加入脚本，将资源快速纳入 OTE 集群统一管理，实现数据的本地化处理，减少传输，同时又可以实现多级灾备。

3. IaaS 平台

OTE 作为边缘云平台的参考标准，明确了基础 IaaS 平台应具备的完整功能组件，包括多租户的安全隔离和计费策略，完善的运维监控和灾备方案等，以确保能够对外输出稳定可靠的 IaaS 服务。

考虑到边缘资源有限，边缘机房规模不大，对于内部业务，资源虚拟化首选容器方式，例如 Docker；但对外商用，考虑到容器的安全因素，OTE 建议以虚拟机方式进行隔离；因此，OTE 标准同时包括了容器和虚拟机，且要求做到按需配置。标准中 IaaS 平台部分包括多个组件，下面将分别介绍。

（1）基础资源。作为边缘 IaaS 参考，OTE 标准对外提供的资源包括 CPU 和内存、GPU、存储、网络。

- CPU 和内存。作为基础的资源，需要支持限额及超额分配，以保证最大化进行资源的使用；通过支持 CPU 的绑定，满足客户拥有独立逻辑 CPU 核的需求；为了避免多租户之间的影响，对于 CPU 和内存的底层，建议使用虚拟机实现租户的隔离；同时，需要有完善的 CPU 和内存监控数据，例如机器粒度、实例粒度、集群粒度等，以保证租户的用量计费。
- GPU。由于 OTE 标准中对外输出的实例既可以是虚拟机也可以是容器，因此要分别考虑容器和虚拟机对 GPU 的支持。Nvidia-docker 给出了在 Docker 容器内使用 Nvidia GPU 的解决方案，虽然还不太完善，但已具备基本功能。标准也提到边缘 IaaS 需要支持 GPU 的独占使用，多实例对单个 GPU 的共享使用。同时，对于多实例对多个 GPU 的共享调度策略、机房内的 GPU 集群的任务调度、多租户的安全隔离及计费策略等，虽然云服务商有自己的解决方案，但目前并无成熟通用的参考方案，需要结合实际情况持续探索。
- 网络。网络虚拟化是实现机房内互通以及跨机房互通的基本保证；OTE 建议，作为基础 IaaS，需要具备提供独立外网 IP 地址的能力，并且可自主选择要开放的端口；需要支持内网通信，可以自定义内网 IP 地址，以方便租户互通内网；由于边缘机房出口有限，OTE 标准建议对出口带宽进行统一调度，因此需要支持实例的限速。由于要支持多租户，一定要有安全网络的隔离；在网络安全方面，需要考虑防御 SYN Flood、ACK Flood 等攻击。可以考虑具备异常流量自动检测、自动牵引和清洗。最后，OTE 要求平台需要能区分实例的内外网流量，并实时采集外网的上下行流量统计计费。
- 存储。边缘计算用到的缓存数据、计算状态的保存、虚拟机的迁移等都离不开边缘存储虚拟化的支持。不同于云中心的虚拟化，OTE 标准明确指出，只需完成边缘机房内的存储虚拟化即可，这样即可以确保实例在异常后能快速恢复和重建，也可以保证存储稳定和可靠。目前，Ceph 提供了开源的分布式存储虚拟化开源方案，OTE 推荐结合实际情况进行定制化修改。在设计平台时，也需要考虑多副本带来的负面影响，如存储的冗余和浪费。

（2）容器化和虚拟化。边缘机房受限于条件，通常规模不大，计算资源将变得弥足珍贵。考虑到虚拟机对资源的消耗，在内部自用的场景中，OTE 推荐使用更加轻量的容器，并且有接口可以实现与中心容器云平台的平滑迁移与对接，做到初步的云边协同能力。

由于容器本身非完全虚拟化的隔离实现而带来的安全风险也很明显，对于容器内逃逸，目前也没有很好的解决方案，因此需要采用更加安全的隔离方案，如 KVM 等。考虑到边缘资源的有限性，轻量级的虚拟机技术已经成为一种趋势，其目的也是希望做到容器级的轻量快速，虚拟机级别的安全隔离。目前，业内也有一些比较新的开源方案，虽然还不是很成熟，但是已经开始了快速迭代，例如 Kata、Firecracker 等。OTE 认为，随着边缘计算的推动，轻量级虚拟机将很快成为一种主流的边缘计算底层隔离方案。

（3）多运营商 MEC 平台兼容。随着 5G 时代的到来，5G MEC 将为边缘计算提供更靠近用户的、低时延的算力。但仍然存在跨运营商切换时的状态保持问题，如用户从某栋写字楼走出来，之前在写字楼内使用的是中国联通的 Wi-Fi，走出去之后使用的是中国移动的 5G 或 4G 网络，在切换信号之后，计算的状态如何保持？因此 OTE 标准认为，需要一个第三方的互联网云平台进行统一的调度和切换，因此 OTE 参考架构将接入多运营商的 MEC 平台，并结合自身的 CDN 边缘和第三方边缘，组成多层级的算力调度。

（4）配套组件：镜像仓库、镜像分发。无论是容器化还是虚拟化，都需要提供镜像仓库，且支持自定义镜像。镜像仓库的解决方案可以参考 Vmware Harbor 的开源解决方案，但是考虑到镜像一般都比较大，对于边缘计算的实际环境，镜像的分发将耗费大量的带宽。OTE 建议在标准的基础镜像上制作客户自己的镜像，这样只需增量分发即可。

OTE 标准建议，最好可以提供镜像制作开发机，用户在开发机上直接部署自己的程序，通过 Web 端自动提交到镜像仓库，并验证安全性和完整性。同时，在用户部署时，将增量部分分发到各个边缘节点，实现快速分发。

（5）资源编排、资源调度和负载均衡。在资源编排方面，OTE 推荐使用 Kubernetes，但 Kubernetes 本身也是为中心化集群设计的。首先边缘资源分布地域广，且均为外网传输，网络不一定可靠，对现有的探活、网络连通性等有一定的挑战；Kubernetes 中心的 Master 支持管理的节点数是有上限的，对于边缘大规模的节点，OTE 建议做分层分区集群管理，如可分区域、省份、节点三级，多个集群之间可以采用 Kubernetes 联邦进行多集群管理，也可以采用 Virtual-Kubelet 实现多集群的统一管理。Kubernetes 对于虚拟机的编排支持方面还不成熟，目前有一个开源方案 kubevirt 可供参考，可实现 KVM 的资源管理和编排。不过，OTE 标准建议 Kubernetes 与轻量级虚拟机进行搭配使用，目前 Kubernetes 与 Kata 的结合已经相对成熟，这可能是更加主流的方向。

OTE 标准认为，调度是包含多个层次的，既有节点内资源的调度，如不同业务对资源使用的优先级，如何保证最优使用的同时又保证核心重要业务不受影响；也包括节点粒度的资源，如怎样就近接入，什么时候使用 MEC 节点，什么时候使用 CDN 节点，抑或是需要把请求发回云中心进行计算，即多层级集群的算力调度；同时计算的调度又可以从 Device-Edge-Center 统筹，对一个计算模型，可以将什么样的计算放到什么类型的算力平台上达到最优的效果；对于有状态的计算，调度发生在网络切换或位置移动时，如何保持状态的不间断，如何做到多运营商 MEC 资源的统一调度等。

在负载均衡方面，即将多台 Server（即 RealServer）虚拟化成为一台 Server，提供统一的 VIP（即 Virtual IP），用户只需和 VIP 进行通信，就能访问 RealServer 上的服务。这里的负载均衡既可以使用单独的服务器进行配置，也可以使用纯软件层面的服务器，如 Kubernetes 推荐使用的 Traefik 可以实现七层负载均衡，负责集群内部服务的转发。

（6）数据、计费和日志处理。IaaS 平台通常需要提供完善的数据，可多方位地了解 IaaS 运行状况，同时提供可靠的、可追溯的数据用于计费。OTE 标准中提到的计费项包含但不限于 CPU、内存、上下行外网带宽、GPU 和存储等使用情况。

此外，还需提供完备的日志采集和查看系统，用于计费、统计、问题定位等。日志包括系统日志（OTE 系统组件的日志）、业务日志、第三方边缘服务的日志等。

为了方便系统的监控，OTE 建议最好提供近段时间，通常最长为一个月的业务和系统运行数据，用于监控和对比。

（7）权限控制、多租户支持和租户隔离。OTE 标准中提到了多种角色，包括系统管理员、运维监控人员、开发人员、第三方边缘服务提供商（如边缘 Serverless 的服务组件）以及各种不同的客户。既然存在不同的角色，就要进行相应的权限控制，既包括操作权限，也包括拥有不同的视图；同时对于不同客户的业务，做到网络和计算的完全隔离。

（8）边缘服务接入。OTE 提到的边缘接入方式有多种，如在 CDN 机房可以直接通过 CDN 内网接入，适合 CDN 边缘的一些计算场景；也可以通过 DNS 和 302 调度就近接入或通过 HTTP DNS 的方式查询离用户端最近的节点并提供服务，通过搭配调度实现各种复杂网络环境下的接入，以及切换网络环境时状态的迁移。

（9）运维、监控和灾备预案。作为底层基础设施，OTE 认为 IaaS 平台的稳定性将直接影响上层服务。因此对机器、系统和业务的监控需要非常完善。如监控机器的存活、网络状态、磁盘使用情况、CPU 内存使用情况等。同时，监控需要搭配完善的告警平台，提供多层次的告警渠道支持，如短信、电话、邮件等，提供一线运维人员、运维经理等多层级的告警。OTE 标准中推荐了一个功能强大的运维告警平台——百度云 BCM，它提供了丰富的运维监控能力，可支持大规模节点的自动化运维。

同时，作为商用的平台，OTE 要求平台必须具备完整的灾备预案，如发生节点或单机故障时如何实现服务的自动迁移；节点与中心断开连接时的节点自治；中心控制器的主备切换和多层级切换方案等。

（10）Open API。OTE 要求 IaaS 平台的每个功能都需要有对应的 API 接口，鉴权后完成不同能力的输出。如对于业务方使用的 API 可能存在支持 API 管理资源实例的创建、重启、删除、关机、密码更改；支持 API 获取资源实例所在机房的省份；支持 API 获取宿主机的 IP 地址；支持 API 获取资源配置的带宽、机房出口带宽；支持 API 获取资源实例的 ID……

OTE 标准中提到的 API 接口很多，这里不再一一表述。

4. Web 平台

OTE 中提到的 Web 平台主要面向三类用户：平台运维和开发人员、第三方边缘服务提供方和业务方。作为平台运维和开发人员，有着全局的视图，可详细看到所有集群、机器以及业务的数据，并对平台的稳定性负责。第三方边缘服务提供方主要是指开发边缘服务，并部署到边缘节点的服务提供方，他们需要借助 Web 平台实现自己服务的部署、升级、删除等操作，同时能对自己的模块进行一些业务运维，能查看目前正在服务的业务方数据等。业务方是指使用 OTE 边缘服务的客户，他们需要完成自己边缘资源的申请，第三方边缘服务的使用，业务的部署分发，升级及基础的运维。

5. 边缘产品和场景

目前 OTE 提到的场景包括 CDN 场景下的函数计算、边缘转码，也包括未来的 4K、8K 视频云的边缘支持以及云游戏等。对于边缘计算应用的场景，本书其他章节有具体描述，这里不再赘述。

6. AI 计算优化

AI 包含训练和推理两个阶段。推理阶段的性能既关系到用户体验，又关系到企业的服务成本。OTE 推荐了百度的 AI 推理加速引擎 Anakin，Anakin 与各个硬件厂商合作，采用联合开发或部分计算底层自行设计和开发的方式，为 Anakin 打造不同硬件平台的计算引擎。目前，Anakin 已经支持多种硬件架构，如 Intel-CPU、NVIDIA-GPU、AMD-GPU、ARM 等，未来将会陆续支持比特大陆、寒武纪深度学习芯片等不同硬件架构。

7. 边缘安全

OTE 标准从镜像安全、网络传输安全、数据存储安全、接入安全、黄反鉴定拦截等技术多个方面进行描述。

6.4.2　应用案例：OTE 边缘加密

边缘加密案例详细描述 OTE 架构的工作流程。如图 6-3 所示为 OTE 边缘编解码案例，即在 CDN 边缘部署 OTE 边缘计算服务，通过 CDN 的 Nginx 将流量转发给边缘 OTE Stack；OTE Stack 读取 CDN 本地的缓存进行实时加密，并将数据通过 Nginx 返回给请求端，完成了对 CDN 流量的定制化处理。

网盘使用 PCDN 节省成本，需要将缓存部署到第三方节点上，但不希望明文部署。之前是在 IDC 机房完成动态加密并下发到第三方节点，但是带宽成本太高，IDC 计算压力比较大。而 CDN 边缘刚好有缓存文件，因此想在 CDN 边缘完成动态加密，并且可以在低峰期使用带宽，降低带宽部署成本。

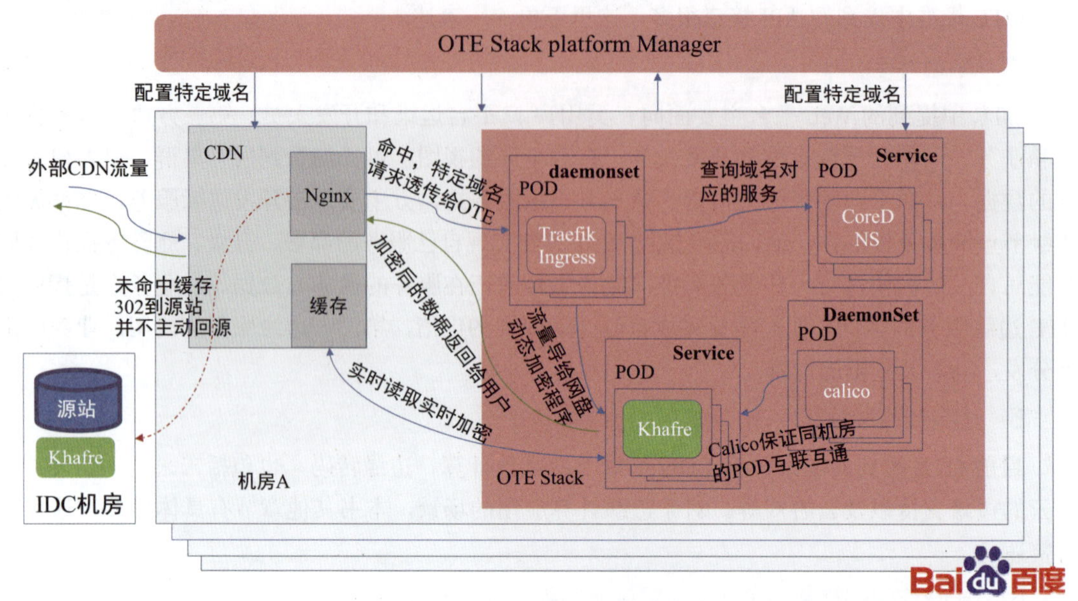

图 6-3　OTE 边缘编解码案例

参考 OTE 的实现标准，图 6-4 描述了 OTE 支持边缘加密的完整流程。Khafre 即为边缘加密的业务方，同时已经使用了对应的 CDN 服务，用于满足日常用户的边缘缓存加速需求。同时，由于该业务还使用了 PCDN 业务，需要将热门缓存预热到第三方的边缘节点进行 P2P 的加速，由于第三方节点并不完全可信，因此希望将缓存加密之后部署。最直接的做法就是在源站对文件加密好并直接供 PCDN 节点下载，这样需要额外存储加密后的文件，浪费较多的存储资源，且每天热门缓存都会更新，需要及时下发预热，因此需要在有限的时间内完成大批量的文件加密，对资源消耗比较大。当然，也可以选择在源站处实时加密，即在请求的时候完成加密，由于从离线加密改成实时加密，虽然节省了存储空间，但为了应对大量并发请求的实时加密计算，就要准备更多的服务器；另外，从源站直接预热也要求源站有足够的带宽，通常 IDC 内的出口带宽费用昂贵，无论是服务器还是带宽都将使成本明显上升，甚至抵消使用 PCDN 带来的节省成本。

在发布 OTE 平台及标准之后，由于 OTE 的计算资源中包含 CDN 资源，而且 CDN 中本身就有 Khafre 的原始文件，同时 OTE 又提供了边缘计算服务，因此使用 OTE 完成边缘加密将是理想的选择，既可以使用 CDN 的边缘缓存加速，降低带宽成本，又可以使用大规模的边缘节点完成实时加密，将集中的实时计算请求分散到边缘，且复用 CDN 闲置的计算能力，降低服务器成本，是双赢的选择。OTE 平台完成边缘加密功能的具体步骤如下：

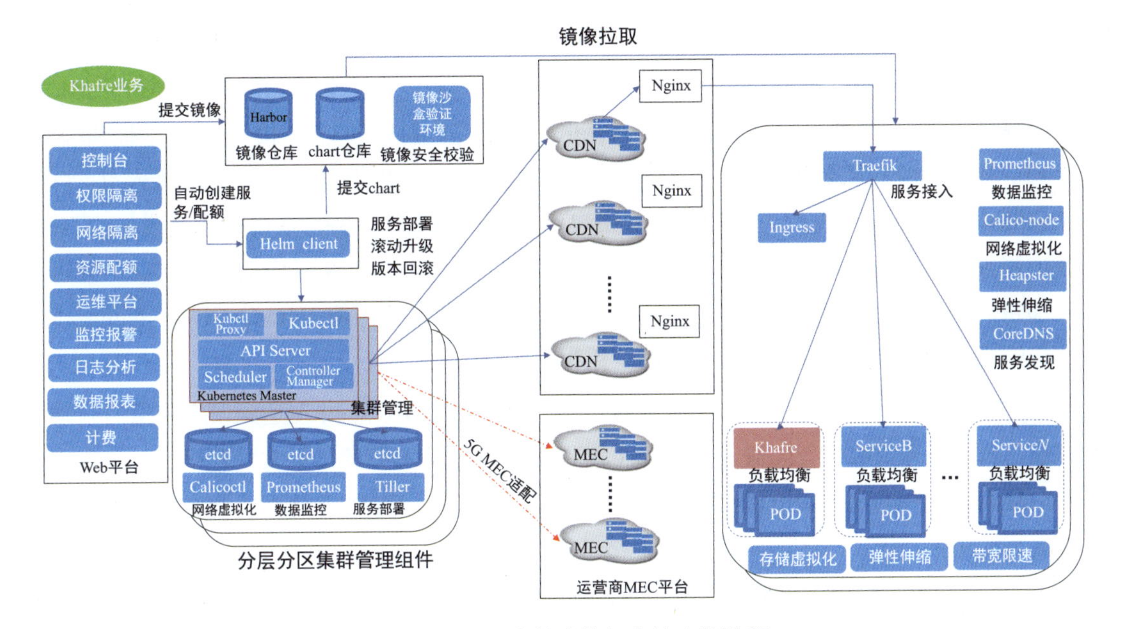

图 6-4 OTE 支持边缘加密的完整流程

1）Khafre 业务方需要完成边缘加密的程序开发，通过 OTE 的 Web 平台，申请镜像制作机器。获得 SSH 密码后登录机器，部署 Khafre 加密程序，并做好相关配置。在控制台选择提交，镜像将自动上传到 OTE 的镜像仓库，并对镜像进行安全检查。验证镜像无漏洞和越权行为后，镜像将提交成功，用户可在控制台查看自己提交的镜像。

2）创建服务。创建服务又可以细分为以下两步：

- 创建域名。即确定哪些域名要通过 Nginx 转发给 OTE。
- 创建服务规则。即确定服务名、对应的镜像地址、部署的方式、默认副本数、最小依赖的 CPU 和内存、最大占用的 CPU 和内存、滚动升级的规则、弹性伸缩的 CPU 和内存阈值等信息。在平台提交之后，将会创建对应服务的 Helm chart 包，并提交到 chart 仓库进行安全和完整性校验。

3）申请资源。即明确加密服务要上线和服务的区域及节点要求，可按照省份运营商自定义资源，也可以直接勾选“全国所有运营商覆盖”，成功申请资源后即生成虚拟集群。

4）虚拟集群和服务创建之后，通过 OTE Web 控制台发起服务部署的命令，OTE 的分层分区集群管理模块将对选定的资源进行筛选，按照虚拟集群的要求将服务下发到各个边缘节点。

边缘节点收到命令后，开始分配资源，并拉取镜像，创建和启动容器，确保按照指定的服务规则启动容器，保证资源攻击和维持副本数。

5）在确认服务部署成功后，可以通过 Web 平台进行接入规则的设定，即明确哪个接入域名将对应 OTE 的哪个边缘服务，同时 CDN 的 Nginx 也同步收到需要转发给 OTE 的域名。

6）配置好接入规则后，Nginx 开始定时获取边缘节点内对应的 OTE 接入点 IP 地址和端口。在收到请求后，匹配域名规则，将对应域名的请求转发给 OTE 任意一个 Traefik 接入点。OTE 的 Traefik 收到 Nginx 转发的请求后，匹配用户设定的接入规则，将对应的请求转发给 OTE 的边缘加密服务 Khafre。Khafre 根据域名所带的信息，直接访问 CDN 对应的缓存文件，并进行实时加密。加密之后将数据返回给 Traefik，Traefik 再将数据吐回给 Nginx。最后，Nginx 将数据透传给业务的请求端，完成边缘加密的全流程。

7）OTE 根据服务的规则，监控加密的 CPU、内存使用情况，并在达到设定阈值时自动弹性伸缩，确保服务可靠性。同时，在 Nginx 端和 Traefik 端均有完善的异常处理机制，确保出现异常时能将流量调度到可用的节点，甚至在 OTE 完全不可用时将流量直接调度到 IDC，确保业务流程的完善。

8）使用 Calico 完成边缘的网络虚拟化，确保 OTE 在边缘节点内部的网络互通；使用开源方案 Prometheus 完成监控数据的采集和展示。使用 CoreDNS 完成边缘服务的域名解析。同时，Khafre 业务方可以在 OTE Web 平台实时查看边缘加密服务的 CPU 和内存占用情况，以及实时请求的数量，并可以按照自己的需求设定监控告警的条件，完成基础的业务运维。

6.4.3 OTE 展望和探讨

边缘计算将成为未来计算基础设施的重要一环，OTE 将为边缘计算提供底层的算力支持，通过与多运营商 MEC 平台的对接，形成 MEC 平台服务互联网公司的参考标准，为边缘计算应用的普及打下良好的基础。

同时，也有很多问题仍待深入探索，比如复杂网络的状态迁移、大规模边缘节点的自动化运维、超低时延、超高稳定性要求的资源调度、Kubernetes 对虚拟机的编排效率、轻量级虚拟机的性能和稳定性等。OTE 将会持续探索，并将以开源的方式提供给业内参考使用，为边缘计算的发展添砖加瓦。

参考文献

[1] Shi W. Edge Computing：Vision and Challenges. IEEE Internet Of Things Journal，2016，3，5.

[2] 谢克强 . 工业软件与工业互联网 . https：//mp.weixin.qq.com/s/7K3Q3mm5BK0SaHBMXLmRZw.

[3] ICN：SDN 后的下一个热潮 . https：//www.sdnlab.com/9076.html.

[4] 边缘计算中分层安全的重要性 . https：//www.sdnlab.com/20463.html.

[5] Pala. 边缘计算如何赋能视频行业 . https：//mp.weixin.qq.com/s/HeacIU9iVEShNHENbWN6Bw.

[6] https：//github.com/NVIDIA/nvidia-docker.

[7] http：//ceph.org.cn/.

[8] https：//katacontainers.io/.

[9] https：//firecracker-microvm.github.io/.

[10] https：//goharbor.io/.

[11] https：//kubernetes.io/.

[12] https：//github.com/kubevirt.

[13] https：//traefik.io/.

[14] ote.baidu.com.

举报电话：（010）88254396；（010）88258888

传　　真：（010）88254397

E-mail:　　dbqq@phei.com.cn

通信地址：北京市万寿路 173 信箱

　　　　　电子工业出版社总编办公室

邮　　编：100036